国家示范性高等职业院校课程改革教材

Celiang Jishu

测量技术

（道路桥梁工程技术专业用）

马真安 主编

人民交通出版社

内 容 提 要

本书是国家示范性高等职业院校课程改革教材，以工学结合、任务驱动、项目导向为教学理念，融入测量领域的新技术、新设备编写而成。内容包括：课程导入，水准点的高程测量，导线测量，地形图测绘与应用，道路中桩测设及纵横断面测量。

本书是高职高专院校道路桥梁工程技术及其相关专业教学用书，也可作为职业技能培训教材使用，或供从事测量工作的工程技术人员和管理人员学习参考。

图书在版编目(CIP)数据

测量技术/马真安主编. —北京:人民交通出版社，2009.12

ISBN 978-7-114-08036-4

I.测… II.马… III.测量学－高等学校:技术学校－教材 IV.P2

中国版本图书馆 CIP 数据核字(2009)第 210167 号

国家示范性高等职业院校课程改革教材

书　　名：**测量技术**（道路桥梁工程技术专业用）
著 作 者：马真安
责任编辑：周往莲
出版发行：人民交通出版社
地　　址：（100011）北京市朝阳区安定门外外馆斜街 3 号
网　　址：http://www.ccpress.com.cn
销售电话：（010）59757969，59757973
总 经 销：北京中交盛世书刊有限公司
经　　销：各地新华书店
印　　刷：北京市密东印刷有限公司
开　　本：787×1092　1/16
印　　张：10.5
字　　数：251 千
版　　次：2009 年 12 月第 1 版
印　　次：2009 年 12 月第 1 次印刷
书　　号：ISBN 978-7-114-08036-4
定　　价：29.00 元
（如有印刷、装订质量问题的图书由本社负责调换）

道路桥梁工程技术专业课程改革教材
编审委员会

主　任: 张亚军

副主任: 王　彤　徐雅娜

委　员: 欧阳伟　于仁财　姚　丽　赵永生　李云峰

于国锋　于忠涛　刘存柱　吴青伟　郑宝堂

董天文　马真安　张　辉　李立军　王力强

朱芳芳　才西月　高宏新　韩丽馥　李　波

郝晓彬　马　亮　毛海涛　王卓娅　王加弟

李光林　张新财　刘云全　王奕鹏　李荫国

孙守广　李连宏　杨彦海　赵　晖　胥繁荣

付　勇　谷力军　戴国清

序　言

教育部《关于全面提高高等职业教育教学质量的若干意见》(教高[2006]16号)明确指出:"高等职业教育作为高等教育发展中的一个类型,肩负着培养面向生产、建设、服务和管理第一线需要的高技能人才的使命"。探索类型发展道路、构建高技能人才培养模式、开发特色教学资源,是高职院校的历史责任。

2006年,辽宁省交通高等专科学校进入国家首批高等职业教育示范院校建设行列,道路桥梁工程技术专业是重点建设专业之一。几年来,该专业团队积极在"类型"概念下探索高等职业教育教学资源建设模式和"高技能人才"培养规格及培养模式。通过对公路建设工程整个过程各阶段的职业岗位和典型工作任务的调研、分析、论证,确定了面向施工一线的道路桥梁工程技术专业高技能人才的专业能力规格,即工程勘察与初步道桥设计、工程概算与招投标、材料试验与检测、道桥工程施工与组织、质量验收与评定"五项能力"规格,并结合北方地域气候特点,构建了教学安排与施工季节相结合,教学内容与施工过程相结合,校内实训与企业顶岗实习相结合的"三个结合"人才培养模式。针对"五项能力",按照"三个结合",着眼于实际操作、技术跟踪、综合素质,系统开展课程体系、课程内容改革,并进行相应的教学资源建设,力图通过"在学习中工作,在工作中学习"的教学过程,实现高技能人才的培养目标。

本次出版的系列教材,是专业课程改革和教学资源建设的阶段性成果,是国家示范性建设成果的组成部分,也是全体专业教师、一线工程技术人员共同的智慧结晶和劳动成果。

在教材的开发过程中,得到教育部、国家示范性高等职业院校建设工作协作委员会、辽宁省教育厅等各级领导和诸多专家的关心指导,得到众多企业、行业及兄弟院校的大力支持,在此一并致以崇高的谢意!

由于开发时间短,教学检验尚不充分,错误和不当之处难免,敬请专家、同行指教!

道路桥梁工程技术专业教材开发组

二〇〇九年四月

前　言

目前，测绘科学已成为与信息技术紧密结合的科学技术，是研究空间技术、地球科学及进行各类土木工程建设所不可缺少的重要学科。

在测绘科学已发生巨大变革和发展的情况下，测量技术作为高等学校测绘、土木工程、交通工程、建筑学等专业领域的一门重要技术基础课，其教学内容及教学形式也势必需要进行不断的更新和完善，以适应时代发展和培养各类专门人才的需要。这本《测量技术》正是编者在总结以往教学经验，为满足教学改革的需要，结合测量领域的新技术发展而编写的。书中融入了当今测量发展的许多新技术、新内容，使教材在强调基本理论的同时，具有一定的先进性和实用性。在内容编排上，充分考虑到工学结合、任务驱动、项目导向这种先进的教学理念，对高职高专人才培养及课程改革都具有非常重要的指导意义。

本书由辽宁省交通高等专科学校马真安编写课程导入和项目一，吴文波和张慧慧编写项目二，王春波编写项目三，高小六编写项目四，全书由马真安统稿并担任主编，吴文波提出了修改意见，在此表示衷心的感谢。

由于编者水平有限，书中难免存在缺点和疏漏之处，恳请读者批评指正。

编　者

2009 年 5 月

目　　录

课 程 导 入

一、测量学的任务和作用

测量学是测绘科学的重要组成部分,是研究地球的形状和大小以及确定地球表面(含空中、地表、地下和海洋)物体的空间位置,并对这些空间位置信息进行处理、储存、管理的科学。

测量学的内容包括测绘和测设两个部分。测绘是指使用测量仪器和工具,通过测量和计算,得到一系列测量数据,或把地球表面的地形缩绘成地形图。测设是指把图纸上规划设计好的建筑物、构筑物的位置在地面上标定出来,作为施工的依据。

测绘科学是一门既古老又在不断发展中的学科。按照研究范围和对象及采用技术的不同,可以分为以下多个学科。

大地测量学:是研究测定地球的形状和大小及地球重力场的测量方法、分布情况及其应用的学科。

摄影测量学:是研究利用航天、航空、地面摄影和遥感信息进行测量的方法和理论的学科。

地形测量学:是研究将地球表面局部地区的地貌、地物测绘成地形图和编制地籍图的基本理论和方法。

地图制图学:是利用测量、采集和计算所得的成果资料,研究各种地图的制图理论、原理、工艺技术和应用的学科。研究内容包括地图编制、地图投影学、地图整饰、印刷等。这门学科正在向制图自动化、电子地图制作及地理信息系统方向发展。

工程测量学:是研究工程建设在勘测设计、施工过程和管理阶段所进行的各种测量工作的学科。主要内容有工程控制网的建立、地形测绘、施工放样、设备安装测量、竣工测量、变形观测和维修养护测量等。工程测量学是一门应用科学,它是在数学、物理学等有关学科的基础上应用各种测量技术解决工程建设中实际测量问题的学科。随着激光技术、光电测距技术、工程摄影测量技术、快速高精度空间定位技术在工程测量中的应用,工程测量学的服务面越来越广,特别是现代大型工程的建设,大大促进了工程测量学的发展。

测量在公路工程建设中占有非常重要的地位,从公路与桥梁的勘测设计,到施工放样、竣工检测无不用到测绘技术。例如公路在建设之前,为了确定一条经济合理的路线,必须进行路线勘测,绘制带状地形图和纵、横断面图,并在图上进行路线设计,然后将设计路线的位置标定在地形图上,以便进行施工。当路线跨越河流时,必须建造桥梁,在建桥之前,测绘桥址河流两岸的地形图,测量河床断面、水位、流速、流量和桥梁轴线的长度,以便设计桥台桥墩的位置,最后将设计位置测设到实地。当路线跨越高山时,为了降低路线的坡度,减少路线的长度,多采用隧道穿越高山。在隧道修建之前,应测绘隧址大比例尺地形图,测定隧道轴线、洞口、竖井等位置,为隧道设计提供必要的数据。在隧道施工过程中,还需要不断地进行贯通测量,以保证隧道构造物的平面位置和高程正确贯通。

“天时、地利、人和”是打胜仗的三大要素。要有地利就要了解和利用地利。地图上详细标示着山脉、河流、道路、居民点等地形和地物，具有确定位置、辨识方向的作用。地图一直在军事活动中起着重要的作用，这对于行军、布防以及了解敌情等军事活动都是十分重要的。因此，地图早就成为军事上不可缺少的工具，获得广泛的应用；人造卫星定位技术早期用于军事部门，后逐步解密才在测绘及其他众多部门中获得应用；海洋测量技术首先是由航海的需要而产生，但其高速发展的动力主要来自军事部门的需要……等等。至今，军事测绘部门仍在测绘领域科技前沿对重大课题进行探索和研究。传统上各国测绘部门隶属于军事部门，至今，相当多国家的测绘部门仍然隶属于军事部门。随着测绘技术在各方面的应用越来越广泛，国际间测绘科技的交流日益频繁，不少国家终于建立了民用的测绘机构。

测量学的起源和土地界线的划定有着紧密的联系。非洲尼罗湖每年泛滥会把土地的界线冲刷掉，为了每年恢复土地的界线很早就采用了测量技术。早期亦称“土地测量”、“土地清丈”等，用以测定地块的边界和坐落位置，求算地块的面积。在农业为主的社会里，国家为了征税而开展地籍测量，同时记录业主姓名和土地用途等。在我国，地籍测量是国家管理土地的基础。地籍测量的成果不仅用于征税，还用于管理土地的权属，以保障用地的秩序，也为了提高土地利用的效益、合理和节约利用十分珍贵和有限的土地。

二、我国测绘技术及3S技术发展概况

中华人民共和国成立后，测绘事业有了很大的发展，建立和统一了全国坐标系统和高程系统；建立了遍及全国的大地控制网、国家水准网、基本重力网和卫星多普勒网；完成了国家大地网和水准网的整体平差；完成了国家基本图的测绘工作；完成了珠穆朗玛峰和南极长城站的地理位置和高程的测量；配合国民经济建设进行了大量的测绘工作，例如进行了南京长江大桥、葛洲坝水电站、宝山钢铁厂、北京正负电子对撞机等工程的精确放样和设备安装测量。出版发行了地图1 600多种，发行量超过11亿册。在测绘仪器制造方面，从无到有，现在不仅能生产一系列的光学测量仪器，还研制成功各种测程的光电测距仪、卫星激光测距仪和解析测图仪等先进仪器。在培养测绘人才方面，已培养出各类测绘技术人员数万名，大大提高了我国测绘科技水平。特别是近年来，我国测绘科技发展更快，例如，GPS全球定位系统已得到广泛应用，全国GPS大地网即将完成；地理信息系统方面，我国第一套实用电子地图系统（全称为国务院国情地理信息系统）已在国务院常务会议室建成并投入使用。这说明，我国目前的测绘科技水平，虽与国际先进水平相比还有一定的差距，但只要发愤图强，励精图治，是能迅速赶上和超过国际测绘科技水平的。

1. GPS全球定位系统（Global Position System）

全球定位系统是美国国防部为满足其军事部门海、陆、空高精度导航、定位和定时的要求而建立的一种卫星定位和导航系统。它由24颗工作卫星组成，其中包括3颗可随时启动的备用卫星。工作卫星均匀分布在6个相对于赤道面倾角为55°的近似圆形轨道面内，每个轨道面上有4颗卫星，轨道之间的夹角为60°，轨道平均高度为20 200km，卫星运行周期为11h58min。同时，在地平线以上的卫星数目随时间和地点而异，最少为4颗，最多时达11颗。保证在地球任一点任一时刻均可收到4颗以上卫星的信息，实现实时定位。

我国GPS技术研究和应用可分为两个阶段，第一阶段是20世纪80年代，以测绘领域的应用为主，引进GPS技术和接收机，开发GPS测量数据处理软件，以静态定位为主，现在全国施

测几千个各种精度的 GPS 点，其中包括国家 A、B 级网点。第二阶段是进入 20 世纪 90 年代，随着差分 GPS 技术的发展，GPS 定位从静态扩展到动态，从事后处理扩展到实时或准实时定位和导航。

2. 遥感技术(Remote Sensing)

遥感是指从远距离高空以信号层空间的各种平台上利用可见光、红外、微波等电磁波探测仪器，通过摄影和扫描、信息感应、传输和处理，从而研究地面物体的形状、大小、位置及其环境相互关系与变化的现代科学技术。

现代遥感技术具有以下特点：

(1)传感器不断更新。目前除了框幅式可见光黑白摄影、多谱摄影、彩色摄影、新红外摄影、紫外摄影仪器外，还有全景摄影机、红外扫描仪、红外辐射仪、多谱段扫描仪、成像光谱仪、合成孔径雷达和激光测高仪等。这些传感器用不同的方式，对电磁波不同的谱段所获得的对地观测数据，以硬拷贝的返回方式和软拷贝的传输方式提供原始的遥感数据。

(2)影像分辨率形成多级序列，可提供从粗到精的对地观测数据，全面体现在空间分辨率上。例如美国空间成像地球观测卫星公司其卫星影像分辨率可达到 1m。多级分辨率的实现，人们可以在粗分辨率的影像上快速发现可能发生变化的地区，进而在精分辨率的影像上详细分析研究这些变化情况。

(3)多时相特征，可以反复获得同一地区的影像数据。这种多时相性为人们提供了长期、系统、全面和动态研究地球表面变化规律的可能性、客观性和科学性。

我国遥感技术发展已从单纯的应用国外卫星资料到发射自主设计的遥感卫星，如气象研究的风云系列卫星。遥感图像处理技术也取得很大发展，如机载 224 波段成像光谱仪、全数字摄影测量系统等。

3. GIS 地理信息系统(Geographic Information System)

地理信息系统是以采集、存储、描述、检索、分析和应用与空间位置有关的相应属性信息的计算机系统，它是集计算机、地理、测绘、环境科学、空间技术、信息科学、管理科学、网络技术、现代通信技术、多媒体技术为一体的多学科综合而成的新兴学科。

GIS 有两个显著特征：一是它不仅可以像传统的数据库管理系统那样管理数字和属性信息，而且可以管理空间图形信息；二是它可以利用各种空间分析的方法，对多种不同的信息进行综合分析，寻求空间实体间的相互关系，分析处理在一定区域内分布的现象和过程。

目前，GIS 正向多功能、高精度、现势性强的方向发展。如 TGIS(TemporalGIS)，研究区域随时间的演变来推测和预报“未来”，并作出科学的分析。3DGIS(三维 GIS)，研究图像可视性，利用空间位置来探索空间影响。多媒体技术导入 GIS 中，使 GIS 的功能更强大，具有声音、动画等效果，可以模拟人类、动物的特征，更具有智能化。网络 GIS(WebGIS)也是当前研究领域中另一个热门话题，使 GIS 的媒介对象更丰富，从而与社会、人类生活密不可分。

我国 GIS 的发展和应用较为迅速和广泛，已经成功开发出 MapGIS、Geostar、Citystar 等软件，综合和专题 GIS 的开发数不胜数。

三、地面点的坐标系统

我们知道，地面点是相对于地球定位的。如果选择一个能代表地球形状和大小且相对固定的理想曲面作为测量的基准面，就可以用地面点在基准面上的投影位置和高度来确定地面点空间位置。

1. 测量的基准面

实际测量工作是在地球的自然表面上进行的,而地球自然表面是很不规则的,有陆地、海洋、高山和平原,通过长期的测绘工作和科学调查了解到,地球表面上海洋面积约占71%,陆地面积占29%。人们把地球总的形状看做是被海水包围的球体,也就是设想有一个自由平静的海水面,向陆地延伸而形成一个封闭的曲面,我们把这个自由平静的海水面称为水准面。水准面是一个处处与重力方向垂直的连续曲面。如图0-1a)所示。

水准面在小范围内近似一个平面,而完整的水准面是被海水包围的封闭曲面。因为符合上述水准面特性的水准面有无数个,其中最接近地球形状和大小的是通过平均海水面的那个水准面,这个唯一而确定的水准面叫大地水准面,大地水准面就是测量的基准面,如图0-1b)所示。

由于地球内部质量分布不均匀,导致地面上各点的重力方向(即铅垂线方向)产生不规则的变化,因而,大地水准面实际上是一个有微小起伏的不规则曲面。如果将地面上的图形投影到这个不规则的曲面上,将无法进行测量计算和绘图,为此,必须用一个和大地水准面的形状非常接近的、可用数学公式表达的几何形体来代替大地水准面。在测量上是选用椭圆绕其短轴旋转而成的参考旋转椭球体面,作为测量计算的基准面,如图0-1c)所示。

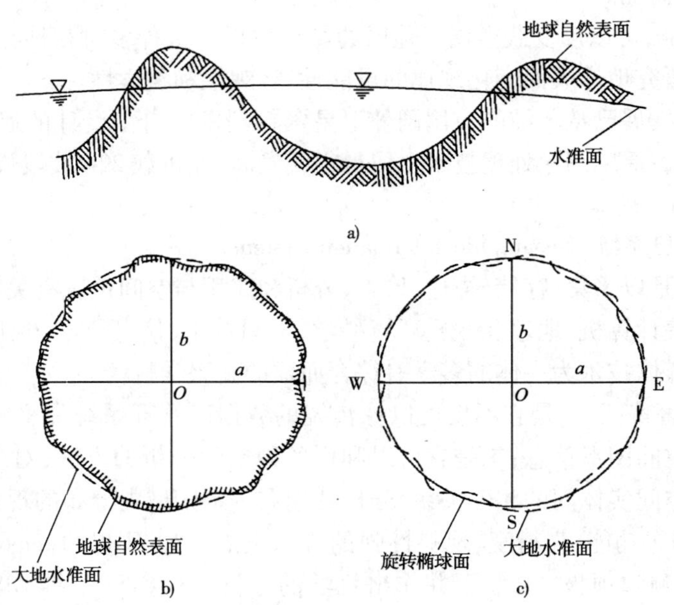

图0-1 “三面”图

a)地表面与水准面示意图;b)地表面与大地水准面示意图;c)大地水准面与旋转椭球面示意图

目前,我国所采用的参考椭球体是“1980年国家大地坐标系”,其参考椭球体元素为:

$$长半轴\quad a = 6\ 378\ 140\text{m}$$

$$短半轴\quad b = 6\ 356\ 755.3\text{m}$$

$$扁\quad 率\quad \alpha = \frac{(a-b)}{a} = \frac{1}{298.257} \tag{0-1}$$

通常把地球椭球体当作圆球看待,取其平均半径为6 371km。

2. 地面点的坐标系统

地面点在投影面上的坐标，根据具体情况，可选用下列三种坐标系统中的一种来表示。

1）大地坐标系

在大地坐标系中，地面点在旋转椭球面上的投影位置用大地经度 L 和大地纬度 B 来表示。如图 0-2 所示。NS 为椭球的旋转轴，N 表示北极，S 表示南极，O 为椭球中心。

通过椭球中心与椭球旋转轴正交的平面称为赤道平面。赤道平面与地球表面的交线称为赤道。

通过椭球旋转轴的平面称为子午面。其中通过英国伦敦格林尼治天文台的子午面称为起始子午面。子午面与椭球面的交线称为子午线。

图 0-2 中 P 点的大地经度就是通过该点的子午面与起始子午面的夹角，用 L 表示，从起始子午面算起，向东自 0°～180°称为东经；向西自 0°～180°称为西经。

P 点的大地纬度就是该点的法线（与椭球面垂直的线）与赤道面的交角，用 B 表示。从赤道面起算，向北自 0°～90°称为北纬；向南自 0°～90°称为南纬。

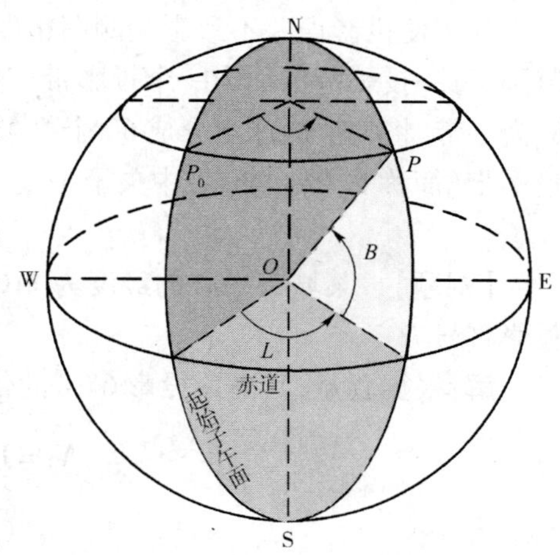

图 0-2　旋转椭球体

大地经度 L 和大地纬度 B 统称大地坐标。地面点的大地坐标是根据大地测量数据由大地原点（大地坐标原点）推算而得的。我国“1980 年国家大地坐标系”的大地原点位于陕西省泾阳县永乐镇境内，在西安市以北约 40km 处。以前使用的“1954 年北京坐标系”是建国初期从原苏联引测过来的。

2）高斯平面直角坐标系

高斯投影是地球椭球体面正形投影于平面的一种数学转换过程。为说明简单起见，可以用下面形象的投影过程来解说这种投影规律。

如图 0-3a）所示，设想将截面为椭圆的一个椭圆柱横套在地球椭球体外面，并与椭球体面上某一条子午线（如 NDS）相切，同时使椭圆柱的轴位于赤道面内并通过椭球体中心。椭圆柱面与椭球体面相切的子午线称为中央子午线。若以椭球中心为投影中心，将中央子午线两侧一定经差范围内的椭球图形投影到椭圆柱面上，再顺着过南、北极点的椭圆柱母线将椭圆柱面

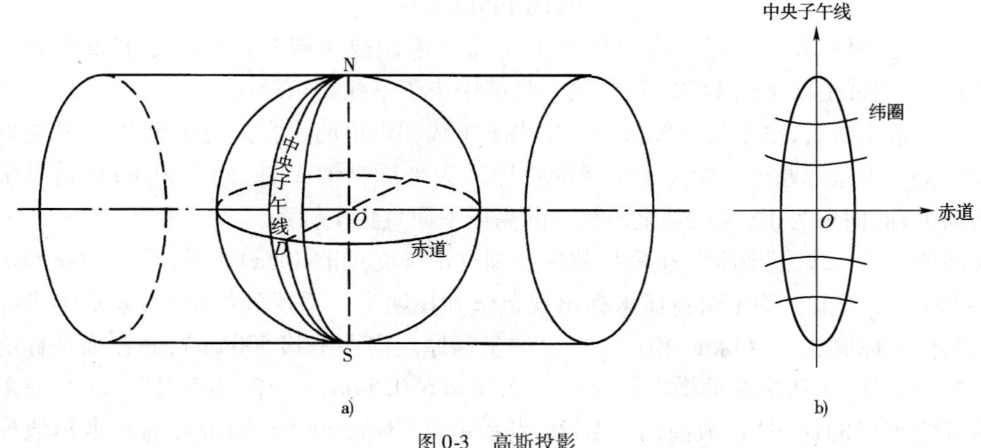

图 0-3　高斯投影

a）投影过程示意图；b）高斯投影带

剪开，展成平面，如图 0-3b）所示，这个平面就是高斯投影平面。

在高斯投影平面上，中央子午线投影为直线且长度不变，赤道投影后为一条与中央子午线正交的直线，离开中央子午线的线段投影后均要发生变形，且均较投影前长一些。离开中央子午线越远，长度变形越大。

为了使投影误差不致影响测图精度，规定以经差 6°或更小的经差为准来限定高斯投影的范围，每一投影范围称为一个投影带。如图 0-4a）所示，6°带是从 0°子午线算起，以经度每隔 6°为一带，将整个地球划分成 60 个投影带，并用阿拉伯数字 1、2、…、60 顺次编号，称为高斯 6°投影带（简称 6°带）。6°带中央子午线经度 L_0 与投影带号 N_e 之间的关系式为：

$$L_0 = N_e \times 6° - 3° \tag{0-2}$$

【例题】 某城市中心的经度为 116°24′，求其所在高斯投影 6°带的中央子午线经度 L_0 和投影带号 N_e。

解：根据题意，其高斯投影 6°带的带号为：

$$N_e = \mathrm{INT}\left(\frac{116°24'}{6} + 1\right) = 20$$

（INT——取整数）

中央子午线经度为：

$$L_0 = 20 \times 6° - 3° = 117°$$

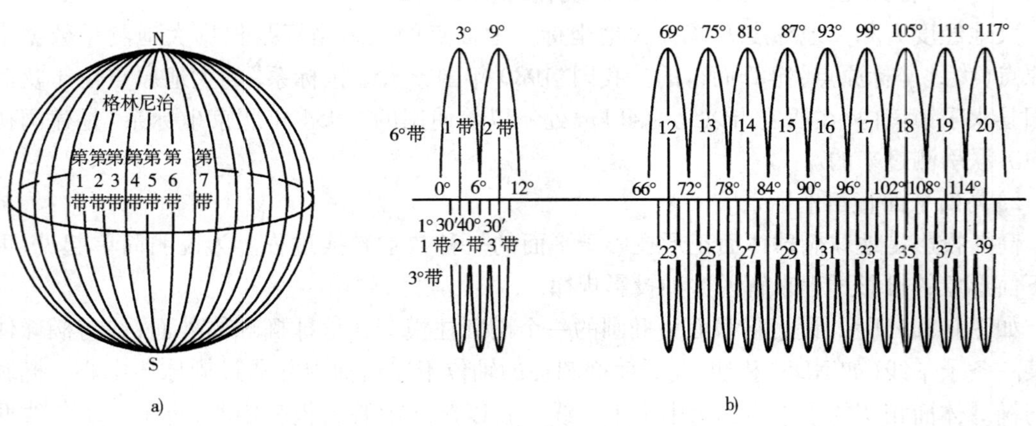

图 0-4 高斯投影平面

a）投影分带；b）投影平面

对于大比例尺测图，则需采用 3°带或 1.5°带来限制投影误差。3°带与 6°带的关系如图 0-4b）所示。3°带是以东经 1°30′开始，第一带的中央子午线是东经 3°。

采用分带投影后，由于每一投影带的中央子午线和赤道的投影为两正交直线，故可取两正交直线的交点为坐标原点。中央子午线的投影线为坐标纵轴 X 轴，向北为正；赤道投影线为坐标横轴 Y 轴，向东为正，这就是全国统一的高斯平面直角坐标系。

我国位于北半球，纵坐标均为正值，横坐标则有正有负，如图 0-5a）所示，$Y_a = +148\ 680.54\mathrm{m}$，$Y_b = -134\ 240.69\mathrm{m}$。为了避免横坐标出现负值和标明坐标系所处的带号，规定将坐标系中所有点的横坐标值加上 500km（相当于各带的坐标原点向西平移 500km），并在横坐标前冠以带号。如图 0-5b）中所标注的横坐标为：$Y_a = 20\ 648\ 680.54\mathrm{m}$，$Y_b = 20\ 365\ 759.31\mathrm{m}$。这就是高斯平面直角坐标的通用值，最前两位数 20 表示带号，不加 500km 和带号的横坐标值称为自然值。

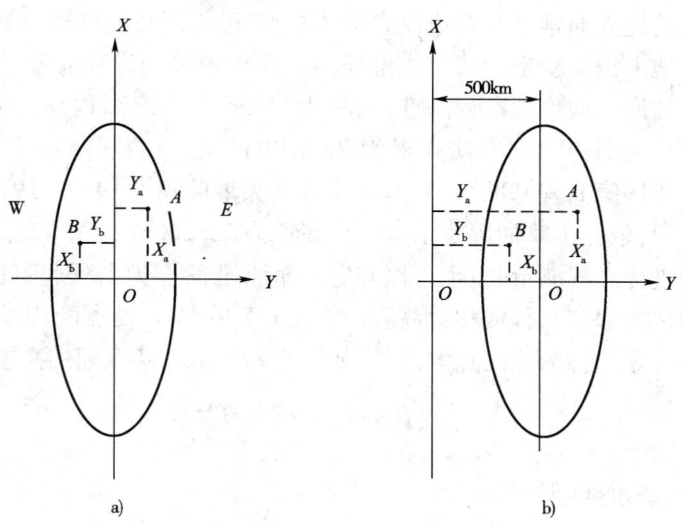

图 0-5　高斯平面直角坐标

a）自然值；b）通用值

高斯平面直角坐标系的应用大大简化了测量计算工作，它把在椭球体面上的观测元素全部改化到高斯平面上进行计算，这比在椭球体面上解算球面图形要简单得多。在公路工程测量中也经常应用高斯平面直角坐标，如高速公路的勘测设计和施工测量就是在高斯平面直角坐标系中进行的。

3）平面直角坐标系

当测量的范围较小时，可以把该测区的球面当作平面看待，直接将地面点沿铅垂线投影到水平面上，用平面直角坐标来表示它的投影位置，如图 0-6 所示。

测量上选用的平面直角坐标系，规定纵坐标轴为 X 轴，表示南北方向，向北为正；横坐标轴为 Y 轴，表示东西方向，向东为正；坐标原点可假定，也可选在测区的已知点上。象限按顺时针方向编号，测量所用的平面直角坐标系之所以与数学上常用的直角坐标系不同，是因为测量上的直线方向都是从纵坐标轴北端顺时针方向量度的，而三角学中三角函数的角则是从横坐标轴正端按逆时针方向计量，把 X 轴与 Y 轴互换后，全部三角公式都能在测量计算中应用。

3. 地面点的高程系统

地面点到大地水准面的铅垂距离，称为该点的绝对高程或海拔，简称高程。它与地面点的坐标共同确定地面点的空间位置。在图 0-7 中地面点 A、B 的高程分别为 H_a、H_b。

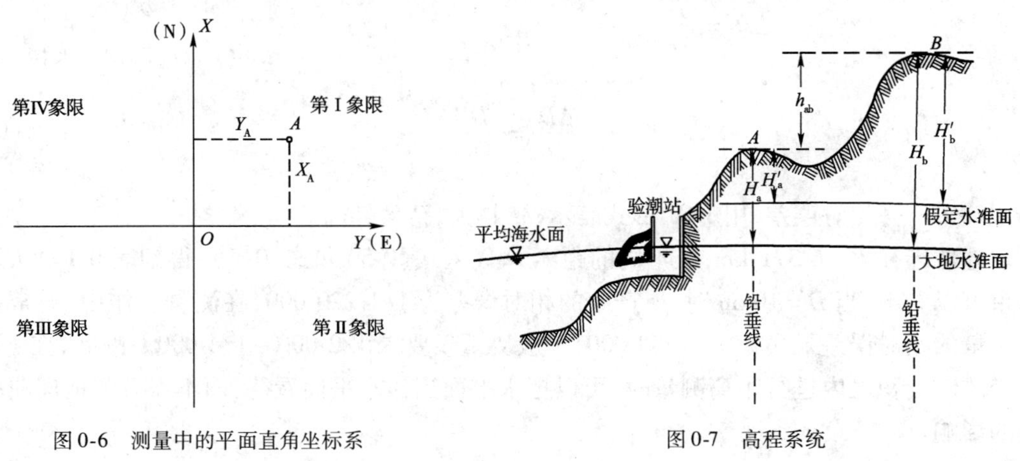

图 0-6　测量中的平面直角坐标系　　　图 0-7　高程系统

国家高程系统的建立通常是在海边设立验潮站，经过长期观测推算出平均海水面的高度，并以此为基准在陆地上设立稳定的国家水准原点。我国曾采用青岛验潮站1950～1956年观测资料推算黄海平均海水面作为高程基准面，称为"1956年黄海高程系"，并在青岛观象山的一个山洞里建立了国家水准原点，其高程为72.289m。由于验潮资料不足等原因，我国自1987年启用"1985年国家高程基准"。它是采用青岛大港验潮站1952～1979年的潮汐观测资料计算的平均海水面，依此推算的国家水准原点高程为72.260m。

当在局部地区进行高程测量时，也可以假定一个水准面作为高程起算面。地面点到假定水准面的铅垂距离称为假定高程或相对高程。在图0-7中，A、B两点的相对高程为H'_a、H'_b。

地面上两点高程之差称为这两点的高差，如图0-7中A、B两点间的高差为：

$$h_{ab}=H_b-H_a=H'_b-H'_a \tag{0-3}$$

四、用水平面代替水准面的范围

水准面是一个曲面，曲面上的图形投影到平面上，总会产生一定的变形。实际上，如果把一小块水准面当作平面看待，其产生的变形不超过测量和制图误差的容许范围时，即可在局部范围内用水平面代替水准面，使测量和绘图工作大大简化。以下讨论以水平面代替水准面对距离和高程测量的影响，以便明确可以代替的范围或必要时加以改正。

1. 以水平面代替水准面对距离的影响

如图0-8，A、B、C是地面点，它们在大地水准面上的投影点是a、b、c，用该区域中心点的切平面代替大地水准面后，地面点在水平面上的投影点是a'、b'和c'。设A、B两点在大地水准面上的距离为D，在水平面上的距离为D'，两者之差ΔD即是用水平面代替水准面所引起的距离差异。将大地水准面近似地视为半径为R的球面，则有

$$\Delta D=D'-D=R(\tan\theta-\theta) \tag{0-4}$$

已知$\tan\theta=\theta+\frac{1}{3}\theta^3+\frac{2}{15}\theta^5+\cdots$，因$\theta$角很小，只取其前两项代入式(0-4)，得

$$\Delta D=R\left(\theta+\frac{1}{3}\theta^3-\theta\right)$$

因

$$\theta=\frac{D}{R}$$

故

$$\Delta D=\frac{D^3}{3R^2} \tag{0-5}$$

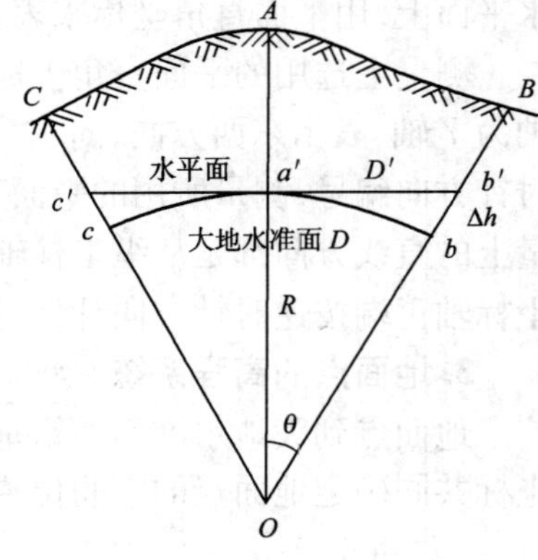

图0-8 以水平面代替水准面

$$\frac{\Delta D}{D}=\frac{D^2}{3R^2} \tag{0-6}$$

式中：$\Delta D/D$——相对误差，用$1/M$形式表示，M越大，精度越高。

取地球半径$R=6\ 371$ km，以不同的距离D代入式(0-5)和式(0-6)，得到表0-1。从表中的结果可以看出，当$D=10$km时，所产生的相对误差为1∶1 220 000，在测量工作中，通常要求距离丈量的相对误差最高为1/1 000 000，一般丈量仅要求1/2 000～1/4 000。因此，在10 km为半径的圆面积之内进行距离测量时，可以把水准面当作水平面看待，而不需考虑地球曲率对距离的影响。

水平面代替水准面引起的距离误差　　表 0-1

D(km)	10	20	30	40
ΔD(cm)	0.8	6.6	102.6	821.2
$\Delta D/D$	1/1 220 000	1/300 000	1/49 000	1/12 000

2. 以水平面代替水准面对高程的影响

如图 0-8 所示，地面点 B 的高程应是铅垂距离 bB，用水平面代替水准面后，B 点的高程为 $b'B$，两者之差 Δh 即为对高程的影响，由图得

$$\Delta h = bB - b'B = Ob' - Ob = R\sec\theta - R = R(\sec\theta - 1) \tag{0-7}$$

已知 $\sec\theta = 1 + \frac{\theta^2}{2} + \frac{5}{24}\theta^4 + \cdots$，因 θ 值很小，仅取前两项代入式(0-7)，另外 $\theta = \frac{D}{R}$，故有

$$\Delta h = R\left(1 + \frac{\theta^2}{2} - 1\right) = \frac{D^2}{2R} \tag{0-8}$$

用不同的距离代入式(0-8)，便得表 0-2 所列的结果。从表中可以看出，用水平面代替水准面对高程的影响是很大的，距离为 0.2km 时，就有 0.31 cm 的高程误差，这在高程测量中是不允许的。因此，进行高程测量，即使距离很短，也应用水准面作为测量的基准面，即应顾及地球曲率对高程的影响。

水平面代替水准面引起的高程误差　　表 0-2

D(km)	0.2	0.5	1	2	3	4	5
Δh(cm)	0.31	2	8	31	71	125	196

五、测量工作概述

1. 测量的基本工作

根据前面所述，测量工作的基本内容是确定地面点的位置。它有两方面的含义，一方面是将地面点的实际位置用坐标和高程表示出来；另一方面是根据点位的设计坐标和高程将其在实地上的位置标定出来。要完成上述任务，必须用测量仪器通过一定的观测方法和手段测出已知点与未知点之间所构成的几何元素，才能由已知点导出未知点的位置。

点与点之间构成的几何元素有距离、角度和高差，这三个基本元素称为测量定位三要素。如图 0-9 所示，a、b、c 为地面点在水平面上的投影位置，确定这些点位置不是直接在地面上测定它们的坐标高程，而是首先测定相邻点间的几何元素，即距离 D_1、D_2、D_3，水平角 β_1、β_2、β_3 和高差 h_{Fa}、h_{ab}、h_{bc}。再根据已知点 E、F 的坐标及高程来推算 a、b、c 各点的坐标和高程。由此可见，距离、角度、高差是确定地面点位置的三个基本元素，而距离测量、角度测量、高差测量是测量的基本工作。这部分内容在本书中将占有重要的篇幅。

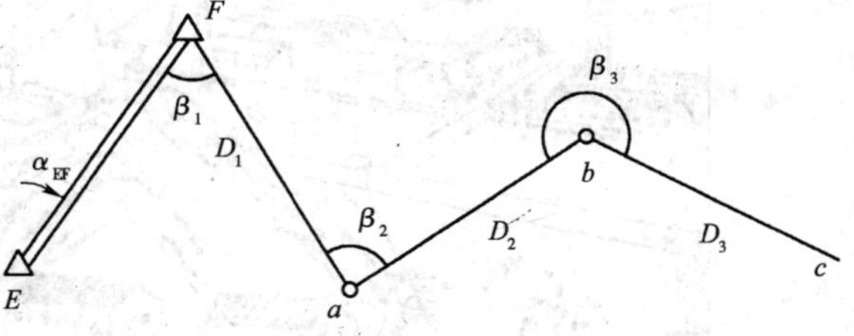

图 0-9　测量"三要素"示意图

2. 测量工作的原则和方法

在进行某项测量工作时，往往需要确定许多地面点的位置。假如从一个已知点出发，逐点进行测量和推导，最后虽可得到欲测各点的位置，但这些点很可能是不正确的，因为前一点的测量误差将会传递到下一点。这样积累起来，最后可能达到不可允许的程度。因此，测量工作

必须依照一定的原则和方法来防止测量误差的积累。

在实际测量工作中应遵循的原则是:在测量布局上要"从整体到局部";在测量精度上要"由高级到低级";在测量程序上要"先控制后碎部"。也就是在测区整体范围内选择一些有"控制"意义的点,首先把它们的坐标和高程精确地测定出来,然后以这些点作为已知点来确定其他地面点的位置。这些有控制意义的点组成了测区的测量骨架,称为控制点。

采用上述原则和方法进行测量,可以有效地控制误差的传递和积累,使整个测区的精度较为均匀和统一。

3. 控制测量的概念

为了测定控制点的坐标和高程所进行的测量工作称为控制测量。它包括平面控制测量和高程控制测量。

控制测量是整个测量过程中的重要环节,它起着控制全局的作用。对于任何一项测量任务,必须先进行整体性的控制测量,然后以控制点为基础进行局部的碎部测量。例如大桥的施工测量,首先建立施工控制网,进行符合精度要求的控制测量,然后在控制点上安置仪器进行桥梁细部构造的放样。

在国家广大的区域内,测绘部门已布设了高精度的国家平面控制网和国家高程控制网。国家基本的平面和高程控制按照精度的不同,分为一、二、三、四等,由高级到低级逐级布设。

由于国家基本的平面和高程控制点的密度(如四等平面控制点的平均间距为4km)远不能满足地形测图和工程建设的需要,因此,在国家基本控制点的基础上还需进行小区域的平面和高程控制测量。本书在后续章节中将详细讲述小区域控制测量(平面控制测量——导线测量;高程控制测量——水准测量)的布网形式和测量与计算方法。

4. 测量工作的程序和原则

地球表面的外形是复杂多样的,在测量工作中将其分为地物和地貌两大类:地面上的物体如河流、道路、房屋等称为地物;地面高低起伏的形态称为地貌。地物和地貌统称为地形。

地形图由为数众多的地形特征点所组成。如何测量这些点呢? 一般是先精确地测量出少数点的位置,如图0-10a)中的1、2、3…等点,这些点在测区中构成一个骨架,起着控制的作用,可以将它们称为控制点,测量控制点的工作称为控制测量。然后以控制点为基础,测量它周围

a)

图 0-10

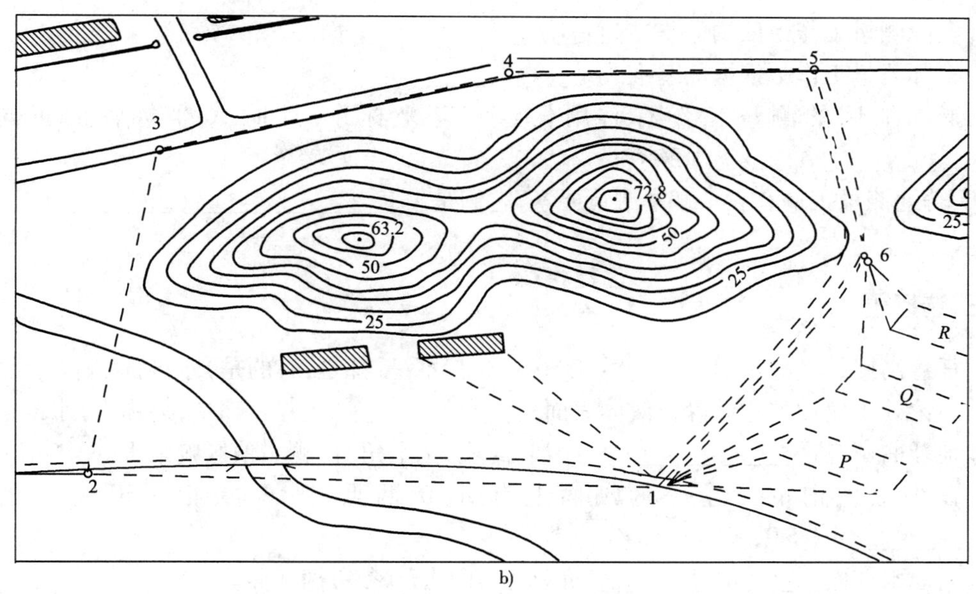

b)

图 0-10　地形和地形图

的地形,也就是测量每一控制点周围各地形特征点的位置,这一工作称为碎部测量。利用各控制点已测定的位置关系,将它们投影到水平面上就能把各个局部测得的地形连成一个整体,得到完整的地形图。

【知 识 检 验】

一、名词解释

1. 水准面。
2. 大地水准面。
3. 高斯平面直角坐标系。
4. 绝对高程。
5. 相对高程。
6. 水平面。
7. 参考椭球。

二、填空题

1. 测量工作中的铅垂线与________________面垂直。
2. 水准面上的任意一点都与________________垂直。
3. 地球陆地表面上一点 A 的高程是 A 至平均海水面在________________方向的长度。
4. 珠穆朗玛峰的高程是 8 848.48m,此值是指该峰至__________________________处的________________长度。
5. 测量工作中采用的平面直角坐标与数学中的平面直角坐标不同之处是____________。
6. 确定地面上一个点的位置常用三个坐标值,它们是 1. ____________________________ 2. ______________________ 3. ______________________。

7. 实际测量工作中依据的基准面是________________面。

8. 实际测量工作中依据的基准线是________________线。

9. 局部地区的测量工作有时用任意直角坐标系，此时 X 坐标轴的正向常取________________方向。

10. 普通测量工作有三个基本测量要素，它们是________________、________________、________________。

三、选择题

1. 任意高度的平静水面________________(都不是，都是，有的是)水准面。

2. 不论处于何种位置的静止液体表面________________(并不都是，都称为)水准面。

3. 地球曲率对________________(距离，高程，水平角)的测量值影响最大。

4. 在小范围内的一个平静湖面上有 A、B 两点，则 B 点相对于 A 点的高差________________(>0，<0，$=0$，$\neq 0$)。

5. 大地水准面________________(亦称为，不同于)参考椭球面。

6. 平均海水面________________(是，不是)参考椭球面。

四、简答与计算

1. 测量工作的基本原则是什么？

2. 何谓高程？何谓高差？若已知 A 点的高程为 498.521m，又测得 A 点到 B 点的高差为 -16.517m，试问 B 点的高程为多少？

3. 已知某点所在高斯平面直角坐标系中的坐标为：$X = 4\ 345\ 000$m，$Y = 19\ 483\ 000$m。问该点位于高斯六度分带投影的第几带？该带中央子午线的经度是多少？该点位于中央子午线的东侧还是西侧？

项目 1

水准点的高程测量

【项目导入】

1993 年 12 月 31 日,《人民日报》赫然刊出一则惊人消息,说的是沈阳郊区 30km 处发现了一个怪坡。车辆上坡省力,下坡费力。上坡能自动滑行到坡顶,下坡反而需要克服大于平地的阻力。言之凿凿,煞有介事,图文并茂,引起社会各界的热烈讨论。你想揭开怪坡的秘密吗?你想知道地面上各水准点的高程是如何得到的吗?那就请你认真学习水准测量的有关知识。

【知识与技能目标】

1. 明确水准测量的原理,会正确操作 DS_3 和 DZS_3 水准仪;
2. 掌握水准仪各轴系间几何关系并具备检验水准仪的能力;
3. 掌握等外和四等水准测量技术要求;
4. 能够按等外和四等水准测量标准布设一条水准路线并实测高差,求出各水准点的高程。

工作任务1　用水准仪完成等外水准测量

要想完成此项任务必须学习以下知识和技能。

一、水准仪及相关工具的使用

水准测量的基本原理是：在图1-1中，已知A点的高程为H_A，只要能测出A点至B点的高程之差，简称高差h_{AB}，则B点的高程H_B就可用下式计算求得：

$$H_B = H_A + h_{AB} \tag{1-1}$$

用水准测量方法测定高差h_{AB}的原理如图1-1所示，在A、B两点上竖立水准尺，并在A、B两点之间安置一架可以得到水平视线的仪器即水准仪，设水准仪的水平视线截在尺上的位置分别为M、N，过A点作一水平线与过B点的竖线相交于C。因为BC的高度就是A、B两点之间的高差h_{AB}，所以，由矩形$MACN$就可以得到h_{AB}的计算式：

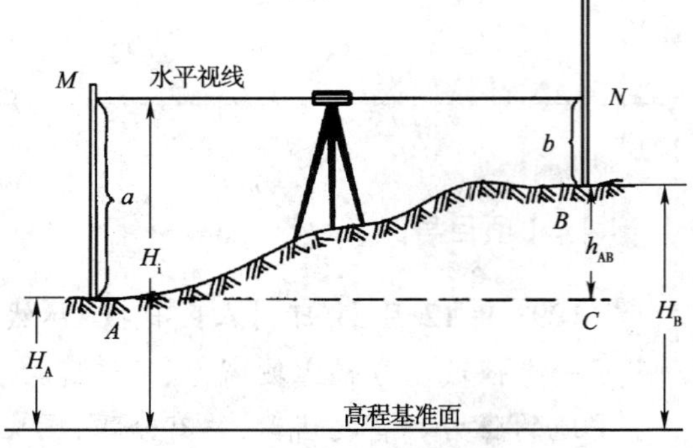

图1-1　水准测量原理示意图

$$h_{AB} = a - b \tag{1-2}$$

测量时，a、b的值是用水准仪瞄准水准尺时直接读取的读数值。因为A点为已知高程的点，通常称为后视点，其读数a为后视读数，而B点称为前视点，其读数b为前视读数。即

$$h_{AB} = \text{后视读数} - \text{前视读数}$$

实际上高差h_{AB}有正有负。由式(1-2)知，当a大于b时，h_{AB}值为正，这种情况是B点高于A点，地形为上坡；当a小于b时，h_{AB}值为负，即B点低于A点，地形为下坡。但无论h_{AB}值为正或负，式(1-2)始终成立。为了避免计算中发生正负符号上的错觉，在书写高差h_{AB}时必须注意h下面的小字角标AB，前面的字母代表了已知后视点的点号，也就是说h_{AB}是表示由已知高程的后视点A推算至未知高程的前视点B的高差。

1. 微倾式水准仪的构造

如图1-2所示，微倾式水准仪主要由望远镜、水准器和基座组成。水准仪的望远镜能绕仪

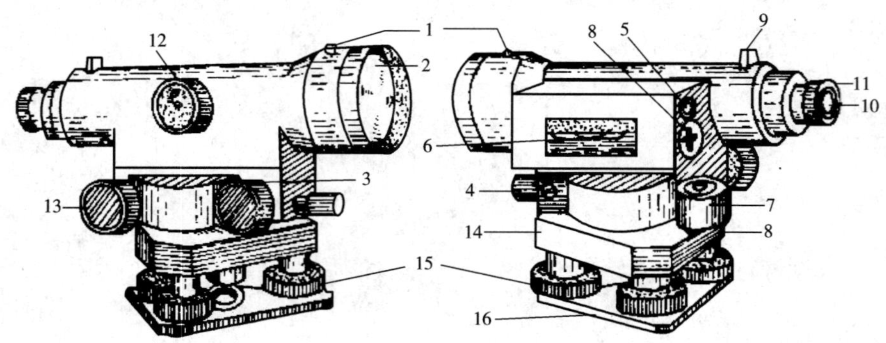

图1-2　微倾式水准仪的构造图

1-准星；2-物镜；3-微动螺旋；4-制动螺旋；5-符合水准器观测镜；6-水准管；7-圆水准器；8-校正螺钉；9-照门；10-目镜；11-目镜对光螺旋；12-物镜对光螺旋；13-微倾螺旋；14-基座；15-脚螺旋；16-连接板

器竖轴在水平方向转动，为了能精确地提供水平视线，在仪器构造上安置了一个能使望远镜上下做微小运动的微倾螺旋，所以称微倾式水准仪。

1）望远镜

望远镜由物镜、目镜和十字丝三个主要部分组成，它的主要作用是能使我们看清远处的目标，并提供一条照准读数值用的视线。图1-3a）为内对光望远镜构造图。图1-3b）是望远镜的成像原理示意图。

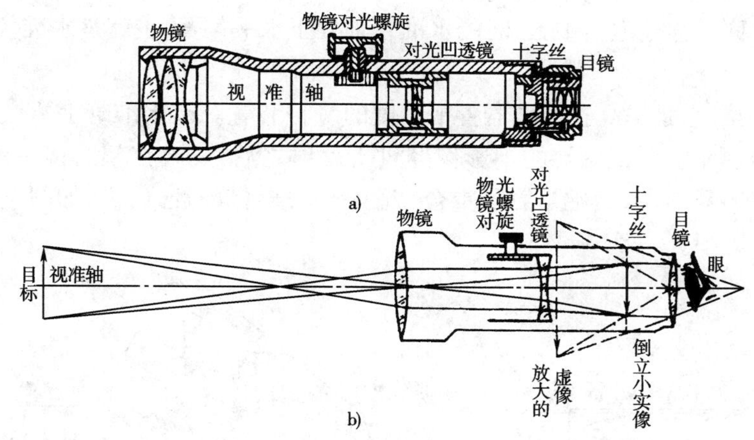

图1-3　望远镜剖面图及成像示意图

a）望远镜剖面图；b）望远镜成像原理图

十字丝是在玻璃片上刻线后，装在十字丝环上，用三个或四个可转动的螺旋固定在望远镜筒上，如图1-4所示。十字丝的上下两条短线称为视距丝，上面的短线称上丝，下面的短线称下丝。由上丝和下丝在标尺上的读数可求得仪器到标尺间的距离。十字丝的交点与物镜光心的连线称为视准轴。

为了控制望远镜的水平转动幅度，在水准仪上装有一套制动和微动螺旋。当拧紧制动螺旋时，望远镜就被固定，此时可转动微动螺旋，使望远镜在水平方向做微小转动来精确照准目标，当松开制动螺旋时，微动就失去作用。有些仪器是靠摩擦制动，无制动螺旋而只有微动螺旋。

2）水准器

水准器的作用是把望远镜的视准轴安置到水平位置。水准器有管水准器和圆水准器两种形式。

圆水准器是一个玻璃圆盒，圆盒内装有化学液体，加热密封时留有气泡而成，如图1-5所示。

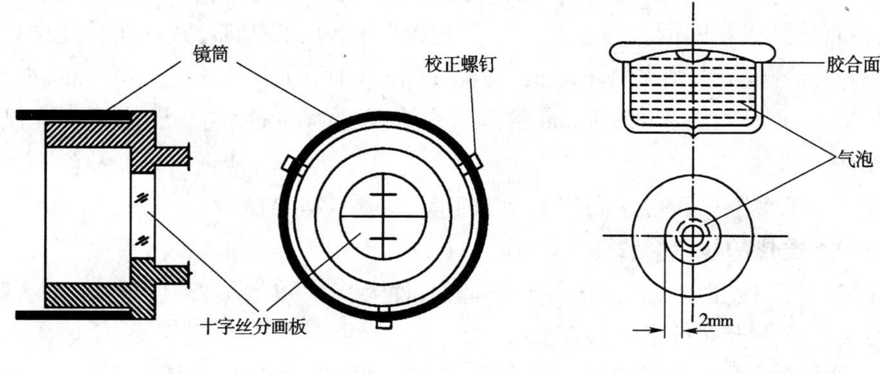

图1-4　十字丝平面图

图1-5　圆水准器示意图

圆水准器内表面是圆球面,中央画一小圆,其圆心称为圆水准器的零点,过此零点的法线称为圆水准器轴。当气泡中心与零点重合时,即为气泡居中。此时,圆水准轴线位于铅垂位置。也就是说水准仪竖轴处于铅垂位置,仪器达到基本水平状态。

管水准器简称水准管,它是把玻璃管纵向内壁磨成曲率半径很大的圆弧面,管壁上有刻画线,管内装有酒精与乙醚的混合液,加热密封时留有气泡而成,如图 1-6 所示。

水准管内壁圆弧中心为水准管零点,过零点与内壁圆弧相切的直线称为水准管轴。当气泡两端与零点对称时称气泡居中,这时的水准管轴处于水平位置,也就是水准仪的视准轴处于水平位置。

符合式水准器,它是提高管水准器置平精度的一种装置。在水准管上方装有一组符合棱镜组,如图 1-7a)所示。气泡两端的半影像经过折反射之后,反映在望远镜旁的观测窗内,其视场如图 1-7b)所示。如果两端半影像重合,就表示水准管气泡已居中,如图 1-7c)所示,否则就表示气泡没有居中。

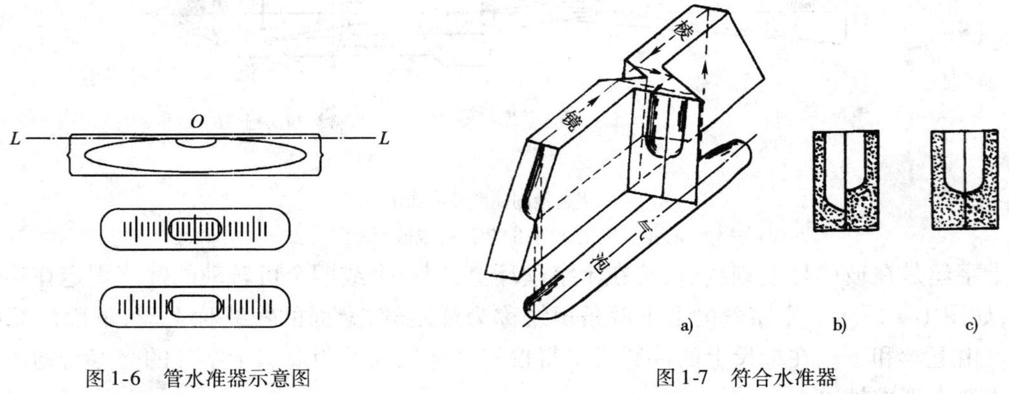

图 1-6　管水准器示意图

图 1-7　符合水准器

a)构造示意图;b)气泡未符合;c)气泡符合

由于符合式水准器通过符合棱镜组的折光反射把气泡偏移零点的距离放大一倍,因此较小的偏移也能充分反映出来,从而提高了置平精度。

3)基座

基座主要由轴座、脚螺旋和连接板组成。仪器上部通过竖轴插入座内,由基座承托整个仪器,仪器用连接螺旋与三脚架连接。

2. 水准尺

水准尺是与水准仪配合进行水准测量的工具。水准尺分为直尺、折尺和塔尺,如图 1-8a)所示。塔尺的最小分画有 5mm 和 1cm 两种,按材质分为木制、铝合金、玻璃钢塔尺。双面水准尺的分画,一面是黑白相间的称黑色面(主尺),黑面分画尺底为零,另一面是红白相间的称红色面(辅助尺),最小分画均为 1cm,红面刻画尺底为一常数:4 487mm/4 587mm 或 4 687mm/4 787mm。尺常数相差 100mm 的两把水准尺称为一对水准尺,使用水准尺前一定要认清刻画特点。

尺垫是供支承水准尺和传递高程所用的工具,如图 1-8b)所示。

3. 微倾式水准仪的技术操作

在水准仪的使用过程中,应首先打开三脚架,使架头大致水平,高度适中,踏实脚架尖后,将水准仪安放在架头上并拧紧中心螺旋。

水准仪的技术操作按以下四个步骤进行:粗平—照准—精平—读数。

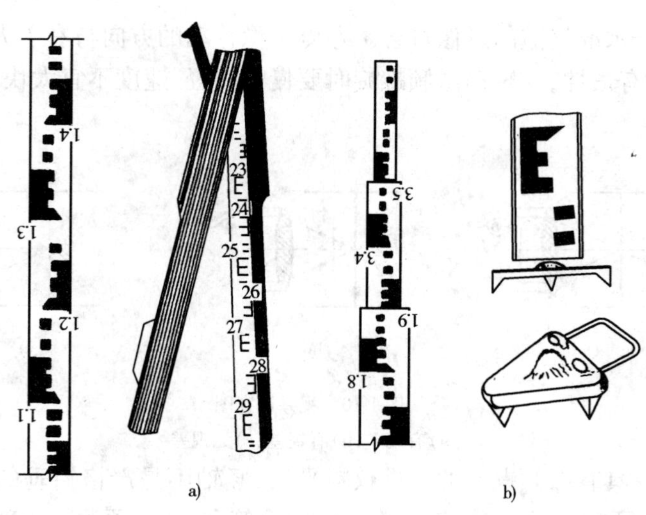

图 1-8　水准尺及尺垫

a)水准器;b)尺垫

1)粗平

粗平就是通过调整脚螺旋,使圆水准气泡居中,使仪器竖轴处于铅垂位置,视线概略水平。具体做法是:用两手同时以相对方向分别转动任意两个脚螺旋,此时气泡移动的方向和左手大拇指旋转方向相同,如图 1-9a)所示。然后再转动第三个脚螺旋使气泡居中,如图 1-9b)所示。如此反复进行,直至在任何位置水准气泡均位于分画圆圈内为止。

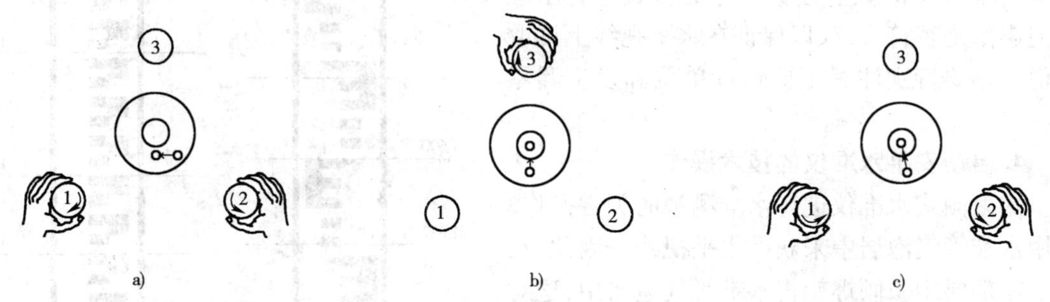

图 1-9　圆水准器气泡居中操作示意图

在操作熟练后,不必将气泡的移动分解为两步,视气泡的具体位置而转动任两个脚螺旋直接使气泡居中,如图 1-9c)所示。

2)照准

照准就是用望远镜照准水准尺,清晰地看清目标和十字丝。其做法是:首先转动目镜对光螺旋使十字丝清晰;然后利用照门和准星瞄准水准尺,瞄准后要旋紧制动螺旋,转动物镜对光螺旋使尺像清晰;再转动微动螺旋,使十字丝的竖丝照准尺面中央。在上述操作过程中,由于目镜、物镜对光不精细,目标影像平面与十字丝平面未重合好,当眼睛靠近目镜上下微微晃动时,物像随着眼睛的晃动也上下移动,这就表明存在着视差。有视差就会影响照准和读数精度,如图 1-10a)、图 1-10b)所示。消除视差的方法是仔细且反复交替地调节目镜和物镜对光螺旋,使十字丝和目标影像共平面;且同时都十分清晰,如图 1-10c)所示。

3)精平

精平就是转动微倾螺旋将水准管气泡居中,使视线精确水平,其做法是:慢慢转动微倾螺旋，使观察窗中符合水准气泡的影像符合。左侧影像移动的方向与右手大拇指转动方向相同。由于气泡影像移动有惯性，在转动微倾螺旋时要慢、稳、轻，速度不宜太快。

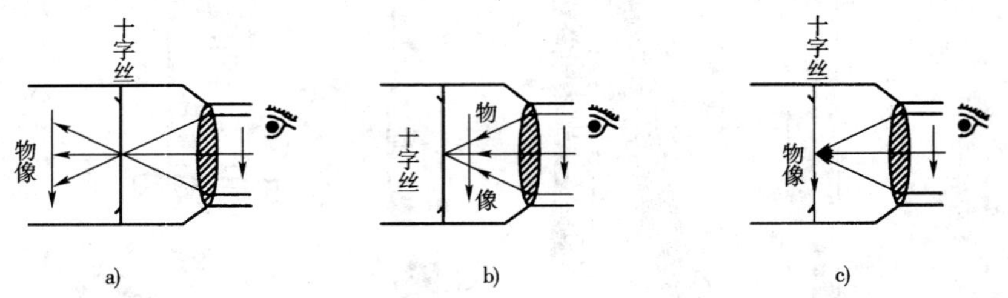

图 1-10　视差示意图

a)有视差；b)有视差；c)无视差

必须指出的是：具有微倾螺旋的水准仪粗平后，竖轴不是严格铅垂的，当望远镜由一个目标（后视）转瞄另一目标（前视）时，气泡不一定完全符合，还必须注意重新再精平，直到水准管气泡完全符合，才能读数。

4）读数

读数就是在视线水平时，用望远镜十字丝的横丝在尺上读数，如图 1-11 所示。读数前要认清水准尺的刻画特征，呈像要清晰稳定。为了保证读数的准确性，读数时要按由小到大的方向，先估读毫米（mm）数，再读出米（m）、分米（dm）、厘米（cm）数。读数前务必检查符合水准气泡影像是否符合好，以保证在水平视线上读取数值。还要特别注意不要错读单位和发生漏零现象。

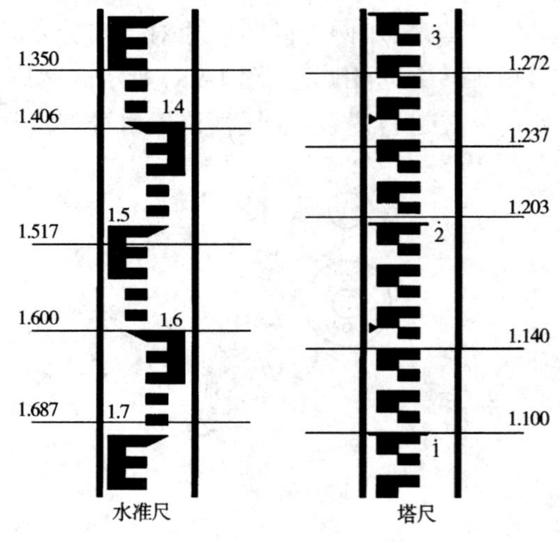

图 1-11　水准尺读数示意图

4. 自动安平水准仪的技术操作

用微倾式水准仪进行水准测量的关键操作，是用水准管气泡居中来获得水平视线。因此，在读数前都要用微倾螺旋将水准管气泡居中，这对于提高水准测量的速度是很大的障碍。自动安平水准仪就不需要水准管和微倾螺旋，只有一个圆水准器，安置仪器时，只要使圆水准器的气泡居中后，借助一种“补偿器”的特别装置，使视线自动处于水平状态。因此，使用这种自动安平水准仪，不仅操作简便，而且能大大缩短观测时间，也可把由于水准仪整置不当、地面有微小的振动或脚架的不规则下沉等影响视线水平的因素作迅速的调整，从而得到正确的读数值，提高水准测量的精度。

自动安平水准仪的技术操作程序分四步进行，即粗平—瞄准—检查—读数。其中粗平、瞄准、读数方法和微倾式水准仪相同，具体操作参阅上节的相关描述。

检查就是按动自动安平水准仪目镜下方的补偿控制按钮，查看“补偿器”工作是否正常，在自动安平水准仪粗平后，也就是概略置平的情况下，按动一次按钮，如果目标影像在视场中晃动，说明“补偿器”工作正常，视线便可自动调整到水平位置。

下面介绍自动安平原理。

如图 1-12 所示，当视准轴线水平时，物镜位于 O，十字丝交点位于 A_0，读到的水平视线读

数为 a_0。当望远镜视准轴倾斜了一个小角 α 时，十字丝交点由 A_0 移到 A，读数变为 a_0。显然，$AA_0 = f \cdot \alpha$（f 为物镜的等效焦距）。

若在距十字丝分画板 s 处安装一个光学补偿器 K，使水平光线偏转 β 角，以通过十字丝中心 A，则有 $AA_0 = s\beta$。故有

$$f \cdot \alpha = s \cdot \beta \tag{1-3}$$

若上式的条件能得到保证，虽然视准轴有微小倾斜（一般倾斜角限值为 $\pm 10'$），但十字丝中心 A 仍能读出视线水平时的读数 a_0，从而达到自动补偿的目的。

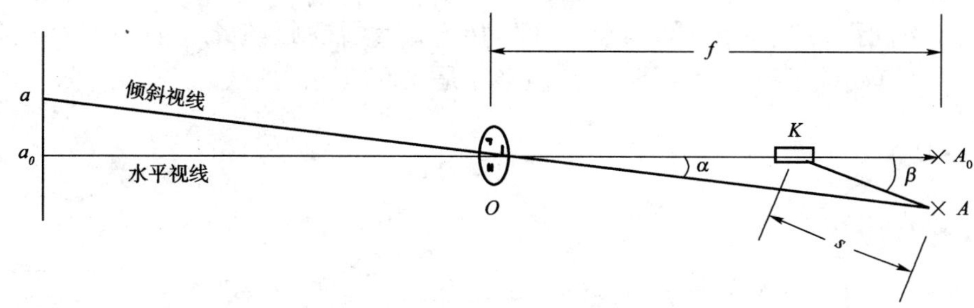

图 1-12 自动安平原理

5. 水准点和水准路线

水准点是测区的高程控制点，一般缩写为“BM”，用“⊗”符号表示。

为了统一全国的高程系统和满足各种测量的需要，测绘部门在全国各地埋设并测定了很多高程点，这些点称为水准点（Bench Mark），简记为 BM。水准测量通常是从水准点引测其他点的高程。水准点有永久性和临时性两种。

国家等级水准点一般用石料或钢筋混凝土制成，深埋到地面冻结线以下。在标石的顶面设有用不锈钢或其他不易锈蚀材料制成的半球状标志。有些水准点也可设置在稳定的墙脚上，称为墙上水准点，如图 1-13a）和图 1-13b）。

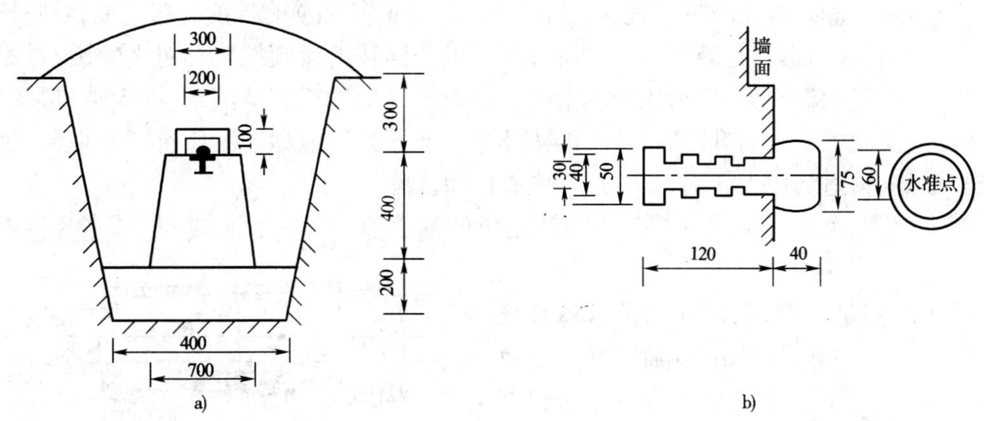

图 1-13 二、三等水准点埋石图（尺寸单位：mm）

建筑工地上的永久性水准点一般用混凝土或钢筋混凝土制成，临时性的水准点可用地面上凸出的坚硬岩石或用大木桩打入地下，桩顶钉以半球形铁钉。

埋设水准点后，应绘出水准点与附近固定建筑物或其他地物的关系图，在图上还要写明水准点的编号和高程，称为点之记，以便于日后寻找水准点位置之用。水准点编号前通常加 BM 字样，作为水准点的代号。

水准路线依据工程的性质和测区的情况，可布设成以下几种形式。

1）闭合水准路线

如图1-14a）所示，是从一已知水准点BM_A出发，经过测量各测段的高差，求得沿线其他各点高程，最后又闭合到BM_A的环形路线。

2）附合水准路线

如图1-14b）所示，是从一已知水准点BM_A出发，经过测量各测段的高差，求得沿线其他各点高程，最后附合到另一已知水准点BM_B的路线。

3）支水准路线

如图1-14c）所示，是从一已知水准点BM_1出发，沿线往测其他各点高程到终点2，又从2点返测到BM_1，其路线既不闭合又不附合，但必须是往返施测的路线。

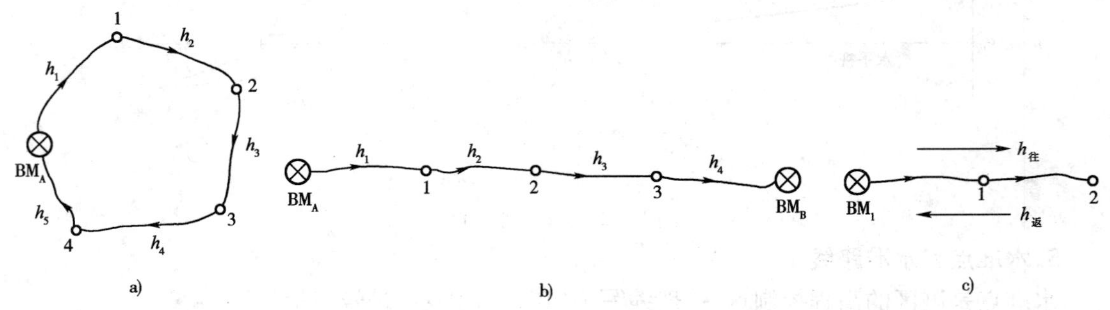

图1-14　水准路线图

a）闭合水准路线；b）附合水准路线；c）支水准路线

二、水准测量的实施

1. 检校仪器

在水准测量工作前必须对所使用的水准仪进行检验，否则将会影响你的测量成果。

水准仪在检校前，首先应进行视检，其内容包括：顺时针和逆时针旋转望远镜，看竖轴转动是否灵活、均匀；微动螺旋是否可靠；瞄准目标后，再分别转动微倾螺旋和对光螺旋，看望远镜是否灵敏，有无晃动等现象；望远镜视场中的十字丝及目标能否调节清晰；有无霉斑、灰尘、油迹；脚螺旋或微倾螺旋均匀升降时，圆水准器及管水准器的气泡移动不应有突变现象；仪器的三脚架安放好后，适当用力转动架头时，不应有松动现象。

如图1-15所示，水准仪的主要轴线有望远镜的视准轴CC、管水准轴LL、圆水准器轴$L'L'$和竖轴VV。

根据水准测量原理，微倾式水准仪各轴线间应具备的几何关系是：圆水准器轴应平行于仪器竖轴（$L'L' /\!/ VV$），十字丝的横丝应垂直于仪器竖轴；水准管轴应平行于仪器视准轴（$LL /\!/ CC$），如图1-15所示，其检验与校正的具体做法如下：

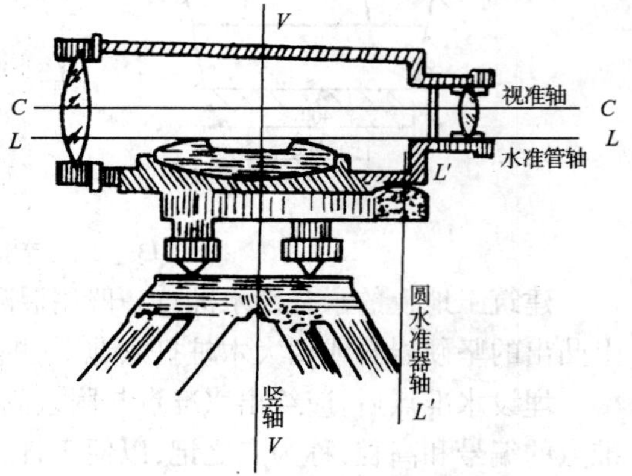

图1-15　微倾式水准仪几何轴线示意图

1）圆水准器的检验与校正

目的：使圆水准器轴平行于仪器竖轴，也就是当圆水准器的气泡居中时，仪器的竖轴应处于铅垂状态。

检验方法：首先转动脚螺旋使圆水准气泡居中，然后将仪器旋转 180°。如果气泡仍居中，说明两轴平行；如果气泡偏移了零点，说明两轴不平行，需校正。

校正方法：拨动圆水准器的校正螺钉，使气泡中点退回距零点偏离量的一半，如图 1-16 所示。然后转动脚螺旋使气泡居中。检验和校正应反复进行，直至仪器转到任何位置，圆水准气泡始终居中，即位于刻画圈内为止。

2）十字丝横丝的检验与校正

目的：使十字丝横丝垂直于仪器的竖轴。也就是竖轴铅垂时，横丝应水平。

检验方法：整平仪器后，将横丝的一端对准一明显固定点，旋紧制动螺旋后再转动微动螺旋，如果该点始终在横丝上移动，说明十字丝横丝垂直于竖轴，如图 1-17a）所示。

如果该点离开横丝，说明横丝不水平，需要校正，如图 1-17b）所示。

校正方法：用螺丝刀松开十字丝环的三个固定螺钉，再转动十字丝环，调整偏移量，直到满足条件为止，最后拧紧该螺钉，上好外罩。

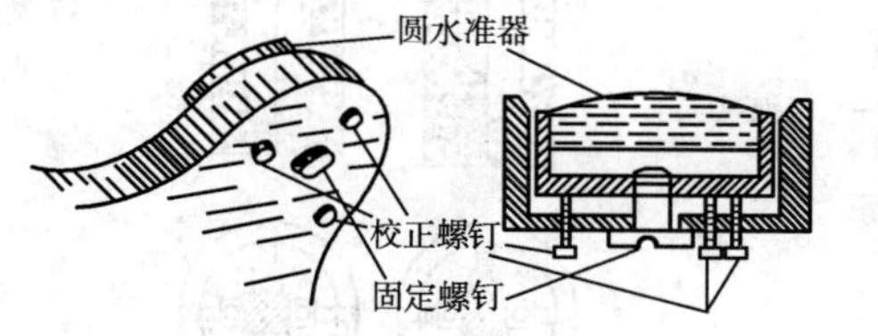

图 1-16　圆水准器校正螺钉示意图

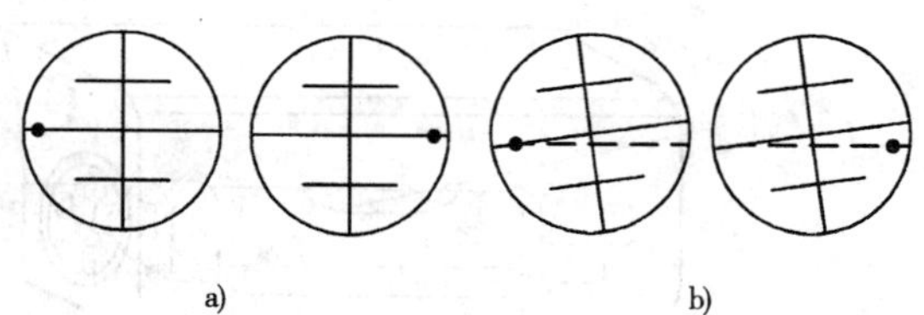

图 1-17　十字丝检校原理图

a）十字丝横丝垂直竖轴；b）十字丝横丝不垂直竖轴

3）管水准器的检验与校正

目的：使水准管轴平行于视准轴，也就是当管水准器气泡居中时，视准轴应处于水平状态。

检验方法：首先在平坦地面上选择相距 100m 左右的 A 点和 B 点，在两点放上尺垫或打入木桩，并竖立水准尺，如图 1-18 所示。然后将水准仪器安置在 A、B 两点的中间位置 C 处进行观测。假如水准管轴不平行于视准轴，视线在尺上的读数分别为 a_1 和 b_1，由于视线的倾斜而产生的读数误差均为 Δ，则两点间的高差 h_{AB} 为：

$$h_{AB} = a_1 - b_1$$

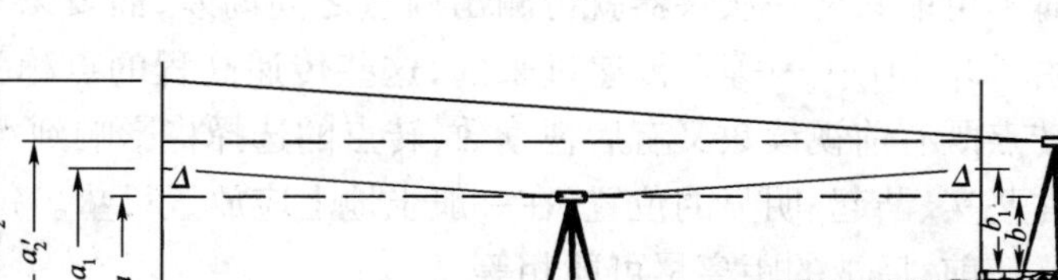

图 1-18　管水准器检校原理图

由图 1-18 可知：$a_1 = a + \Delta$，$b_1 = b + \Delta$，代入上式得：

$$h_{AB} = (a + \Delta) - (b + \Delta) = a - b$$

此式表明，若将水准仪安置在两点中间进行观测，便可消除由于视准轴不平行于水准管轴所产生的误差读数 Δ，得到两点间的正确高差 h_{AB}。

为了防止错误和提高观测精度，一般应改变仪器高观测两次，若两次高差的误差小于 3mm 时，取平均数作为正确高差 h_{AB}。

再将水准仪安置在距 B 尺 2m 左右的 E 处，安置好仪器后，先读取近尺 B 的读数值 b_2，因仪器离 B 点很近，两轴不平行的误差可忽略不计。然后根据 b_2 正确高差 h_{AB} 计算视线水平时在远尺 A 的正确读数值 a'_2

$$a'_2 = b_2 + h_{AB} \tag{1-4}$$

用望远镜照准 A 点的水准尺，若读数与 a'_2 相差小于 4mm，则说明水准管轴平行于视准轴，否则应进行校正。

校正方法：转动微倾螺旋使横丝对准 A 尺正确读数 a'_2 时，视准轴已处于水平位置，由于两轴不平行，便使水准管气泡偏离零点，即气泡影像不符合，如图 1-19 所示。这时首先用拨针松开水准管左右校正螺钉（水准管校正螺钉在水准管的一端），用校正针拨动水准管上、下校正螺钉，拨动时应先松后紧，以免损坏螺钉，直到气泡影像符合为止。

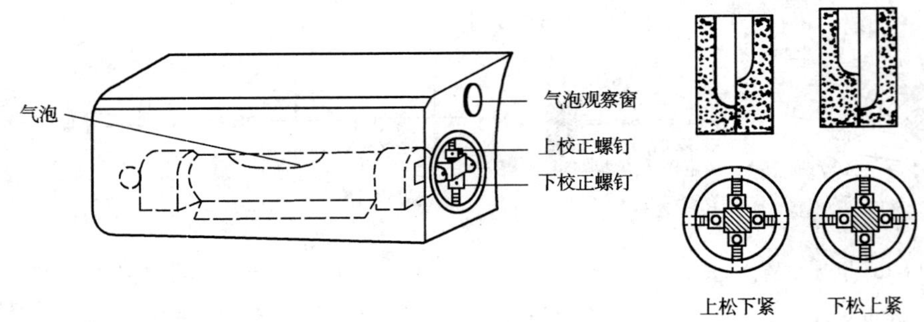

图 1-19　管水准器校正示意图

为了避免和减少校正不完善的残留误差影响，在进行等级水准测量时，一般要求前、后视距离基本相等。

2. 等外水准测量的实施

等外水准测量（普通水准测量）通常用经检校后的 DS_3 型水准仪施测。水准尺采用塔尺或单面尺，受水准仪放大倍率和水准尺长度所限，当地面上两点之间距离较长或地面坡度较陡时，在水准测量实施时不可能只架一次仪器就可测出两点之间高差，而要采取分段施测，中间加转点，高程是依次由 ZD_1、ZD_2……等点传递过来的，这些传递高程的点称为转点，转点起到了传递高程的作用，转点既有前视读数又有后视读数，转点的选择将影响到水准测量的观测精度。因此，转点要选在坚实、凸起、明显的位置，在一般土地上应放置尺垫。每站测量时水准仪应置于两水准尺中间，使前、后视的距离尽可能相等。

1）具体施测方法

（1）如图 1-20，置水准仪于距已知后视高程点 A 一定距离的 I 处，并选择好前视转点 ZD_1，将水准尺置于 A 点和 ZD_1 点上。

（2）将水准仪粗平后，先瞄准后视尺，消除视差。精平后读取后视读数值 a_1，并记入等外水准测量记录表中，见表 1-1。

（3）平转望远镜照准前视尺，精平后，读取前视读数值 b_1，并记入等外水准测量记录表中。至此便完成了普通水准测量一个测站的观测任务。

（4）将仪器搬迁到第 II 站，把第 I 站的后视尺移到第 II 站的转点 ZD_2 上，把原第 I 站前视变成第 II 站的后视。

（5）按（2）、（3）步骤测出第 II 站的后、前视读数值 a_2、b_2，并记入等外水准测量记录表中。

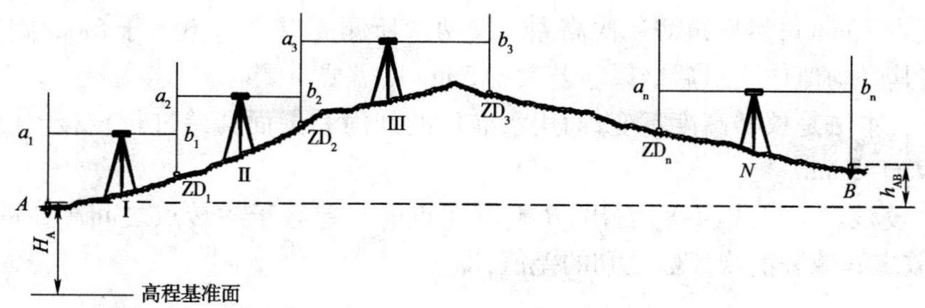

图 1-20　等外水准测量示意图

(6)重复上述步骤测至终点 B 为止。

B 点高程的计算是先计算出各站高差:

$$h_i = a_i - b_i \qquad (i = 1, 2, 3, \cdots, n) \tag{1-5}$$

再用 A 点的已知高程推算各转点的高程,最后求得 B 点的高程。

即

$$h_1 = a_1 - b_1 \qquad H_{ZD_1} = H_A + h_1$$

$$h_2 = a_1 - b_2 \qquad H_{ZD_2} = H_{ZD_1} + h_2$$

$$\cdots\cdots \qquad \cdots\cdots$$

$$h_n = a_n - b_n \qquad H_B = H_{ZD_n} + h_n$$

将上列左边求和得: $$\sum h = \sum a - \sum b = h_{AB} \tag{1-6}$$

从上列右边可知: $$H_B = H_A + \sum h \tag{1-7}$$

等外水准测量记录表　　表 1-1

测点	标尺读数(m)		高差(m)		高程(m)	备注
	后视	前视	+	−		
A	1.851		0.583		50.000	H_A = 50.000m
ZD_1	1.425	1.268	0.753		50.583	
ZD_2	0.863	0.672		0.718	51.336	
ZD_3	1.219	1.581	0.873		50.618	
B		0.346			51.491	
$\sum$	5.359	3.867	2.209	0.718		
计算校核	$\sum a - \sum b = 5.358 - 3.867 = 1.491$ $\sum h = 2.209 - 0.718 = 1.491$ $H_B - H_A = 51.491 - 50.000 = 1.491$ $H_B - H_A = \sum h = \sum a - \sum b$　(计算无误)					

注:此表为假设从 $A \sim B$ 只设 4 站的记录,水准路线为支水准路线。

2)数据校核

(1)测站校核。水准测量连续性很强,一个测站的误差或错误对整个水准测量成果都有影响。为了保证各个测站观测成果的正确性,可采用以下方法进行校核。

变更仪器高法：在一个测站上用不同的仪器高度测出两次高差。测得第一次高差后，改变仪器高度（至少 10cm），然后再测一次高差。当两次所测高差之差不大于 5mm 则认为观测值符合要求，取其平均值作为最后结果。若大于 5mm 则需要重测。

双面尺法：本法是仪器高度不变，而用水准尺的红面和黑面高差进行校核。红、黑面高差之差也不能大于 5mm。

（2）计算校核。由公式（1-8）看出，B 点对 A 点的高差等于各转点之间高差的代数和，也等于后视读数之和减去前视读数之和的差值，即

$$h_{AB} = \sum h = \sum a - \sum b \tag{1-8}$$

经上式校核无误后，说明高差计算是正确的。

按照各站观测高差和 A 点已知高程，推算出各转点的高程，最后求得终点 B 的高程。终点 B 的高程 H_B 减去起点 A 的高程 H_A 应等于各站高差的代数和，即

$$H_B - H_A = \sum h \tag{1-9}$$

经上式校核无误后，说明各转点高程的计算是正确的。

（3）成果校核。测量成果由于测量误差的影响，使得水准路线的实测高差值与应有值不相符，其差值称为高差闭合差，若高差闭合差在允许误差范围之内时，认为外业观测成果合格；若超过允许误差范围时，应查明原因进行重测，直到符合要求为止。一般等外水准测量的高差容许闭合差为：

$$\left.\begin{aligned} &\text{平原微丘区} \qquad f_{h容} = \pm 40\sqrt{L}\,(\text{mm}) \\ &\text{山岭重丘区} \qquad f_{h容} = \pm 12\sqrt{n}\,(\text{mm}) \end{aligned}\right\} \tag{1-10}$$

式中：L——水准路线长度，以 km 为单位；

n——总测站数。

等外水准测量的成果校核，主要考虑其高差闭合差是否超限。根据不同的水准路线，其校核的方法也不同，各水准路线的高差闭合差计算公式如下。

①附合水准路线：实测高差的总和与始、终已知水准点高差之差值称为附合水准路线的高差闭合差。即

$$f_h = \sum h - (H_{终} - H_{始}) \tag{1-11}$$

②闭合水准路线：实测高差的代数和不等于零，其差值为闭合水准路线的高差闭合差。即

$$f_h = \sum h \tag{1-12}$$

③支水准路线：实测往、返高差的绝对值之差称为支水准路线的高差闭合差。即

$$f_h = |h_{往}| - |h_{返}| \tag{1-13}$$

如果水准路线的高差闭合差 f_h 小于或等于其容许的高差闭合差 $f_{h容}$，即 $f_h \leq f_{h容}$，就认为外业观测成果合格，否则须进行重测。

3. 水准路线的高程计算

1）检查外业观测手簿、绘制线路略图

在进行高程计算之前，应首先进行外业手簿的检查。检查内容包括记录是否有违规现象、注记是否齐全、计算是否有错误等。经检查无误后，便可着手计算水准点的高程。

计算前应做如下准备工作：先确定水准路线的推算方向；再从观测手簿中逐一摘录各测段的观测高差 h_i，其中凡观测方向与推算方向相同的，其观测高差的符号不变，凡方向不同的，观测高差的符号则应变号；同时还摘录各测段距离 L_i 或测站数 n_i，并抄录起、终水准点的已知高程，绘制水准路线略图（图 1-21）。

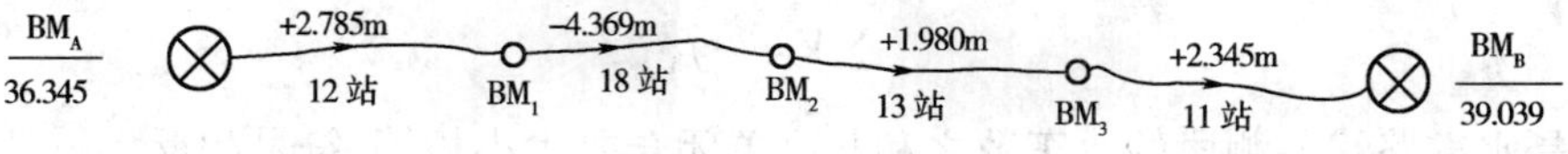

图 1-21　附合水准路线

2）高差闭合差的计算与调整

等外水准测量的成果处理就是当外业观测成果的高差闭合差在容许范围内时，所进行高差闭合差的调整，使调整后的各测段高差值等于应有值，也就是使 $f_h=0$。最后用调整后的高差计算各测段水准点的高程。

高差闭合差的调整原则是根据水准路线的测段站数或测段长度成正比，将闭合差反号分配到各测段上，并进行实测高差的改正计算。

（1）按测站数调整高差闭合差。若按测站数进行高差闭合差的调整，则某一测段高差的改正数 V_i 为：

$$V_i = -\frac{f_h}{\sum n} n_i \tag{1-14}$$

式中：$\sum n$——水准路线各测段的测站数总和；

n_i——某一测段的测站数。

改正后高差　　$h_i' = h_i + V_i$

待定点的高程　　$H_i = H_{i-1} + h_i'$

图 1-21 为某一附合水准测量实例：

按测站数调整高差闭合差和高程计算示例如图 1-21 所示，计算过程及结果参见表 1-2。

按测站数调整高差闭合差及高程计算表　　表 1-2

测段编号	测点	测站数（个）	实测高差（m）	改正数（m）	改正后的高差（m）	高程（m）	备　注
	BM$_A$					36.345	$H_B - H_A = 2.694$(m) $f_h = \sum h - (H_B - H_A)$ $=2.741-2.694$ $=+0.047$(m) $\sum n = 54$ $f_{h容} = \pm 12\sqrt{n}$ $=\pm 12\sqrt{54}$ $=\pm 88.2$(mm) $V_i = -\frac{f_h}{\sum n}\cdot n_i$
1		12	+2.785	-0.010	+2.775		
	BM$_1$					39.120	
2		18	-4.369	-0.016	-4.385		
	BM$_2$					34.745	
3		13	+1.980	-0.011	+1.969		
	BM$_3$					36.704	
4		11	+2.345	-0.010	+2.335		
	BM$_B$					39.039	
Σ		54	+2.741	-0.047	+2.694		

（2）按测段长度调整高差闭合差。若按测段长度进行高差闭合差的调整，则某一测段高差的改正数 V_i 为：

$$V_i = -\frac{f_h}{\sum L} L_i \tag{1-15}$$

式中：$\sum L$——水准路线各测段的总长度；

L_i——某一测段的长度。

按测段长度调整高差闭合差和高程计算示例如图 1-21 所示，并参见表 1-3。

需要指出的是：在水准测量成果处理时，无论是按测站数调整高差闭合差（表 1-2），还是按测段长度调整高差闭合差（表 1-3），都应满足下列关系：

$$\sum V = -f_h$$

也就是水准路线各测段的改正数之和与高差闭合差大小相等，符号相反。

按路线长度调整高差闭合差及高程计算表 表 1-3

测段编号	测点	测段距离（km）	实测高差（m）	改正数（m）	改正后的高差（m）	高程（m）	备　注
	BM_A					36.345	$f_h=\sum h-(H_B-H_A)$ $=2.741-2.694$ $=+0.047(m)$ $\sum L=9.1km$ $f_{h容}=\pm 40\sqrt{L}$ $=\pm 40\sqrt{9.1}$ $=\pm 120.7(mm)$ $V_i=-\frac{f_h}{\sum L}\cdot L_i$
1		2.1	+2.785	−0.011	+2.774		
	BM_1					39.119	
2		2.8	−4.369	−0.014	−4.383		
	BM_2					34.736	
3		2.3	+1.980	−0.012	+1.968		
	BM_3					36.704	
4		1.9	+2.345	−0.010	+2.335		
	BM_B					39.039	
Σ		9.1	+2.741	−0.047	+2.694		

工作任务 2　用水准仪完成三、四等水准测量

一、三、四等水准测量的主要技术要求

三、四等水准测量主要使用 DS_3 水准仪进行观测，水准尺采用整体式双面水准尺，观测前必须对水准仪和水准尺进行检验。测量时水准尺应安置在尺垫上，并保证水准尺应扶直。根据双面水准尺的尺常数，即 $K_1=4\ 687$ 和 $K_2=4\ 787$，或 4 487 与 4 587，成对使用水准尺。三、四等水准测量限差见表 1-4。

三、四等水准测量限差 表 1-4

等级	标准视线长度（m）	前后视距差（m）	前后视距累计差（m）	黑红面读数差（mm）	黑红面高差之差（mm）
三	75	3.0	6.0	2.0	3.0
四	100	5.0	10.0	3.0	5.0

二、三、四等水准测量的实施

1. 每一测站的观测程序

后视黑面尺，读取下、上、中丝读数，即（1）、（2）、（3）；

前视黑面尺，读取下、上、中丝读数，即（4）、（5）、（6）；

前视红面尺，读取中丝读数，即（7）；

后视红面尺，读取中丝读数，即（8）。

以上（　）内之号码，表示观测与记录的顺序，见表 1-5。四等水准也可采用后—后—前—前的观测程序。

三、四等水准测量观测记录 表 1-5

自 测至	天气： 成像：	测量者： 记录者：
20 年 月 日	始： 时 分	终： 时 分

测站编号	点 号	后尺 下丝 后尺 上丝 后视距 视距差 d	前尺 下丝 前尺 上丝 前视距 $\sum d$	方向及尺号	水准尺读数 黑面	水准尺读数 红面	K+黑−红	平均高差（m）	备 注
		（1） （2） （15） （17）	（4） （5） （16） （18）	后 前 后−前	（3） （6） （11）	（8） （7） （12）	（10） （9） （13）	（14）	
1	BM_1-ZD_1	1.426 0.995 43.1 +0.1	0.801 0.371 43.0 +0.1	后 106 前 107 后−前	1.211 0.586 +0.625	5.998 5.273 +0.725	0 0 0	+0.625 0	
2	ZD_1-ZD_2	1.812 1.296 51.6 −0.2	0.570 0.052 51.8 −0.1	后 107 前 106 后−前	1.554 0.311 +1.243	6.241 5.097 +1.144	0 +1 −1	+1.243 5	
3	ZD_1-ZD_3	0.889 0.507 38.2 +0.2	1.712 1.333 38.0 +0.1	后 106 前 107 后−前	0.698 1.523 −0.825	5.486 6.210 +0.724	−1 0 −1	−0.824 5	K 为尺长数，如： $K_{106}=4.787$ $K_{107}=4.687$ 已知 BM_1 高程为： $H=56.345$（m）
4	ZD_3-A	1.891 1.525 36.6 −0.2	0.758 0.390 36.8 −0.1	后 107 前 106 后−前	1.708 0.534 +1.134	6.395 5.361 +1.034	0 0 0	+1.134 0	
每页校核		$\sum(15)=169.5$ $-)\sum(16)=169.6$ $=-0.1$ =末站（18） 总视距 $\sum(15)+\sum(16)=339.1$（mm）		$\sum[(3)+(8)]=29.291$ $-)\sum[(6)+(7)]=24.935$ $=+4.356$			$\sum[(11)+(12)]$ $=4.356$	$\sum(14)=+2.1780$ $2\sum(14)=+4.356$	

2. 测站上的计算方法

1）视距部分

后视距离（15）=［（1）−（2）］×100

前视距离（16）=［（4）−（5）］×100

前、后视距差（17）=（15）−（16）。对于三等水准（17）≤ ±3m；四等水准（17）≤ ±5m。

前、后视距累积差（18）= 上站（18）+ 本站（17）；对于三等水准（18）≤ ±6m；四等水准

(18) ≤ ±10m。

2) 高差部分

同一水准尺红黑面中丝读数之差，应等于该尺红、黑面的零点常数差 K（设 $K106 = 4.787$m；$K107 = 4.687$m）。

(9) = (6) + K106 − (7)。对于三等水准(9) ≤ ±2mm；四等水准(9) ≤ ±3mm。

(10) = (3) + K106 − (8)。对于三等水准(10) ≤ ±2mm；四等水准(10) ≤ ±3mm。

黑面高差(11) = (3) − (6)。

红面高差(12) = (8) − (7)。

校核(13) = (11) − [(12) ±0.100] = (10) − (9)。对于三等水准(13) ≤ ±3mm；四等水准(13) ≤ ±5mm。

式中 0.100 为两根水准尺红面起点注记之差，即 4.786 − 4.687 = 0.100。

平均高差(14) = $\frac{1}{2}$(11) + [(12) ±0.100]。

3. 每页计算校核

1) 高差部分

测站数为偶数时：

$\sum\{[(3)+(8)] - [(6)+(7)]\} = \sum[(11)+(12)] = 2\sum(14)$。

测站数为奇数时：

$\sum\{[(3)+(8)] - [(6)+(7)]\} = \sum[(11)+(12)] = 2\sum(14) \pm 0.100$。

2) 视距部分

末站视距累积差 = 末站(18) = $\sum(15) - \sum(16)$。

在完成一测段单程测量后，须立即计算其高差总和，完成水准路线往返观测或附合、闭合路线观测后，应尽快计算高差闭合差，并进行成果检验，若高差闭合差未超限，便可进行闭合差调整，最后按调整后的高差计算各水准点的高程。

【完成项目要领提示】

无论是等外水准还是等级水准测量，完成该项目的基本流程如图 1-22 所示。

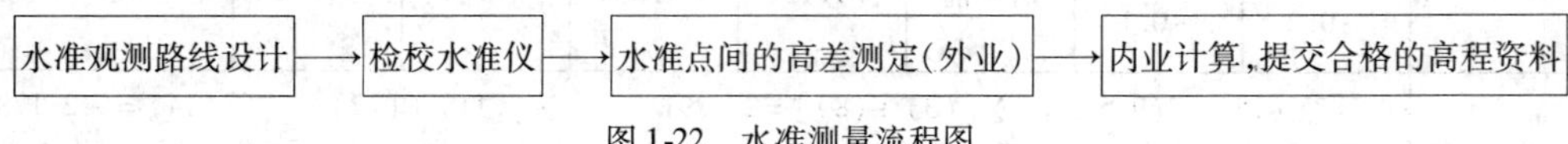

图 1-22　水准测量流程图

(1) 根据测区内已知水准点和未知点的分布情况，合理确定一条水准观测路线。(闭合、附合、支水准路线供选择。)

(2) 在水准测量实施之前，必须检验所使用的水准仪，如果仪器的三项检验有问题要及时提出，能自己校正更好，否则应送到仪器检修部门进行检修或更换仪器。

(3) 水准测量外业实施时要注意水准测量过程中应尽量用目估或步测保持前、后视距基本相等来消除或减弱水准管轴不平行于视准轴所产生的误差，同时选择适当观测时间，限制视线长度和高度来减少折光的影响，每站仪器脚架要踩牢，观测速度要快，以减少仪器下沉对高差的影响，估读要准确，读数时要仔细对光，消除视差，若使用微倾式水准仪每次读数前必须使符合气泡符合方能读数，水准点上不要垫尺垫，而转点处必须垫尺垫，水准尺要立直，记录要原始，当场填写清楚，在记错或算错时，应在错字上画一斜线，将正确数字写在错数上方，但毫米位严禁改动，读数时，记录员要复诵，以便核对，并应按记录格式填写，字迹要整齐、清楚、端正。测量者要严格执行操作规程，符合相应等级的水准技术要求，工作要细心，加强校核，防止错误。观测时如果阳光较强要给仪器撑伞。

(4)外业结束后，首先检查外业手簿的记录和计算有无错误，经校核后才能使用，然后计算高差闭合差这一重要精度指标，若在相应等级水准规定的范围内即可进行内业计算，否则返工重测。最后将合格的水准点成果资料上交。

【知 识 小 结】

1. 水准仪及使用

(1) DS_3 水准仪的几何轴线及关系。

几何轴线：

视准轴(CC)——物镜光心与十字丝中点的连线；

水准管轴(LL)——水准管内壁圆弧零点的切线；

圆水准器轴($L'L'$)——圆水准器内壁圆弧零点的法线；

竖轴(VV)——水准仪的旋转轴。

几何关系：$CC /\!/ LL$；$L'L' /\!/ VV$；十字丝横丝水平。

(2) DS_3 型水准仪的技术操作方法：粗平—瞄准—精平—读数。

(3)微倾式水准仪的检验项目：圆水准器的检验；十字丝横丝的检验；管水准器的检验。

(4)自动安平水准仪的技术操作方法：粗平—瞄准—检查补偿器—读数。

2. 等外水准测量方法

(1)高差法。

高差计算：h_i = 后视 − 前视($i=1,2\cdots n$ 站)。

记录与计算见表1-3。

(2)视线高法。

视线高 = 后视点高程 + 后视读数。

前视点高程 = 视线高 − 前视读数。

(3)水准路线及高差闭合差。

闭合水准路线：$f_h = \sum h$。

附合水准路线：$f_h = \sum h - (H_{终} - H_{始})$。

往返水准路线：$f_h = |h_{往}| - |h_{返}|$。

(4)高差闭合差的调整。

某一测段高差的改正数为：

按测站数：$V_i = -\dfrac{f_h}{\sum n} n_i$，校核 $\sum V = -f_h$。

按测段长度：$V_i = -\dfrac{f_h}{\sum L} L_i$，校核 $\sum V = -f_h$。

3. 四等水准测量

(1)观测方法：后—前—前—后或后—后—前—前。

(2)记录与计算见表1-5。

【知识检验】

一、单选题

1. DS_1 水准仪的观测精度要(　　)DS_3 水准仪。

A. 高于　　B. 接近于　　C. 低于　　D. 等于

2. 水准测量中,设后尺 A 的读数 $a=2.713$m,前尺 B 的读数为 $b=1.401$m,已知 A 点高程为 15.000m,则视线高程为(　　)m。

A. 13.688　　B. 16.312　　C. 16.401　　D. 17.713

3. 在水准测量中,若后视点 A 的读数大,前视点 B 的读数小,则有(　　)。

A. A 点比 B 点低　　B. A 点比 B 点高

C. A 点与 B 点可能同高　　D. A 点、B 点的高低取决于仪器高度

4. 水准器的分画值越大,说明(　　)。

A. 内圆弧的半径大　　B. 其灵敏度低

C. 气泡整平困难　　D. 整平精度高

5. 普通水准测量,应在水准尺上读取(　　)位数。

A. 5　　B. 3　　C. 2　　D. 4

6. 水准测量时,尺垫应放置在(　　)。

A. 水准点　　B. 转点

C. 土质松软的水准点上　　D. 需要立尺的所有点

7. 转动目镜对光螺旋的目的是(　　)。

A. 看清十字丝　　B. 看清物像　　C. 消除视差

8. 水准仪的(　　)应平行于仪器竖轴。

A. 视准轴　　B. 圆水准器轴　　C. 十字丝横丝　　D. 管水准器轴

二、简答与计算

1. DS_3 水准仪的技术操作分为哪几步?

2. 附合水准路线、闭合水准路线、支水准路线的高差闭合差的计算公式各是什么?

3. 微倾式水准仪主要做哪几项检验?其目的是什么?

4. 将仪器架设在两水准尺间等距离处可消除哪些误差?

5. 四等水准测量一测站的观测程序是怎样的?有哪些限差要求?

6. 图 1-23 为附合水准路线的观测成果,在表 1-6 上按测段路线长度调整高差闭合差,并进行高程计算。

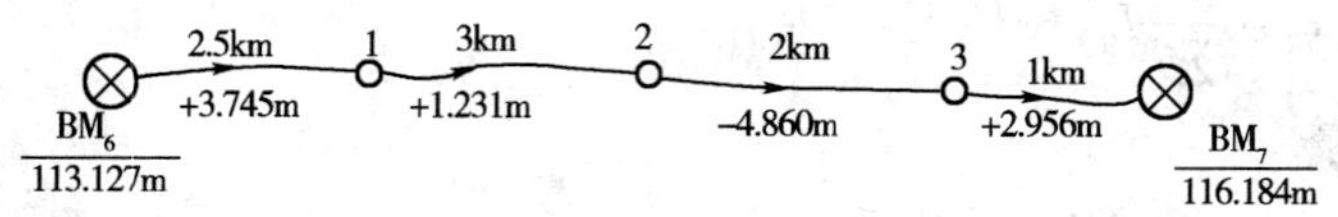

图 1-23　附合水准路线观测成果

按路线长度调整高差闭合差及高程计算表 表 1-6

测段编号	测点	距离(m)	实测高差(m)	改正数(m)	改正后高差(m)	高程(m)	备　注

7. 图 1-24 为闭合水准路线的观测成果,在表 1-7 上按测站数调整高差闭合差并进行高程计算。

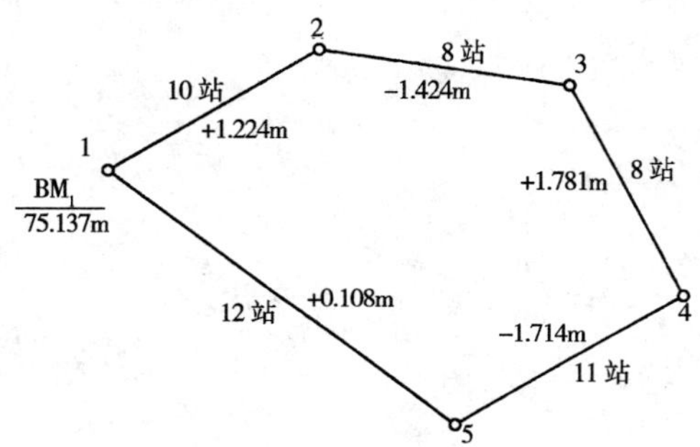

图 1-24　闭合水准路线观测成果

按测站数调整高差闭合差及高程计算表 表 1-7

测段编号	测点	测站数(m)	实测高差(m)	改正数(m)	改正后高差(m)	高程(m)	备　注

8. 在检验校正水准管轴与视准轴是否平行时,将仪器安置在距 A、B 两点等距离处,得 A 尺读数 $a_1 = 1.573\text{m}$,B 尺读数 $b_1 = 1.215\text{m}$。将仪器搬至 A 尺附近,得 A 尺读数 $a_2 = 1.432\text{m}$,B 尺读数 $b_2 = 1.066\text{m}$,问:

(1)视准轴是否平行于水准管轴?

(2)当水准管气泡居中时,视线向上倾斜还是向下倾斜?

(3)如何校正?

(4)若是自动安平水准仪,如何校正?

【项目综合训练】

每组同学设计一条闭合水准路线，路线长度约 1.5km，自己设计 4 个水准点，并编号为 BM_1、BM_2、BM_3、BM_4；起始点 BM_A 高程为 100.000m，通过外业测量（按四等水准测量规范）与内业计算得到合格的水准点成果资料。

1. 准备仪器。每组由仪器室借领：DS_3 水准仪 1 台，双面水准尺 2 根，记录板 1 块，尺垫 2 个，四等水准记录表格、水准测量内业计算表格。

2. 每个小组平均由 5 名同学组成，其中立尺员 2 名、记录员 1 名、观测员 1 名，每位同学可观测一个测段，采取轮换制，最终以小组的观测成果为评价标准。

项 目 2

导线测量

【项目导入】

在测量工作中，为了克服误差的传播和累积对测量成果造成的影响和提高测量的精度与速度，测量工作必须遵循“从整体到局部，先控制后碎部”的原则，也就是说，要先在测区内选择一些有控制意义的点，用精确的方法测定它们的平面位置和高程，以控制整个测区，然后再以这些控制点为依据，进行碎部测量或测设。在测量工作中，将这些有控制意义的点称为控制点，由控制点所构成的几何图形称为控制网，而将精确测定控制网点位的工作称为控制测量。

控制测量工作具有控制全局的作用，是其他各项测量工作的依据。对于地形测图，等级控制是扩展图根控制的基础，以保证所测地形图能以一定的精度互相拼接成为一个整体。对于工程测量，常需布设专用控制网，作为施工放样和变形观测的依据。由于传统的测量方法并不能简单地同时将地面控制点的平面位置和高程精确测出，而是需要采用不同的仪器和方法来分别完成，而且平面点和高程点在点的布设和使用上也各有特点，因而控制测量实施时被分为平面控制测量和高程控制测量两部分。平面控制测量是测定控制点的平面位置，高程控制测量是测定控制点的高程。平面控制测量常采用三角测量、导线测量、GPS 测量等方法建立，高程控制测量采用水准测量和三角高程测量方法建立。本项目主要讨论小地区（$10km^2$ 以下）控制网建立的有关问题，即主要介绍用导线测量建立小地区平面控制网和用三角高程测量建立小地区高程控制网的方法。小地区平面控制网应视测区面积的大小按精度要求分级建立，一般采用导线测量的方法进行。特别是在地物分布复杂的建筑区、视线障碍较多的隐蔽区和带状地区，多采用导线测量的方法。

【知识与技能目标】

1. 掌握水平角与竖直角的观测方法；
2. 掌握导线测量内、外业工作；
3. 能够使用全站仪进行导线测量；
4. 能够使用全站仪进行三角高程测量；
5. 能够使用全站仪进行坐标测量。

工作任务1　用经纬仪完成角度测量

导线测量是建立小地区平面控制网常用的一种方法。所谓导线是指测区内相邻控制点用直线连接而构成的折线图形,如图2-1。构成导线的控制点,称为导线点。图上折线的转折点A、B、C、E、F即为导线点。转折边D_{AB}、D_{BC}、D_{CE}、D_{EF}称为导线边;水平角β_B、β_C、β_E称为转折角,其中,β_B、β_E在导线前进方向的左侧,称为左角,β_C在导线前进方向的右侧,称为右角;α_{AB}称为起始边D_{AB}的坐标方位角。

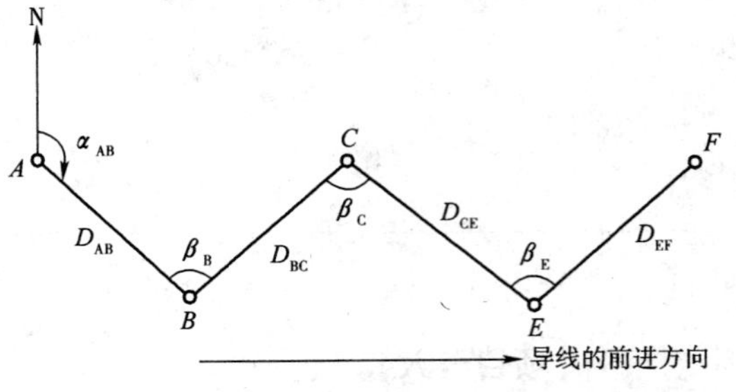

图2-1　导线示意图

导线测量就是依次测定各导线边的长度和各转折角值,再根据起算数据(起始点的坐标和起始边的方位角或两点坐标),推算出各边的坐标方位角,从而求出各导线点的坐标。

传统的导线测量是利用经纬仪测量转折角,用钢尺测定导线边长,称为经纬仪钢尺导线法测量,目前,导线的边长一般用测距仪(全站仪)测定,称为全站仪导线测量法。那么如何测量呢?下面首先介绍经纬仪测量转折角(水平角)的方法。

一、光学经纬仪的操作与使用

角度测量是确定地面点位的基本工作之一,经纬仪是最常用的测角仪器。

角度测量分为水平角测量和竖直角测量。测量水平角的目的是求算地面点的平面位置,而竖直角测量则主要是确定两地面点的高差,或将地面两点间的倾斜距离改化为水平距离。

1. 水平角测量原理

地面上两条直线之间的夹角在水平面上的投影称为水平角。如图2-2所示,A、B、O为地面上的任意点,通过OA和OB直线各作一垂直面,并把OA和OB分别投影到水平投影面上,其投影线Oa和Ob的夹角$\angle aOb$,就是$\angle AOB$的水平角β。

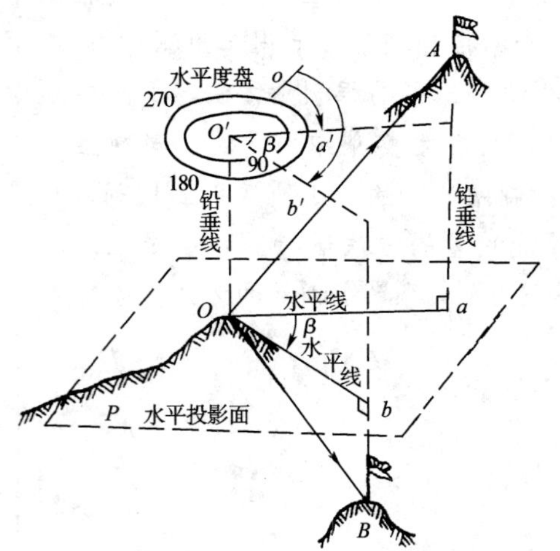

图2-2　水平角测量原理图

地面点A、B、O三点并不在同一个水平面上,因此,地面OA直线与OB直线所夹角并不是水平角。要想获得水平角$\angle AOB$,则在角的顶点O点铅垂线方向上安置一个带有水平刻度盘的测角仪器,这个水平刻度盘即相当于水平面。地面上OA直线与OB直线投影到水平刻度盘上的投影线为$O'a'$和$O'b'$,其夹角为$\angle a'O'b'$,就是$\angle AOB$的水平角β。则水平角β为:

$$\beta = b' - a' \tag{2-1}$$

2. 竖直角测量原理

在同一竖直面内视线和水平线之间的夹角称为竖直角或垂直角。如图2-3所示,视线在水平线之上称为仰角,符号为正;视线在水平线之下称为俯角,符号为负。

如果在测站点O上安置一个带有竖直刻度盘的测角仪器,其竖盘中心通过水平视线,设

照准目标点 A 时视线的读数为 n，水平视线的读数为 m，则竖直角 α 为：

$$\alpha = n - m \tag{2-2}$$

注意：竖直角也可以以天顶距的形式来表示，天顶距即为地面点的垂线方向至观测视线的夹角。设在观测的 OA 方向的天顶距为 Z，竖直角为 α，故天顶距与竖直角的关系为：

$$\alpha = 90° - Z$$

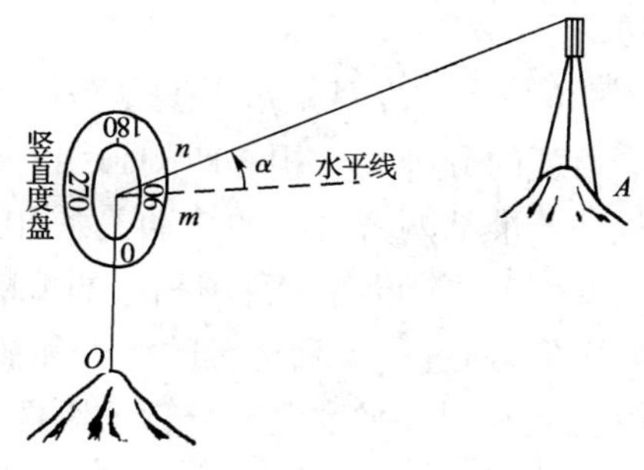

图 2-3　竖直角测量原理图

3. 光学经纬仪构造

能够测定水平角和竖直角的仪器就是测量上广泛使用的光学经纬仪。

光学经纬仪按精度等级可分为 DJ_1、DJ_2、DJ_6 等多个等级，代号中“D”和“J”分别为“大地测量”与“经纬仪”的汉语拼音的第一个字母；下标的数字是以秒为单位的精度指标，数字越小，其精度越高。工程上广泛使用的是 DJ_6型和 DJ_2 型。经纬仪因精度等级的不同或生产厂家的不同，其具体部件的结构可能不尽相同，但它们的基本构造是一样的。

1）DJ_6 型光学经纬仪

图 2-4 所示的是我国某光学仪器厂生产的 DJ_6 光学经纬仪，它主要由照准部（包括望远镜、竖直度盘、水准器、读数设备）、水平度盘、基座三部分组成。现将各组成部分分别介绍如下：

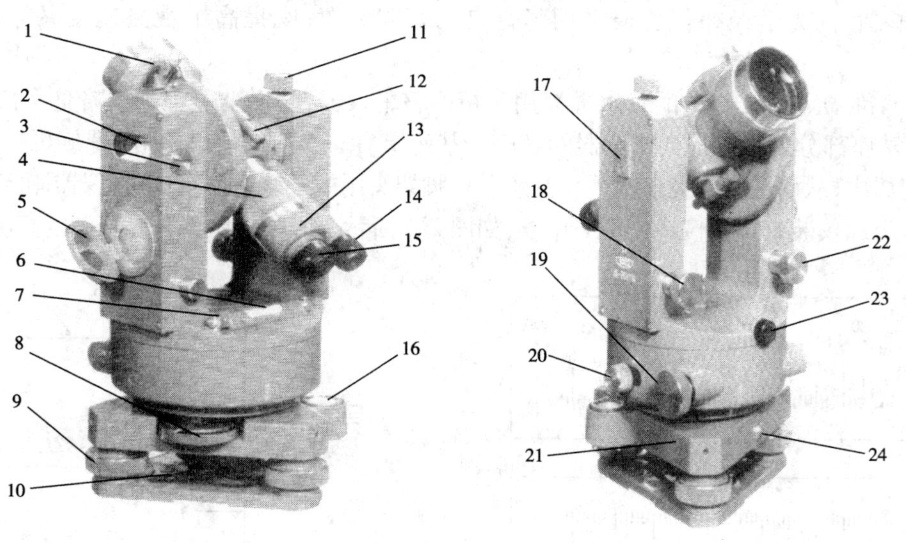

图 2-4　DJ_6 级光学经纬仪构造图

1-指标水准器观察窗镜；2-竖盘指标水准器；3-指标水准器改正护盖；4-望远镜调焦圈；5-读数照明反光镜；6-照准部水准器；7-校正螺钉；8-换盘手轮；9-脚螺旋；10-防扭簧片；11-望远镜制动手轮；12-粗瞄准器；13-分画板改正护盖；14-读数显微镜目镜；15-望远镜目镜；16-圆水准器；17- 磁针插榫；18-望远镜微动手轮；19-水平微动手轮；20-水平制动手轮；21-三角座；22-指标水准器微动手轮；23-光学对点器目镜；24-底座制动螺钉

（1）望远镜。望远镜的构造和水准仪望远镜构造基本相同，是用来照准远方目标。它和横轴固连在一起放在支架上，并要求望远镜视准轴垂直于横轴，当横轴水平时，望远镜绕横轴旋转的视准面是一个铅垂面。为了控制望远镜的俯仰程度，在照准部外壳上还设置有一套望远镜制动和微动螺旋。在照准部外壳上还设置有一套水平制动和微动螺旋，以控制水平方向的转动。当拧紧望远镜或照准部的制动螺旋后，转动微动螺旋，望远镜或照准部才能作微小的转动。

(2)水平度盘。水平度盘是用光学玻璃制成圆盘,在盘上按顺时针方向从0°到360°刻有等角度的分画线。相邻两刻画线的格值为1°。度盘固定在轴套上,轴套套在轴座上。水平度盘和照准部两者之间的转动关系,由离合器扳手或度盘变换手轮控制。

(3)读数设备。我国制造的 DJ_6 型光学经纬仪采用分微尺读数设备,它把度盘和分微尺的影像,通过一系列透镜的放大和棱镜的折射,反映到读数显微镜内进行读数。在读数显微镜内就能看到水平度盘和分微尺影像,如图2-5所示。度盘上两分画线所对的圆心角,称为度盘分画值。

在读数显微镜内所见到的长刻画线和大号数字是度盘分画线及其注记,短刻画线和小号数字是分微尺的分画线及其注记。分微尺的长度等于度盘1°的分画长度,分微尺分成6大格,每大格又分成10小格,每小格格值为1′,可估读到0.1′。分微尺的0°分画线是其指标线,它所指度盘上的位置与度盘分画线所截的分微尺长度就是分微尺读数值。为了直接读出小数值,使分微尺注数增大方向与度盘注数方向相反,读数时,以在分微尺上的度盘分画线为准读取度数,而后读取该度盘分画线与分微尺指标线之间的分微尺读数的分数,并估读到0.1′,即得整个读数值。在图2-5中水平度盘读数为180°06.4′,即180°06′24″;竖直度盘读数为75°57.2′,即75°57′12″。

(4)竖直度盘。竖直度盘固定在横轴的一端,当望远镜转动时,竖盘也随之转动,用以观测竖直角。目前光学经纬仪普遍采用竖盘自动归零装置,既提高了观测速度又提高了观测精度。

(5)水准器。照准部上的管水准器用于精确整平仪器,圆水准器用于概略整平仪器。

(6)基座部分。基座是支撑仪器的底座。基座上有三个脚螺旋,转动脚螺旋可使照准部水准管气泡居中,从而使水平度盘水平。基座和三脚架头用中心螺旋连接,可将仪器固定在三脚架上。光学经纬仪装有直角棱镜光学对中器,如图2-6所示。光学对中器具有精确度高的优点。

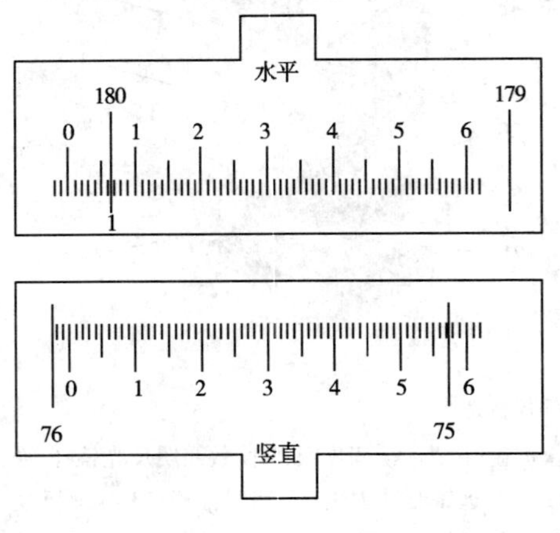

图2-5 DJ_6 级光学经纬仪读数窗

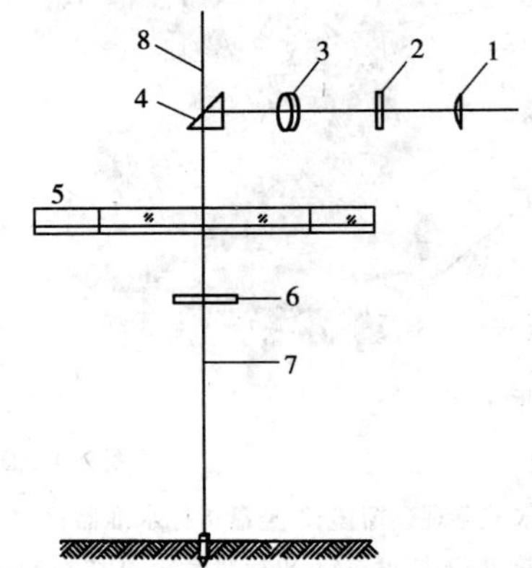

图2-6 光学对中器光路图

1-目镜;2-分画板;3-物镜;4-棱镜;5-水平度盘;6-保护玻璃;7-光学垂线;8-竖轴中心

此外,DJ_6 光学经纬仪还配有水平度盘拨盘手轮装置,用以配置水平度盘任一读数。

2)DJ_2 型光学经纬仪

DJ_2 级光学经纬仪的构造,除轴系和读数设备外基本上和 DJ_6 级光学经纬仪相同。我国某光学仪器厂生产的 DJ_2 型光学经纬仪外形,如图2-7所示。下面着重介绍它和 DJ_6 级光学经纬仪的不同之处。

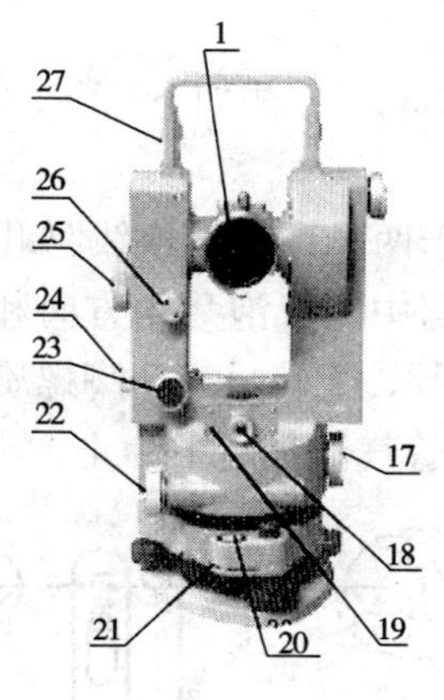

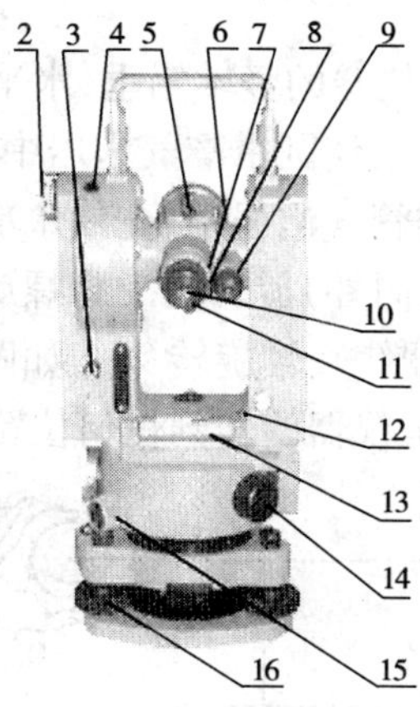

图 2-7　DJ_2 级光学经纬仪构造图

1-望远物镜;2-竖盘照明反光镜;3-按钮;4-调校指标差堵孔钉;5-光学粗瞄准器;6-望远镜反光拨杆;7-卡环;8-调整螺钉;9-读数显微目镜;10-望远目镜;11-望远镜调焦手轮;12-长水准器调整螺钉;13-长水准器;14-换盘手轮及护盖;15-竖轴制动手轮;16-脚螺旋;17-水平度盘照明反光镜;18-光学对点器;19-平盘转像组盖板;20-圆水准器;21-圆水准器调整螺钉;22-望远镜水平微动手轮;23-望远镜垂直微动手轮;24-换像手轮;25-测微手轮;26-横轴制动手轮;27-仪器提手

(1)水平度盘变换手轮。水平度盘变换手轮的作用是变换水平度盘的初始位置。水平角观测中,根据测角需要,对起始方向观测时,可先拨开手轮的护盖,再转动该手轮,把水平度盘的读数值配置为所规定的读数。

(2)换像手轮。在读数显微镜内一次只能看到水平度盘或竖直度盘的影像,若要读取水平度盘读数时,要转动换像手轮 24,使轮上指标红线成水平状态,并打开水平度盘反光镜 17,此时显微镜呈水平度盘的影像。若打开竖直度盘反光镜 2 时,转动换像手轮,使轮上指标线竖直时,则可看到竖盘影像。

(3)测微手轮。每次读数时需转测微手轮使中间窗口的分画线上下重合。

(4)半数字化读数方法。我国生产的新型 TDJ_2 级光学经纬仪采用了半数字化的读数方法,使读数更为方便,不易出错,如图 2-8 所示。中间窗口为度盘对径分画影像,没有注记,上面窗口为度和整 10′的注记,用小方框“Ⅱ”标记欲读的整 10′数;左边窗口的左侧数字为分,右侧数字为 10″(秒),每小格为 1″(秒),读数时转动测微手轮使中间窗口的分画线上下重合,从上窗口读得 150°00′,左边窗口读得 1′54″,全部读数为 150°01′54″。

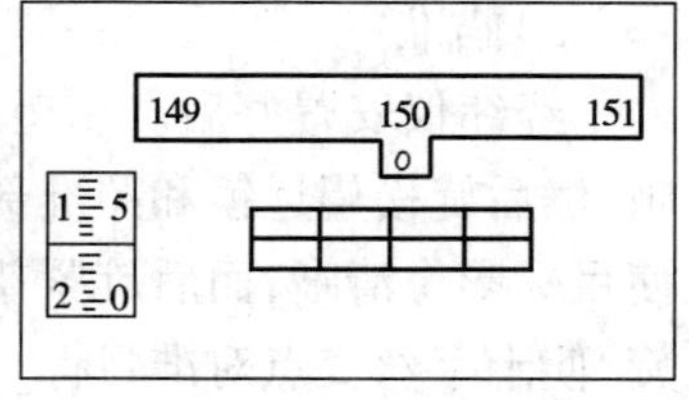

水平度盘读数

上窗读数:150°00′

小窗读数:01′54″

150°01′54″

图 2-8　DJ_2 级光学经纬仪读数窗

4. 光学经纬仪的技术操作

经纬仪的技术操作包括:对中—整平—瞄准—读数。

1)对中

对中的目的是使仪器的中心与测站的标志中心位于同一铅垂线上。对中方法如下:

(1)将仪器安置于测站点上,三个脚螺旋调至中间位置,架头大致水平。使光学对中器大致位于测站上,将三脚架踩牢。

(2)旋转光学对中器的目镜,看清分画板上的圆圈,拉或推动对中目镜使测站点影像清晰。

(3)移动脚架或旋转脚螺旋,使光学对中器精确对准测站点。

2)整平

整平的目的是使仪器的竖轴铅垂,水平度盘水平。其方法如下:

(1)首先,伸缩脚架使圆水准气泡居中。

(2)其次,使水准管气泡居中,先使水准管平行于两脚螺旋的连线,如图2-9a)所示。操作时,两手同时向内(或向外)旋转两个脚螺旋使气泡居中。气泡移动方向和左手大拇指转动的方向相同;然后将仪器绕竖轴旋转90°,如图2-9b)所示,旋转另一个脚螺旋使气泡居中。按上述方法反复进行,直至仪器旋转到任何位置时,水准管气泡都居中为止。

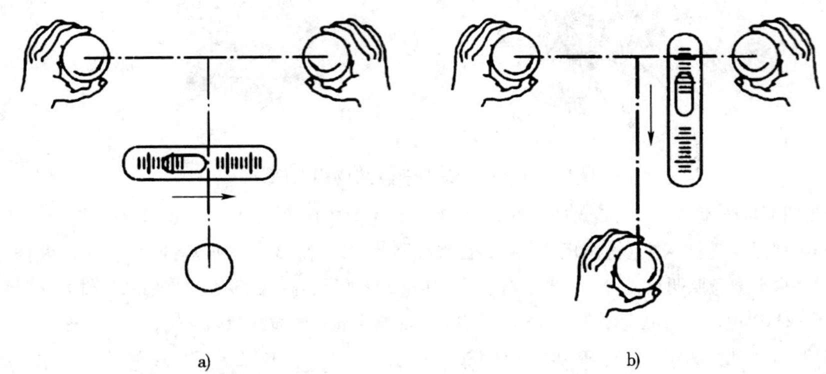

图2-9　经纬仪水准管气泡居中操作示意图

a)气泡向右移;b)气泡向下移

上述两步技术操作称为经纬仪的安置工作。整平完后要检查对中情况。如果光学对中器分画圈不在测站点上,应松开连接螺旋,在架头上平移仪器,使分画圈对准测站点。再伸缩脚架整平圆气泡,然后转脚螺旋使水准气泡居中。对中、整平两项工作相互影响,应反复进行对中、整平切换工作,直至仪器整平后,光学对中器分画圈对准测站点为止。

3)瞄准

经纬仪安置好后。用望远镜瞄准目标,首先将望远镜照准远处,调节对光螺旋使十字丝清晰;然后旋松望远镜和照准部制动螺旋,用望远镜的光学瞄准器照准目标。转动物镜对光螺旋使目标影像清晰;而后旋紧望远镜和照准部的制动螺旋,通过旋转望远镜和照准部的微动螺旋,使十字丝交点对准目标,并观察有无视差,如有视差,应予以消除,具体方法与水准仪相同,即仔细转动物镜对光螺旋,直至尺像与十字丝平面重合。

4)读数

打开读数反光镜,调节视场亮度,转动读数显微镜对光螺旋,使读数窗影像清晰可见。读数时,除分微尺型直接读数外,凡在支架上装有测微轮的,均需先转动测微轮,使中间窗口对径分画线重合后方能读数,最后将度盘读数加分微尺读数或测微尺读数,才是整个读数值。

二、水平角与竖直角观测

1. 水平角观测

在水平角观测中,为发现错误并提高测角精度,一般要用盘左和盘右两个位置进行观测。当观测者对着望远镜的目镜,竖盘在望远镜的左边时称为盘左位置,又称正镜;若竖盘在望远镜的右边时称为盘右位置,又称倒镜。水平角观测方法,一般采用测回法观测。测回法观测水平角操作方法如下。

设 O 为测站点，A、B 为观测目标，$\angle AOB$ 为观测角，见图 2-10 所示。先在 O 点安置仪器，进行整平、对中，然后按以下步骤进行观测：

(1)盘左位置：先照准左方目标，即后视点 A，读数为 $a_{左}$，并记入测回法测角记录表中，见表 2-1。然后顺时针转动照准部照准右方目标，即前视点 B，读取水平度盘读数为 $b_{左}$，并记入记录表中。以上称为上半测回，其观测角值为：

$$\beta_{左} = b_{左} - a_{左}$$

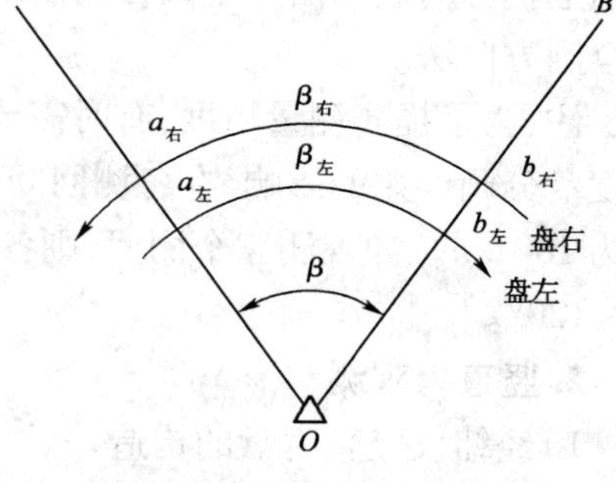

图 2-10　测回法观测水平角示意图

测回法测角记录表

表 2-1

测站	盘位	目标	水平度盘读数	水平角		备注
				半测回角	测回角	
O	左	A	0°01′24″	60°49′06″	60°49′03″	A, O, B, 60°49′03″
		B	60°50′30″			
	右	A	180°01′30″	60°49′00″		
		B	240°50′30″			

(2)盘右位置：倒镜，逆时针旋转照准部，先照准右方目标，即前视点 B，读取水平度盘读数 $b_{右}$，并记入记录表中，再逆时针转动照准部照准左方目标，即后视点 A，读取水平度盘读数为 $a_{右}$，并记入记录表中，则得下半测回角值为：

$$\beta_{右} = b_{右} - a_{右}$$

(3)上、下半测回合起来称为一测回。一般规定，用 J_6 级光学经纬仪进行观测，上、下半测回角值之差不超过 40″时，可取其平均值作为一测回的角值，即

$$\beta = 1/2(\beta_{左} + \beta_{右}) \tag{2-3}$$

测回法观测水平角时，一般在盘左位置时使起始方向(即左目标)的水平度盘读数设置为略大于 0°的度数。对于 DJ_6 经纬仪配数方法为：盘左位置瞄准左目标后，水平制动，拨动水平度盘拨盘手轮使水平度盘读数略大于 0°即可，如表 2-1 中的 0°01′24″。

上面介绍的测回法是对两个方向的单角观测。如要观测三个及以上的方向，则采用方向观测法进行观测。

如图 2-11，若测站上有 5 个待测方向：A、B、C、D、E，选择其中的一个方向(如 A)作为起始方向(亦称零方向)，在盘左位置，从起始方向 A 开始，按顺时针方向依次照准 A、B、C、D、E，并读取度盘读数，称为上半测回；然后纵转望远镜，在盘右位置按逆时针方向旋转照准部，从最后一个方向 E 开始，依次照准 E、D、C、B、A 并读数，称为下半测回。上、下半测回合为一测回。这种观测方法就称为方向观测法(又称为方向法)。

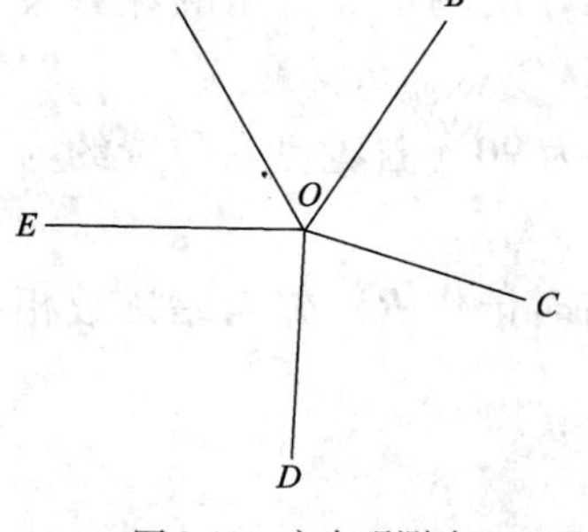

图 2-11　方向观测法

如果在上半测回照准最后一个方向 E 之后继续按顺时针方向旋转照准部，重新照准零方向 A 并读数；下半测回也从零方向 A 开始，依次照准 A、E、D、C、B、A，并进行读数。这样，在每半测回中，都从零方向开始照准部旋转一整周，再闭合到零方向上的操作，就叫“归零”。通常把这种“归零”的方向观测法称为全圆方向法。

习惯上把方向观测法和全圆方向法统称为方向观测法或方向法。当观测方向多于 3 个时，采用全圆方向法。

注：为了提高测量精度，有时需要观测若干个测回，各测回的观测方法相同。但是为了减少度盘分画误差的影响，在各测回间应进行水平度盘的设置，按测回数 n，将度盘位置依次变换为 $180°/n$。如观测三个测回，则各测回的起始读数应按 60°递增，即分别设置成略大于 0°、60°、120°。

2. 竖直角观测

1）经纬仪竖直度盘的构造

竖直度盘垂直固定在望远镜旋转轴的一端，随望远镜的转动而转动。竖直度盘的刻画与水平度盘基本相同，但其注记随仪器构造的不同分为顺时针和逆时针两种形式，如图 2-12 所示。

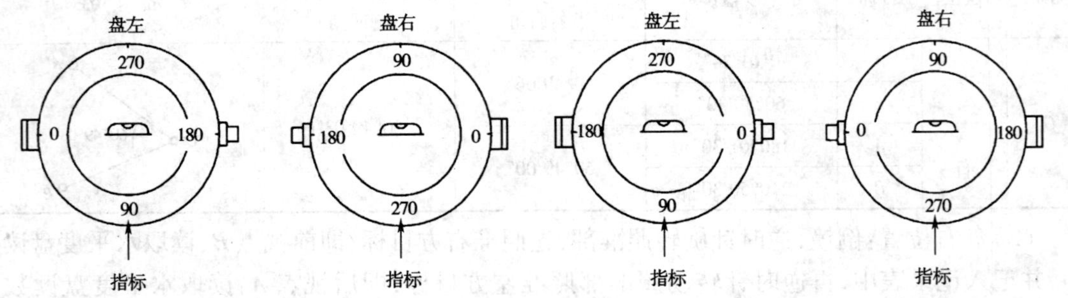

图 2-12　经纬仪竖直度盘构造示意图

2）竖直度盘自动归零装置

目前光学经纬仪普遍采用竖盘指标自动归零补偿器装置代替传统竖盘指标水准管，竖盘指标自动归零补偿器的作用是能消除仪器整平后的剩余误差给竖盘读数带来的影响。使用时，在仪器整平后，按一下按钮，竖盘刻线（读数窗中）互相摆开，然后缓慢回复到初始位置。

竖直角的计算公式是当竖盘读数指标线处于正确位置时推导出的。即当视准轴水平时，竖盘指标线所指读数应为 90°倍数，称为始读数。但当指标线所指的读数比始读数增大或减小一个角值 x，此值称为竖盘指标差。也就是竖盘指标线位置不正确所引起的读数误差。

竖盘指标差计算公式为：

$$x = \frac{L + R - 360°}{2}$$

竖盘指标差可以通过盘左、盘右观测取平均值予以抵消。

3）竖直角的计算公式

当经纬仪在测站上安置好后，首先应依据竖盘的注记形式，推导出测定竖直角的计算公式，其具体做法如下：

（1）在盘左位置把望远镜大致置水平位置，这时竖盘读数值约为 90°（若置盘右位置约为 270°），这个读数称为始读数。

（2）慢慢仰起望远镜物镜，观测竖盘读数（盘左时记作 L，盘右时记作 R），并与始读数相比，是增加还是减少。

（3）以盘左为例，若 $L > 90°$，则竖角计算公式为：

$$\alpha_{左} = L - 90°$$

$$\alpha_{右} = 270° - R$$

若 $L < 90°$，则竖角计算公式为：

$$\alpha_{左} = 90° - L$$

$$\alpha_{右} = R - 270°$$

平均竖直角 $$\alpha = \frac{\alpha_{左} + \alpha_{右}}{2} = \frac{R - L - 180°}{2} \tag{2-4}$$

4）竖直角观测方法

在测站上安置仪器，用下述方法测定竖直角。

（1）盘左位置：瞄准目标后，用十字丝横丝卡准目标的固定位置，打开竖盘自动归零按钮，读取竖盘读数 L，并记入竖直角观测记录表中，见表 2-2。用所推导好的竖角计算公式，计算出盘左时的竖直角，上述观测称为上半测回观测。

（2）盘右位置：仍照准原目标，读取竖盘读数值 R，并记入记录表中。用所推导好的竖角计算公式，计算出盘右时的竖角，称为下半测回观测。上、下半测回合称一测回。

竖直角观测记录表

表 2-2

测站	目标	盘位	竖盘读数	半测回竖直角	指标差	一测回竖直角	备　注
O	*M*	左	59°29′48″	+30°30′12″	−12″	+30°30′00″	盘左（竖盘示意图：270、180、0、90）
		右	300°29′48″	+30°29′48″			
	N	左	93°18′40″	−3°18′40″	−13″	−3°18′53″	
		右	266°40′54″	−3°19′06″			

（3）计算测回竖直角 α：

$$\alpha = \frac{\alpha_{左} + \alpha_{右}}{2}$$

$$或\ \alpha = \frac{R - L - 180°}{2} \tag{2-5}$$

（4）计算竖盘指标差 x：

$$x = \frac{\alpha_{左} + \alpha_{右}}{2}$$

$$或\ x = \frac{R + L - 360°}{2} \tag{2-6}$$

三、经纬仪的检校方法

为了保证测角的精度，经纬仪主要部件及轴系应满足下述几何条件，即：照准部水准管轴应垂直于仪器竖轴（$LL \perp VV$）；十字丝纵丝应垂直于横轴；视准轴应垂直于横轴（$CC \perp HH$）；横轴应垂直于仪器竖轴（$HH \perp VV$）；竖盘指标差应为零；光学对中器的视准轴应与仪器竖轴重合。如图 2-13 所示。

由于仪器经过长期外业使用或长途运输及外界影响等，会使各轴线的几何关系发生变化，因此，在使用前必须对仪器进行检验和校正。

1. 照准部水准管的检校

目的：当照准部水准管气泡居中时，应使水平度盘水平，竖轴铅垂。

检验方法：将仪器安置好后，使照准部水准管平行于一对脚螺旋的连线，转动这对脚螺旋使气泡居中。再将照准部旋转180°,若气泡仍居中,说明条件满足,即水准管轴垂直于仪器竖轴,否则应进行校正。

校正方法:转动平行于水准管的两个脚螺旋使气泡退回偏离零点的格数的一半,再用拨针拨动水准管校正螺钉,使气泡居中。

2. 十字丝竖丝的检校

目的:使十字丝竖丝垂直横轴。当横轴居于水平位置时,竖丝处于铅垂位置。

检验方法:用十字丝竖丝的一端精确瞄准远处某点,固定水平制动螺旋和望远镜制动螺旋,慢慢转动望远镜微动螺旋。如果目标不离开竖丝,说明此项条件满足,即十字丝竖丝垂直于横轴,否则需要校正。

校正方法:要使竖丝铅垂,就要转动十字丝板座或整个目镜部分。图2-14所示就是十字丝板座和仪器连接的结构示意图。图中2是压环固定螺钉,3是十字丝校正螺钉。校正时,首先旋松固定螺钉,转动十字丝板座,直至满足此项要求,然后再旋紧固定螺钉。

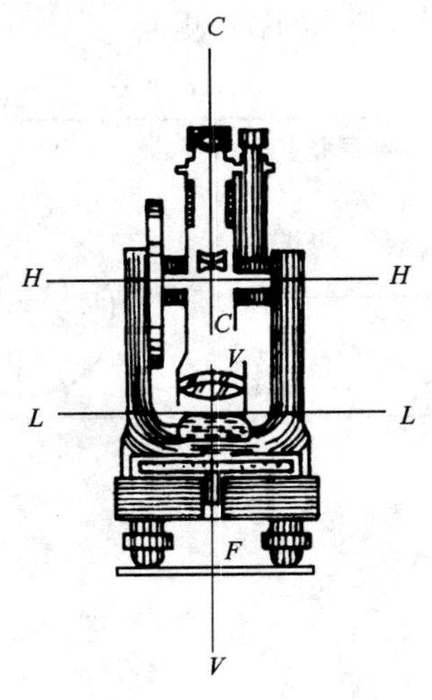

图2-13　经纬仪轴线

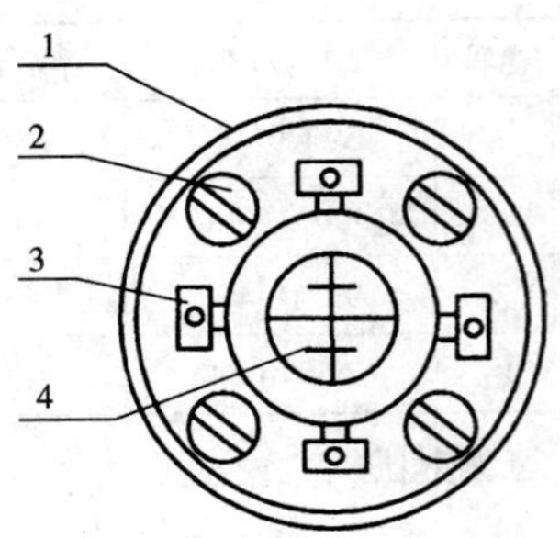

图2-14　十字丝板座示意图

1-镜筒;2-压环固定螺钉;3-十字丝校正螺钉;4-十字丝分画板

3. 视准轴的检校

目的:使望远镜的视准轴垂直于横轴。视准轴不垂直于横轴的倾角 c 称为视准轴误差,也称为 $2c$ 误差,它是由于十字丝交点的位置不正确而产生的。

检验:选与视准轴近于水平的一点作为照准目标,盘左照准目标的读数为 $\alpha_{左}$,盘右再照准原目标的读数为 $\alpha_{右}$,如 $\alpha_{左}$ 与 $\alpha_{右}$ 不相差180°,则表明视准轴不垂直于横轴,视准轴应进行校正。

校正:以盘右位置读数为准,计算两次读数的平均数 α,即

$$\alpha = \frac{\alpha_{右} + (\alpha_{左} \pm 180°)}{2}$$

转动水平微动螺旋将度盘读数值配置为读数 α,此时视准轴偏离了原照准目标,然后拨动十字丝校正螺钉,直至使视准轴再照准原目标为止,即视准轴与横轴相垂直。

4. 横轴的检校

目的:使横轴垂直于仪器竖轴。

检验方法:将仪器安置在一个清晰的高目标附近,其仰角为30°左右。盘左位置照准高目

标 M 点，固定水平制动螺旋，将望远镜大致放平，在墙上或横放的尺上标出 m_1 点，如图 2-15 所示。纵转望远镜，盘右位置仍然照准 M 点，放平望远镜，在墙上标出 m_2 点。如果 m_1 和 m_2 相重合，则说明此条件满足，即横轴垂直于仪器竖轴，否则需要进行校正。

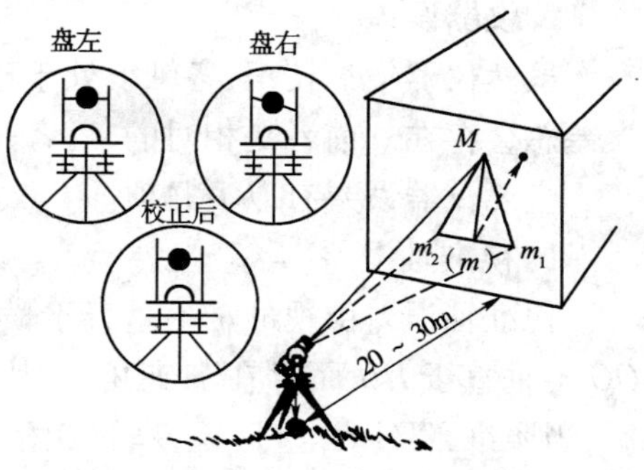

图 2-15　经纬仪横轴检验示意图

校正方法：此项校正一般应由厂家或专业仪器修理人员进行。

5. 竖盘指标差的检校

目的：使竖盘指标差 x 为零，指标处于正确的位置。

检验方法：安置经纬仪于测站上，用望远镜在盘左、盘右两个位置观测同一目标，当竖盘指标水准管气泡居中后，分别读取竖盘读数 L 和 R，用式(2-6)计算出指标差 x。如果 x 超过限差，则需校正。

校正方法：按式(2-5)求得正确的竖直角 α 后，不改变望远镜在盘右所照准的目标位置，转动竖盘指标水准管微动螺旋，根据竖盘刻画注记形式，在竖盘上配置竖角为 α 值时的盘右读数 $R'(R'=270°+\alpha)$，此时竖盘指标水准管气泡必然不居中，然后用拨针拨动竖盘指标水准管上、下校正螺钉，使气泡居中即可。对带补偿器的经纬仪，仅需调节补偿装置。

6. 光学对中器的检校

目的：使光学对中器视准轴与仪器竖轴重合。

检验方法：

(1)安装在照准部上的光学对中器的检验。精确地安置经纬仪，在脚架的中央地面上放一张白纸，由光学对中器目镜观测，将光学对中器分画板的刻画中心标记于纸上，然后，水平旋转照准部，每隔 120°用同样的方法在白纸上作出标记点，如三点重合，说明此条件满足，否则需要进行校正。

(2)安装在基座上的光学对中器的检验。将仪器侧放在特制的夹具上，照准部固定不动，而使基座能自由旋转，在距离仪器不小于 2m 的墙壁上钉贴一张白纸，用上述同样的方法，转动基座，每隔 120°在白纸上作出一标记点，若三点不重合，则需要校正。

校正方法：在白纸的三点构成误差三角形，绘出误差三角形外接圆的圆心。由于仪器的类型不同，校正部位也不同。有的校正转向直角棱镜，有的校正分画板，有的两者均可校正。校正时均需通过拨动对点器上相应的校正螺钉，调整目标偏离量的一半，并反复 1 ~2 次，直到照准部转到任何位置观测时，目标都在中心圈以内为止。

必须指出，光学经纬仪这六项检验校正的顺序不能颠倒，而且照准部水准管轴垂直于仪器竖轴的检校是其他项目检验与校正的基础，这一条件不满足，其他几项检验与校正就不能正确进行。另外，竖轴不铅垂对测角的影响不能用盘左、盘右两个位置观测而消除，所以，此项检验与校正也是主要的项目。其他几项，在一般情况下，有的对测角影响不大，有的可通过盘左、盘右两个位置观测来消除其对测角的影响，因此是次要的检校项目。

四、水平角测量误差分析

由于多种原因，任何测量结果中都不可避免地会含有误差。影响测量误差的因素可分为三类：仪器误差、观测误差、外界条件影响。分析各因素对误差的影响，有助于在测量过程中尽可能减弱误差影响，预估影响大小，进而判定成果的可靠性。

1. 仪器误差

虽然仪器经过校正，各轴线处于理想状态，但由于长时间的使用和测量作业的特点，残余误差总会存在。前者是相对的，后者是绝对的。

主要仪器误差有以下几项。

1）视准轴误差

视准轴误差由视准轴不垂直于横轴引起。如图2-16所示，A、A'两点位于同一铅垂线，若OC不垂直于HH而存在一夹角c，则视线水平时瞄准A'点后，当照准部不动，望远镜纵转α角时，视线并不能瞄准A点。由于有c角的存在，视线画过一圆弧后瞄准C点，也即A'与C两点水平度盘读数一样。这有悖于水平角的定义。

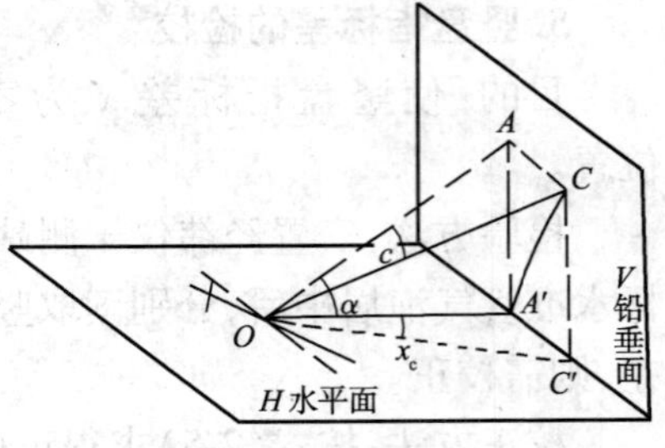

图2-16 视准轴误差

（1）分析。

①c对方向读数的影响：

$$\tan x_c = \frac{A'C'}{OA'} = \frac{AC}{OA\cos\alpha} = \tan c \cdot \sec\alpha$$

由于x_c、c均很小，可认为$\tan x_c \approx x_c$，$\tan c \approx c$，故

$$x_c = c \cdot \sec\alpha$$

②c对水平角值的影响：

由于角度由两个方向构成，设两目标点A、B的竖直角分别为α_A、α_B，则c对水平角值的影响为：

$$\Delta x_c = x_{cB} - x_{cA} = c(\sec\alpha_B - \sec\alpha_A)$$

③由上式可知，视准轴误差与c角及目标点的竖直角有关，c角越大，两目标点高差越大，则Δx_c越大，当$\alpha_A = \alpha_B$时，$\Delta x_c = 0$。

（2）消减措施。一个测回中，盘左、盘右观测水平角时，x_c值大小相等而符号相反，所以盘左、盘右观测取平均值，可自动抵消视准轴误差的影响。

2）横轴误差

如图2-16，当横轴不垂直于竖轴时，与视准轴误差对水平角测量的影响类似。仪器整平后竖轴处于铅垂，而横轴必然倾斜，视线绕横轴旋转时形成一垂直于横轴的倾斜面OAC，而非铅垂面OAA'。它对水平度盘读数的影响为x_i。设横轴对于水平线的倾角为i，则$\angle A'AC = i$。

（1）分析。

①i对方向读数的影响：

$$\tan x_i = \frac{A'C}{OA'} = \frac{AA'\tan i}{oa'} = \tan i \cdot \tan\alpha$$

由于x_i、i均很小，可认为$\tan x_i \approx x_i$，$\tan i \approx i$，故$x_i = i \cdot \tan\alpha$。

②i对水平角值的影响：

由于角度由两个方向构成，设两目标点A、B的竖直角分别为α_A、α_B，则i对水平角值的影响为：

$$\Delta x_i = x_{iB} - x_{iA} = i(\tan\alpha_B - \tan\alpha_A)$$

③由上式可知，横轴误差与i角及目标点的竖直角有关，i角越大、两目标点高差越大，则Δx_i越大，当$\alpha_A = \alpha_B$时，$\Delta x_i = 0$。

(2)消减措施。一个测回中,盘左、盘右观测水平角时,角值大小相等而符号相反,所以盘左、盘右观测取平均值,可自然抵消视准轴误差的影响。

3)竖轴误差

(1)分析。若水准管轴与竖轴不垂直,则使 $CC \perp HH$,$HH \perp VV$,当水准气泡居中时,VV 并不垂直,HH 也不水平。但它与横轴误差的区别在于,因 VV 不垂直,盘左、盘右观测水平角时,HH 总是向一个方向倾斜,盘左、盘右观测取平均值并不能消除水准管轴的误差影响。

(2)消减措施。关键是保证竖轴铅垂。在某方向上使水准管气泡居中,然后使照准部旋转 180°,记录偏移量。用经纬仪整平的方法,使照准部在任何位置时,气泡偏移量总是总偏移量的 1/2,这时 VV 即处于铅垂状态。

4)照准部偏心误差

照准部偏心误差是指水平度盘的刻画中心与照准部的旋转中心不重合而产生的误差。如图 2-17 所示,当两中心重合时,盘左瞄准某一方向的正确读数为 a_1,盘右瞄准同一方向的正确读数为 a_2。但当有照准部偏心误差存在时,照准部旋转中心 o' 就偏离水平度盘的刻画中心 o,此时盘左、盘右的读数为 a_1'、a_2',与正确读数 a_1、a_2 各相差一个 x,并且符号相反。因此,对于单指标读数的 J_6 级光学经纬仪,取同一方向盘左、盘右观测的平均值,即可消除此项影响。由于 J_2 级仪器采用了对径符号读数装置,在读数中已消除照准部偏心误差的影响。

5)光学对中器误差

该误差导致测站偏心,其影响在观测误差中详述。

2. 观测误差

由于操作仪器不够细心以及眼睛分辨率及仪器性能的客观限制,不可避免地在观测中会带有误差。

1)测站偏心误差

观测水平角时,对中不准确使得仪器中心与测站点的标志中心不在同一铅垂线上,造成测站偏心。

如图 2-18 中,设 O 为地面点,O' 为仪器中心,e 为测站偏心距,β 为实际水平角,β' 为所测水平角,过 O 点分别做平行于 $O'A$、$O'B$ 的平行线。则

$$\Delta\beta = \beta' - \beta = \delta_1 + \delta_2$$

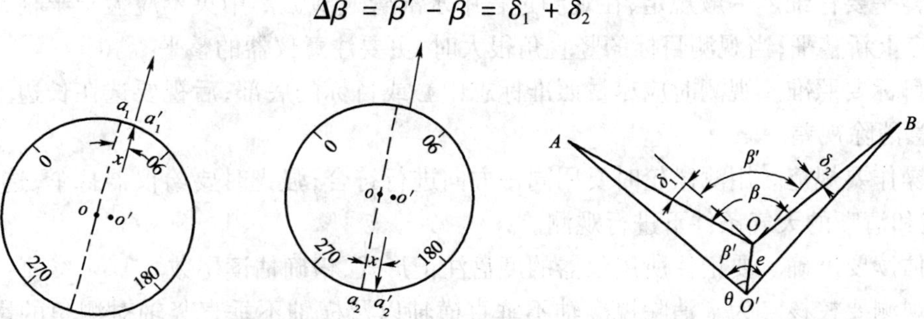

图 2-17 照准部偏心误差　　图 2-18 测站偏心误差

因 δ_1、δ_2 很小,

$$\delta_1 \approx \sin\delta_2 = \frac{e\sin\theta}{S_{OA}}\rho''$$

$$\delta_2 \approx \sin\delta_2 = \frac{e\sin(\beta' - \theta)}{S_{OB}}\rho''$$

因此，

$$\Delta\beta = e\left(\frac{\sin\theta}{S_{OA}} + \frac{\sin(\beta' - \theta)}{S_{OB}}\right)\rho''$$

根据上式：

当β'、θ一定时，$\Delta\beta \propto e$；

当e、θ一定时，边长S越短，$\Delta\beta$则越大；

当e、S一定时，若β'接近180°，θ接近90°，则$\Delta\beta$为最大。

由此可知，目标点较近或水平角接近于180°时，应尤其注意仔细对中。

2）目标偏心误差

造成目标偏心的原因是观测标志与地面点未在同一铅垂线上，致使视线偏移。其影响类似于测站偏心。

不难理解，目标偏心距越大，误差也越大。在目标点较近时，观测标志应尽可能使用垂球，并仔细瞄准，尽量瞄准目标底部。

3）照准及读数误差

照准目标时应仔细操作，用单丝切取目标中央，或用双丝夹中目标。认真估读，J_6级经纬仪估读时宜特别注意。

3. 外界条件的影响

观测在一定的条件下进行，外界条件对观测质量有直接影响，如松软的土壤和大风影响仪器的稳定；日晒和温度变化影响水准管气泡的运动；大气层受地面热辐射的影响会引起目标影像的跳动等，这些都会给观测水平角带来误差。因此，要选择目标成像清晰稳定的有利时间观测，设法克服或避开不利条件的影响，以提高观测成果的质量。

4. 注意事项

（1）仪器要稳定，防止仪器的不均匀下沉。测站应选在土质坚实的地方，要踩实三脚架使其稳定。观测时不要碰动三脚架。

（2）对中要准确，安置仪器时应仔细对中。当视线短时，对中误差不应超过3mm；当水平角接近180°时，在与短边垂直方向上，对中尤其要严格。

（3）整平要仔细。一般规定，在观测过程中水准管气泡偏离中央不应大于半格，若偏离超过一格，应重新整平；当观测目标的竖直角很大时，更要注意仪器的整平。

（4）目标要照准。观测时应尽量照准标志中心或目标的底部；后视要选在长边上，对光要仔细，注意消除视差。

（5）操作要规范。用测微轮时要用同一方向进行符合；强光时要给仪器打伞，选择在天气比较稳定和清晰的天气条件下进行观测。

（6）估读要准确。要记住所用仪器的度盘注记形式，精确估读尾数。

（7）观测要校核。为了消除视准轴不垂直横轴以及横轴不垂直竖轴对测角的影响，应采取盘左和盘右两次观测，误差在允许范围内，取平均值作为观测成果。

工作任务2　用罗盘仪测定直线磁方位角

在新布设的平面控制网中，至少需要已知一条边的坐标方位角才可以确定控制网的方向，简称定向；至少需要已知一个点的平面坐标才可以确定控制网的位置，简称定位。因此，布设导线平面控制网时，如果已知网中一点的坐标及该点至另一点的边的方位角，或已知网中两点的坐标，即可将控制网进行定位和定向。因此，“一点坐标及一边方位角”或“两点坐标”称为导线控制网的必要起算数据。在小地区建立平面控制网时，一般是与该地区已有大地控制网或城市控制网连测，以取得起算数据，即起始点的坐标和起始边的方位角，进行控制网的定位和定向。如果测区附近没有高级控制点可以连接，称为独立测区，则用罗盘仪施测导线起始边的磁方位角，并假定起始点的坐标作为起算数据。

一、直线定向的表示方法

为了确定地面点的平面位置，不但要已知直线的长度，并且要已知直线的方向。直线的方向也是确定地面点位置的基本要素之一，所以直线方向的测量也是基本的测量工作。确定直线方向首先要有一个共同的基本方向，此外要有一定的方法来确定直线与基本方向之间的角度关系。

确定直线方向与标准方向之间的关系称为直线定向。要确定直线的方向，首先要选定一个标准方向作为直线定向的依据，然后测出这条直线方向与标准方向之间的水平角，则直线的方向便可确定。在测量工作中以子午线方向为标准方向。子午线分真子午线、磁子午线和轴子午线三种。

1. 标准方向线的种类

标准方向线应有明确的定义，并在一定区域的每一点上能够唯一确定。在测量中经常采用的标准方向有三种，即真子午线方向、磁子午线方向和坐标纵轴方向。

1）真子午线方向

过地球上某点及地球的北极和南极的半个大圆为该点的真子午线，通过该点真子午线的切线方向称为该点的真子午线方向，它指出地面上某点的真北和真南方向。真子午线方向是用天文测量方法或用陀螺经纬仪来测定的。由于地球上各点的真子午线都收敛于两极，所以地面上不同经度的两点，其真子午线方向是不平行的。两点真子午线方向间的夹角称为子午线收敛角。如图2-19，设A、B为位于同一纬度上的两点，其子午线收敛角可用如下公式近似计算：

$$\gamma = \rho \cdot \frac{S}{R}\tan\varphi$$

式中：ρ——取206 265″；

R——地球的半径，取6 371 km；

S——高斯平面直角坐标系中两点的横坐标（Y）之差；

φ——两点的平均纬度。

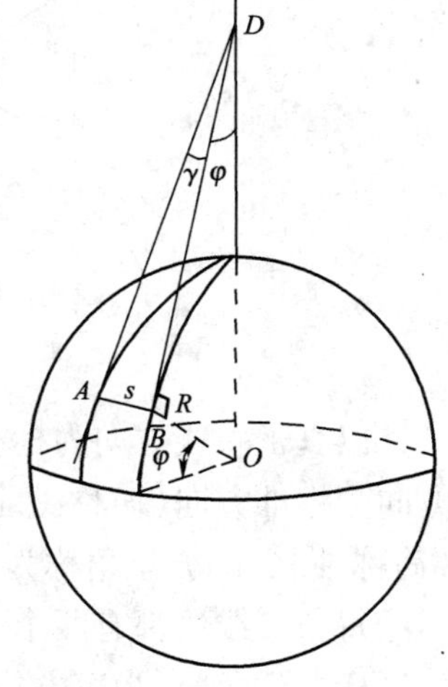

图2-19　子午线收敛角

2）磁子午线方向

自由悬浮的磁针静止时，磁针北极所指的方向是磁子午线方向，又称磁北方向。磁子午线方向可用罗盘仪来测定。由于地球南北极与地磁场南北极不重合，故真子午线方向与磁子午线方向也不重合，它们之间的夹角为δ，称为磁偏角，如图2-20。磁子午线北端在真子午线以东为东偏，其符号为正；在西时为西偏，其符号为负。磁偏角δ的符号和大小因地而异，在我国，磁偏角的变化约在$+6°$（西北地区）到$-10°$（东北地区）之间。

3）坐标纵轴方向

由于地面上任何两点的真子午线方向和磁子午线方向都不平行，这会给直线方向的计算带来不便。采用坐标纵轴作为标准方向,在同一坐标系中任何点的坐标纵轴方向都是平行的,这给使用上带来极大方便。因此,在平面直角坐标系中,一般采用坐标纵轴作为标准方向,称坐标纵轴方向,又称坐标北方向,前已述及,我国采用高斯平面直角坐标系,在每个6带或3带都以该带的中央子午线作为坐标纵轴。如采用假定坐标系,则用假定的坐标纵轴(x轴)。如图2-21,以过O点的真子午线作为坐标纵轴,任意点A或B的真子午线方向与坐标纵轴方向间的夹角就是任意点与O点间的子午线收敛角γ。当坐标纵轴方向的北端偏向真子午线方向以东时,γ定为正值,偏向西时γ定为负值。

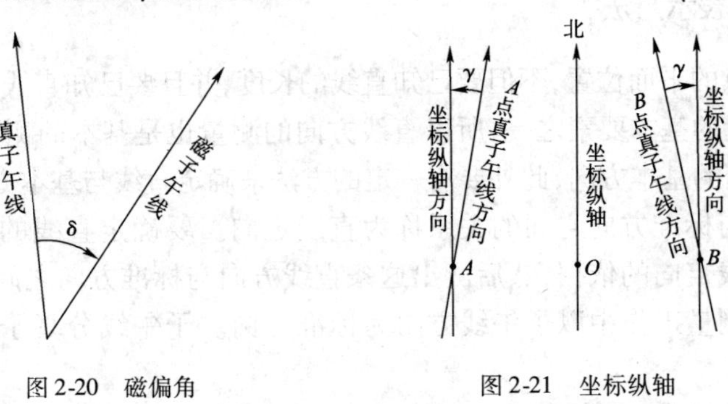

图2-20 磁偏角 图2-21 坐标纵轴

2. 直线方向表示法

直线方向常用方位角来表示。方位角就是以标准方向为起始方向顺时针转到该直线的水平夹角,所以方位角的取值范围是由0°到360°,如图2-22a)所示。直线OM的方位角为A_{OM};直线OP的方位角为A_{OP}。

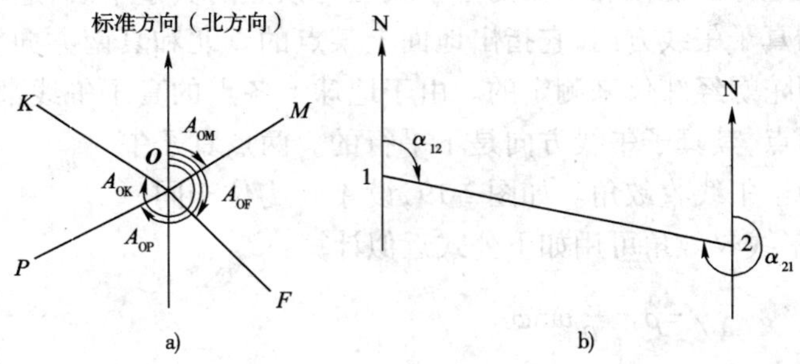

图2-22 方位角

a)方位角;b)坐标方位角

以真子午线方向为标准方向(简称真北)的方位角称为真方位角,用A表示;以磁子午线方向为标准方向(简称磁北)的方位角称为磁方位角,用A_m表示;以坐标纵轴方向为标准方向(简称轴北)的方位角称为坐标方位角,以α表示。

每条直线段都有两个端点,若直线段从起点1到终点2为直线的前进方向,则在起点1处的坐标方位角α_{12}为正方位角,在终点2处的坐标方位角α_{21}为反方位角。从图2-22b)中可看出同一直线段的正、反坐标方位角相差为180°,即

$$\alpha_{12} = \alpha_{21} \pm 180°$$

二、罗盘仪的操作与使用

1. 罗盘仪的构造

罗盘仪是利用磁针确定直线方向的一种仪器,通常用于独立测区的近似定向,以及林区线路的

勘测定向。图2-23a)为DQL—1型罗盘仪构造图。它主要由望远镜、罗盘盒、基座三部分组成。

望远镜是瞄准部件,由物镜、十字丝、目镜所组成。使用时转动目镜看清十字丝,用望远镜照准目标,转动物镜对光螺旋使目标影像清晰,并以十字丝交点对准该目标。望远镜一侧装置有竖直度盘,可测量目标点的竖直角。

罗盘盒如图2-23b)所示,盒内磁针安在度盘中心顶针上,自由转动,为减少顶针的磨损,不用时用磁针制动螺旋将磁针托起,固定在玻璃盖上。刻度盘的最小分画为30′,每隔10°有一注记,按逆时针方向由0°到360°,盘内注有N(北)、S(南)、E(东)、W(西),盒内有两个水准器用来使该度盘水平。基座是球状结构,安在三脚架上,松开球状接头螺旋,转动罗盘盒使水准气泡居中,再旋紧球状接头螺旋,此时度盘就处于水平位置。

磁针的两端由于受到地球两个磁极引力的影响,并且考虑到我国位于北半球,所以磁针北端要向下倾斜,为了使磁针水平,常在磁针南端加上几圈铜丝,以达到平衡的目的。

2. 罗盘仪的使用

要测定一条直线的磁方位角,先将罗盘仪置于直线一端点,进行对中整平,照准直线另一端点后,放松磁针、制动磁针。待磁针静止后,磁针在刻度盘上所指的读数即为该直线的磁方位角。其读数方法是:当望远镜的物镜在刻度圈0°上方时,应按磁针北端读数。如图2-24所示的OM,该直线磁方位角为240°。

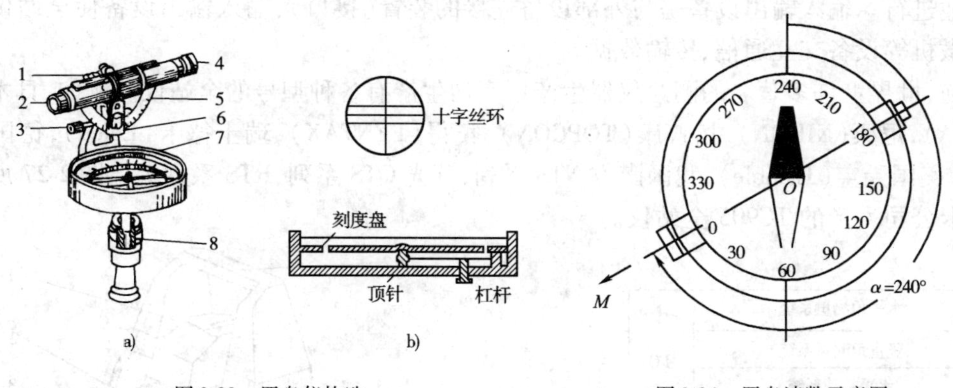

图2-23　罗盘仪构造

a)罗盘仪外型图;b)刻度盘剖面图

1-望远镜制动螺旋;2-目镜;3-望远镜微动螺旋;4-物镜;5-竖直度盘;6-竖直度盘指标;7-罗盘盒;8-球状结构

图2-24　罗盘读数示意图

使用罗盘仪时,周围不能有任何铁器,以免影响磁针位置的正确性。在铁路附近和高压电塔下以及雷雨天观测时,磁针的读数将会受到很大影响,应该注意避免。测量结束时,必须旋紧磁针制动螺旋,避免顶针磨损,以保护磁针的灵活性。

工作任务3　用全站仪完成距离及角度测量

距离是确定地面点位置的基本要素之一,测量上要求的距离是指两点间的水平距离(简称平距),如图2-25中,$A'B'$的长度就代表了地面点A、B之间的水平距离。若测得的是倾斜距离(简称斜距),还需将其改算为平距。水平距离测量的方法很多,按所用测距工具的不同,测量距离的方法一般有钢尺量距、视距测量、光电测距等。钢尺量距,其工具简单,但易受地形限制,一般适用于平坦地区的测距。视距测量能克服地形条件限制,但其测距精度低于钢尺量距，且随着所测距离的增大而大大降低，适合于低精度的近距离测量。电磁波测距操作轻便、效率高，测距精度高，目前已普遍应用于各种工程测量中，尤其是在导线控制测量中，多采用全站仪量边、测角。

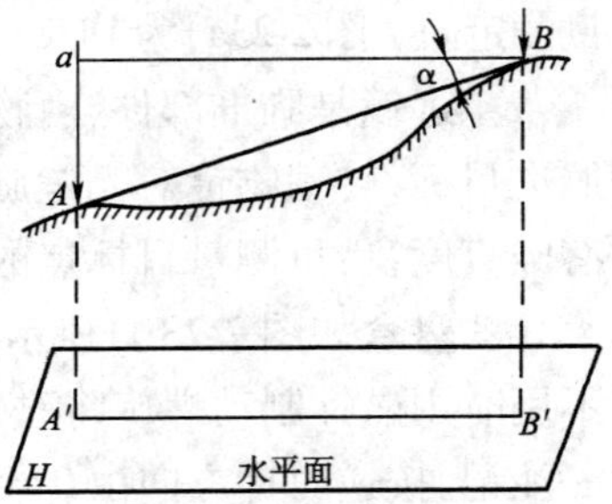

图 2-25　两点间的水平距离

一、全站仪的基本功能

1. 认识全站仪

全站型电子速测仪简称全站仪，它是一种可以同时进行角度（水平角、竖直角）测量、距离（斜距、平距、高差）测量和数据处理，由机械、光学、电子元件组合而成的测量仪器。由于只需一次安置，仪器便可以完成测站上所有的测量工作，故被称为"全站仪"。

全站仪的结构原理如图 2-26 所示。图中上半部分包含有测量的四大光电系统，即水平角测量系统、竖直角测量系统、水平补偿系统和测距系统。通过键盘可以输入操作指令、数据和设置参数。以上各系统通过 I/O 接口接入总线与微处理机联系起来。

微处理机（CPU）是全站仪的核心部件，主要有寄存器系列（缓冲寄存器、数据寄存器、指令寄存器）、运算器和控制器组成。微处理机的主要功能是根据键盘指令启动仪器进行测量工作，执行测量过程中的校核和数据传输、处理、显示、存储等工作，保证整个光电测量工作有条不紊地进行。输入输出设备是与外部设备连接的装置（接口），输入输出设备使全站仪能与磁卡和微机等设备交互通信、传输数据。

目前，世界上许多著名的测绘仪器生产厂商均生产有各种型号的全站仪。例如，日本索佳（SOKKIA），尼康（NIKON），拓普康（TOPCON），宾得（PENTAX），瑞士徕卡（Leica），德国蔡司（Zeiss），美国天宝（Trimble），我国南方 NTS 系列，苏光 OTS 系列，RTS 系列等。图 2-27 所示是瑞士徕卡公司生产的 TC905 全站仪。

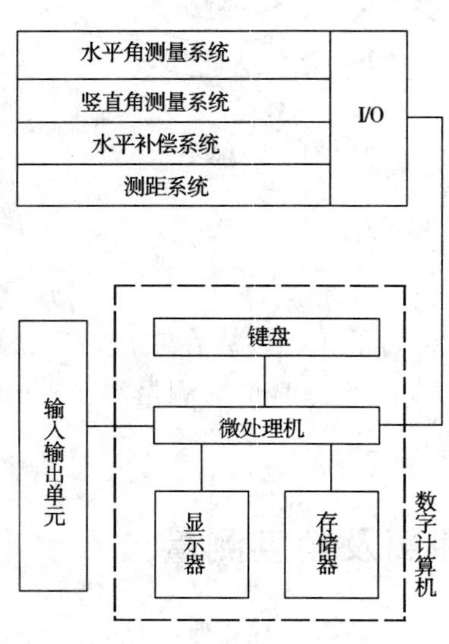

图 2-26　全站仪结构原理图

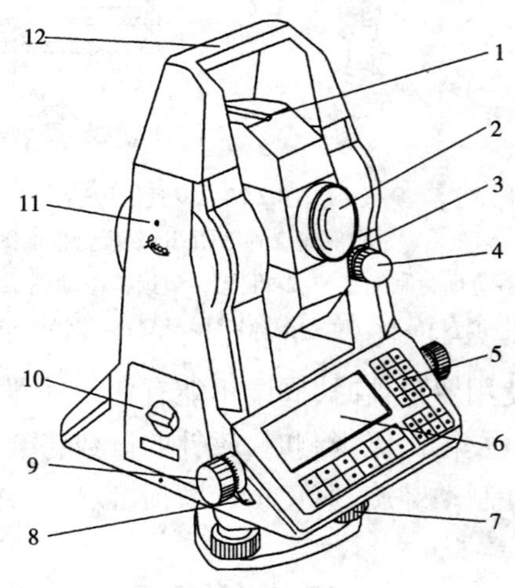

图 2-27　TC905 全站仪示意图

1-瞄准器；2-望远镜物镜；3-望远镜制动扳手；4-望远镜微动螺旋；5-键盘；6-显示窗；7-脚螺旋；8-水平制动扳手；9-水平微动螺旋；10-电池；11-仪器横轴中心标志；12-提手

2. 全站仪的测角、测距功能

全站仪的基本测量功能有：角度（水平角、竖直角）测量、距离测量、坐标测量。这里仅介绍测角与测距功能。

1)水平角测量

全站仪利用光电转换原理和微处理机,自动对度盘进行读数并显示出来,使观测时操作简单,避免产生读数误差。一般操作过程如下:

(1)按角度测量键,使全站仪处于角度测量模式,照准第一个目标 A。

(2)设置 A 方向的水平度盘读数为 $0°00'00''$。

(3)照准第二个目标 B,此时显示的水平度盘读数即为两方向间的水平夹角。

2)距离测量

(1)测距原理概述。目前,由于光电技术,特别是微电子技术的飞速发展,光电测距已成为测量距离的主要方法。全站仪即采用光电测距原理进行距离测量。

光电测距的基本工作原理是利用已知光速 c,测定它在两点间传播的时间 t,计算距离。如图 2-28 所示,用全站仪测定 A、B 两点的距离,在 A 点安置全站仪,在 B 点安置棱镜。由全站仪发出的调制光波,经过距离 D 达棱镜,经棱镜反射后回到仪器接收系统。如果能测出调制光波在距离 D 往返传播的时间 t,距离 D 按下式计算:

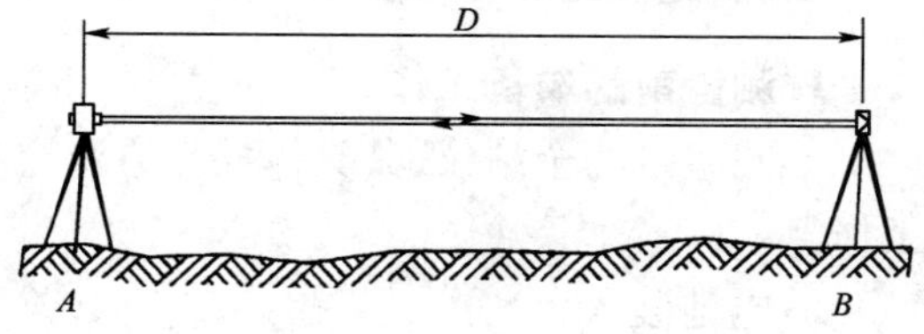

图 2-28　光电测距示意图

$$S = \frac{1}{2}ct \tag{2-7}$$

式中:c——调制光在大气中的传播速度。

目前,要想直接通过测定时间 t 来达到较高的测距精度是很难做到的,因此采用间接测时的方法,即通过测定连续调制光信号在测线上往返传播的相位差进行测距,称为相位法测距。光电测距系统多以砷化镓发光二极管作为光源,给发光二极管加上频率为 f 的交变电流,其发出光的强度也按频率 f 发生变化,这种光称为调制光。通过测量连续的调制光信号在待测距离上往返传播所产生的相位变化来间接地测定信号传播的时间,从而求得被测距离。

(2)水平距离和高差测量。如图 2-29 所示,在 A 点安置全站仪,B 点置棱镜,全站仪可根据测得的斜距 S 和视线方向的竖直角 α,自动计算水平距离 D 和高差 h:

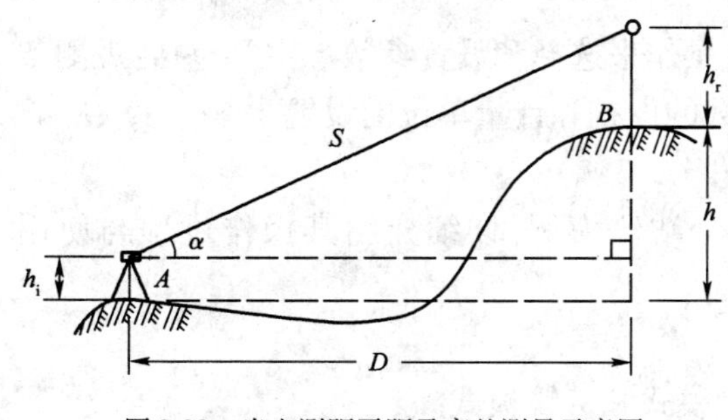

图 2-29　光电测距平距及高差测量示意图

$$D = S \cdot \cos\alpha \tag{2-8}$$

$$h = S \cdot \sin\alpha + h_i - h_r \tag{2-9}$$

或

$$h = D \cdot \tan\alpha + h_i - h_r \tag{2-10}$$

式中:h_i——仪器高;

h_r——棱镜高。

以上公式是未考虑大气折光和地球曲率改正时的计算公式,全站仪在进行距离测量时,已顾及到大气折光和地球曲率改正,大气折光和地球曲率改正均由全站仪自行完成。一般操作过程如下:

①设置棱镜常数。测距前需将棱镜常数(一般:PRISM = 0(原配棱镜),−30mm(国产棱

镜))输入仪器中,仪器会自动对所测距离进行改正。

②设置大气改正值或气温、气压值。光在大气中的传播速度会随大气的温度和气压而变化,15℃和760mmHg是仪器设置的一个标准值,此时的大气改正为0ppm。实测时,可输入温度和气压值,全站仪会自动计算大气改正值(也可直接输入大气改正值),并对测距结果进行改正。

③距离测量。照准目标棱镜中心,按测距键,距离测量开始,测距完成时显示斜距、平距、高差。

应注意,有些型号的全站仪在距离测量时不能设定仪器高和棱镜高,显示的高差值是全站仪横轴中心与棱镜中心的高差。

二、全站仪的操作与使用

1. 测量前的准备工作

不同型号的全站仪,其具体操作方法会有较大的差异。但在测量前一般应完成以下准备工作。

1)电池装入

在测量前首先检查内部电池充电情况。如电量不足,要及时充电。测量时将电池装上使用,测量结束后应卸下装置。

2)安置仪器

将全站仪连接到三脚架上,对中并整平。多数全站仪有双轴补偿功能,所以仪器整平后,在观测过程中,即使气泡稍有偏离,对观测也无影响。

3)开机

按POWER或ON键,开机后仪器进行自检,自检结束后进入测量状态。有的全站仪自检结束后需设置水平度盘与竖盘指标,设置水平度盘指标的方法是旋转照准部,听到鸣响即设置完成;设置竖盘指标的方法是纵转望远镜,听到鸣响即设置完成。设置完成后显示窗才能显示水平度盘与竖直度盘的读数。

4)设置参数

根据测量的具体要求,测前应通过仪器的键盘操作来选择和设置参数。主要包括:观测条件参数设置,距离测量中的模式选择,通信条件参数的设置和计量单位的设置。

2. 全站仪的基本操作与使用方法

下面以拓普康(TOPCON)GTS—3000N系列全站仪为例,详细介绍其操作过程与使用方法。

1)技术规格

(1)距离测量测程。距离测量测程包括无棱镜模式和棱镜模式。

无棱镜模式见表2-3;棱镜模式见表2-4。

无棱镜模式　　表2-3

目标		天气状况
		低强度阳光、没有热闪烁
白色表面		1.5~250m
测量精度	1.5~25m	±10mm
	25m到更远	±5mm

棱镜模式　　表2-4

目标	天气状况
	薄雾、能见度约20km、中等阳光、稍有闪烁
1块棱镜	3 000m
测量精度	±(3mm+2ppm×D) (D:距离,单位km)

(2)电子角度测量。

精度(标准差):

GPT—3002N 为2″;

GPT—3005N 为5″;

GPT—3007N 为7″。

测量时间:小于0.3″(秒)。

倾斜改正补偿范围:±3′。

2)各部件名称(图2-30)

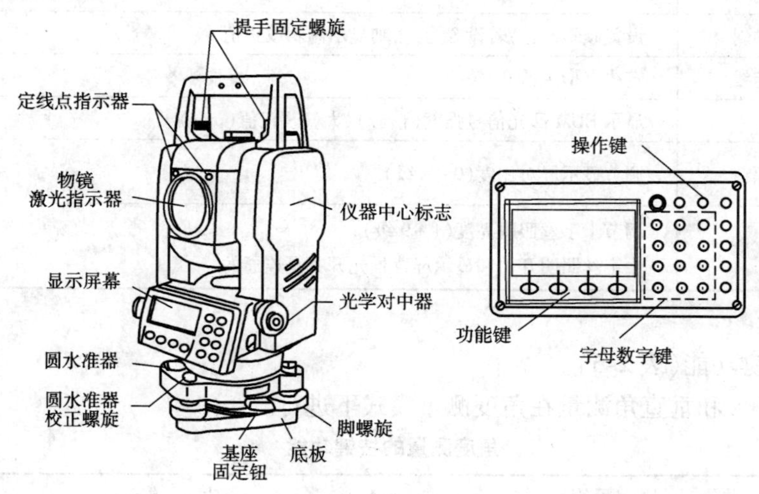

图2-30　拓普康3000N全站仪

3)键盘介绍

键盘各键的名称及功能见表2-5。

键盘介绍表　　表2-5

键	名　称	功　能
★	星键	星键模式用于如下项目的设置或显示: (1)显示屏幕对比度;(2)十字丝照明;(3)背景光;(4)倾斜改正;(5)定线点指示器;(6)设置音响效果
(坐标测量键符号)	坐标测量键	坐标测量模式
◢	距离测量键	距离测量模式
ANG	角度测量键	角度测量模式
POWER	电源键	电源开关
MENU	菜单键	在菜单模式和正常测量模式之间切换,在菜单模式下可设置应用测量与照明调节,仪器系统误差纠正
ESC	退出键	(1)返回测量模式或上一层模式。 (2)从正常测量模式直接进入数据采集模式或放样模式。 (3)也可用作正常测量模式下的记录键。 设置退出键功能需要按住[F2]键开机,在模式设置中更改
ENT	确认键	在输入值之后按此键
F1 ~ F4	软键(功能键)	对应于显示的软键功能信息
星键模式:按下(★)键可以看到下列仪器选项,并进行设置		

续上表

键	名　称	功　能
F1	照明	显示屏背景光开/关
F2	NP/P	无棱镜/棱镜模式切换
F3	激光	激光指示器打开/闪烁/关闭
F4	对中	激光对中器开/关(仅适用于有激光对中器的类型)
再按一次(★)键		
F1	—	—
F2	倾斜	设置倾斜改正,若设置为开,则显示倾斜改正值
F3	定线	定线点指示器开/关
F4	S/A	显示 EDM 回光信号强度(信号)、大气改正值(ppm)
▲▼	黑白	调节显示屏对比度(0 ~9 级)
▶◀	亮度	调节十字丝照明亮度(1 ~9 级); 十字丝照明开关和显示屏背景光开关是连通的

4)角度测量

(1)各个按键功能(表 2-6)。

水平角(右角)和垂直角测量在角度测量模式下进行。

角度测量的按键功能　表 2-6

屏幕显示页数	软键	显示符号	功　能
1	F1	置零	水平角置为 0°00′00″
	F2	锁定	水平角读数锁定
	F3	置盘	通过键盘输入数字设置水平角
	F4	P1↓	显示第 2 页软键功能
2	F1	倾斜	设置倾斜改正开或关,若选择开,即显示倾斜改正值
	F2	复测	角度重复测量模式
	F3	V%	垂直角百分比坡度(%)显示
	F4	P2↓	显示第 3 页软键功能
3	F1	H—蜂鸣	仪器每转动水平角 90°是否要发出蜂鸣声的设置
	F2	R/L	水平角右/左计数方向的转换
	F3	竖盘	垂直角显示格式(高度角/天顶距)的切换
	F4	P3↓	显示下一页(第 1 页)软键功能

(2)操作过程(表 2-7)。

操 作 过 程　表 2-7

操 作 过 程	操　作	显　示
(1)照准第一个目标 *A*	照准 *A*	V:90°10′20″ HR:122°09′30″ 置零　锁定　置盘 P1

续上表

操作过程	操作	显示
(2)设置目标A的水平角为0°00′00″，按[F1](置零)键和(是)键	[F1] [F3]	水平角置零 >OK? ___ ___ [是] [否] V:90°10′20″ HR:0°00′00″ 置零 锁定 置盘 P1
(3)照准第二个目标B，显示目标B的V/H	照准目标B	V:98°36′20″ HR:160°40′20″ 置零 锁定 置盘 P1

5)距离测量

(1)各个按键功能(表2-8)

距离测量的按键功能 表2-8

屏幕显示页数	软键	显示符号	功能
1	F1	测量	启动测量
	F2	模式	设置测距模式精测/粗测/跟踪
	F3	NP/P	无/有棱镜模式切换
	F4	P1↓	显示第2页软键功能
2	F1	偏心	偏心测量模式
	F2	放样	放样测量模式
	F3	S/A	设置音响模式
	F4	P2↓	显示第3页软键功能
3	F2	m/f/i	米、英尺或英尺、英寸单位的变换
	F4	P3↓	显示第1页软键功能

(2)大气改正的设置。本仪器标准状态为：温度15℃，气压1 013.25hPa时大气改正为0ppm，可以通过直接设置温度和气压值的方法进行设置。

在距离测量模式第2页，按[F3](S/A)键，选择(T-P)，按[F1](输入)键，输入温度和大气压。

(3)棱镜常数的设置。拓普康棱镜常数为0，棱镜改正为0。无棱镜模式下测量确认无棱镜常数改正设置为0。

在距离测量模式第2页，按[F3](S/A)键，选择[F1](棱镜)键，按上下键选择有无棱镜常数，按[F1](输入)键，输入棱镜常数。

(4)距离测量。确认处于测角模式。按距离测量键(◢)，即可进行距离测量，屏幕上显示HR、HD、V，再按一次距离测量键，屏幕上则显示HR、V、SD。

提示1：当光电测距(EDM)在工作时，"＊"标志会出现在显示窗。

提示2：要从距离测量模式返回到正常的角度测量模式下，可按[ANG]键。

(5)精测模式/跟踪模式/粗测模式。在距离测量模式下，选择[F2](模式)键，进行精测、跟踪、粗测模式的选择。

精测模式(F)为正常模式。跟踪模式(T)观测时间比精测模式短,在跟踪移动的目标或放样时用。粗测模式(C)观测时间比精测模式短。

(6)N次距离测量。在测量模式下可设置N次测量模式或者连续测量模式。同时按[F2]+[POWER]开机进入选择模式下的模式设置状态第2页,选择[F2]($\frac{N-次}{重复}$)键进行N次设置重复测量。通过[F3](测量次数)键设置测量次数。按下距离测量键开始连续测量,连续测量不需要时,按[F1]测量键,屏幕上显示平均值。

3. 全站仪使用注意事项

全站仪是一种结构复杂、价格昂贵的先进测量仪器,因此,必须严格遵守操作规程,正确使用。

1)使用注意事项

(1)新购置的仪器,如果首次使用,应结合仪器认真阅读仪器使用说明书。通过反复学习、使用和总结,力求做到“得心应手”,最大限度地发挥仪器的作用。

(2)测距仪的测距头不能直接照准太阳,以免损坏测距的发光二极管。

(3)在阳光下或阴雨天气进行作业时,应打伞遮阳、遮雨。

(4)在整个操作过程中,观测者不得离开仪器,以避免发生意外事故。

(5)仪器应保持干燥,遇雨后应将仪器擦干,放在通风处,完全晾干后才能装箱。

(6)全站仪在迁站时,即使很近,也应取下仪器装箱。

(7)运输过程中必须注意防震,长途运输最好装在原包装箱内。

2)仪器的保养

(1)仪器应经常保持清洁,用完后使用毛刷、软布将仪器上落的灰尘除去。镜头不要用手去摸,如果脏了,可用吹风器吹去浮土,再用镜头纸擦净。如果仪器出现故障,应与厂家或厂家委托维修部联系修理,绝不可随意拆卸仪器,造成不应有的损害。仪器应放在清洁、干燥、安全的房间内,并有专人保管。

(2)棱镜应保持干净,不用时要放在安全的地方,如有箱子应装在箱内,以避免碰坏。

(3)电池充电应按说明书的要求进行。

工作任务4　用全站仪完成一条导线测量

一、导线测量的外业工作及精度要求

1. 导线的布设形式

根据测区的情况和要求,导线可以布设成以下几种常用形式。

1)闭合导线

如图2-31所示。导线从已知控制点B和已知方向BA出发,经过1点、2点、3点、4点最后仍回到起点B,形成一个闭合多边形,这样的导线称为闭合导线。闭合导线本身存在着严密的几何条件,具有校核作用。它适用于面积较宽阔的独立地区作测图控制。

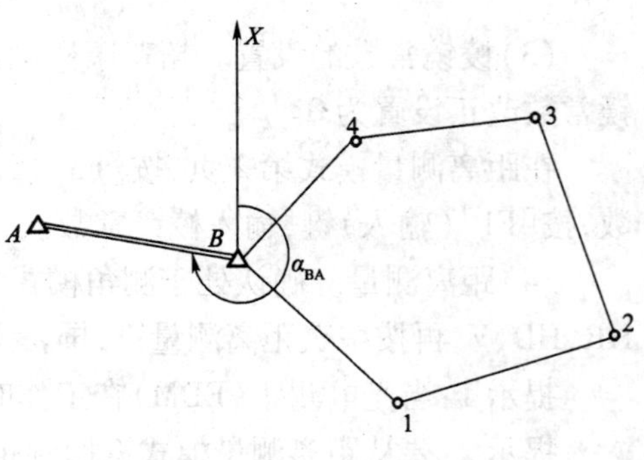

图2-31　闭合导线

2）附合导线

如图 2-32 所示，导线从已知控制点 B 和已知方向 BA 出发，经过 1 点、2 点、3 点，最后附合到另一已知点 C 和已知方向 CD 上，这样的导线称为附合导线。这种布设形式，具有校核观测成果的作用。它适用于带状地区的测图控制，此外也广泛用于公路、铁路、管道、河道等工程的勘测与施工控制点的建立。

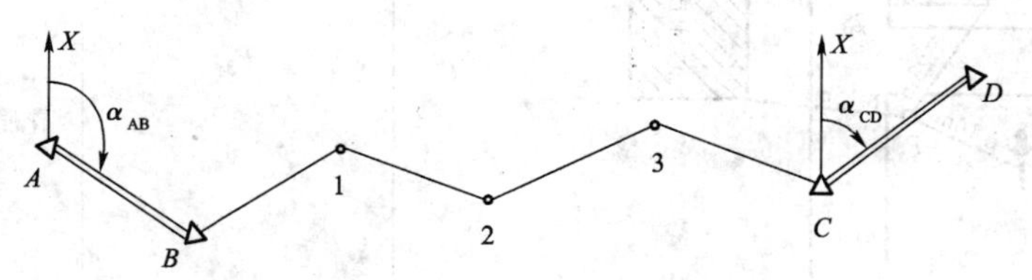

图 2-32　附合导线

3）支导线

支导线是由一已知点和已知方向出发，既不附合到另一已知点，又不回到原起始点的导线，称为支导线。如图 2-33，B 为已知控制点，α_{AB} 为已知方向，1、2 为支导线点。这种导线没有已知点进行校核，错误不易发现，且点位精度逐点降低，所以导线的点数不得超过 2～3 个。

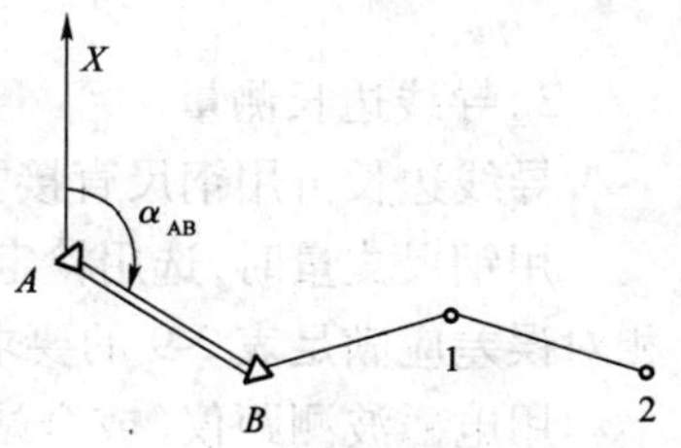

图 2-33　支导线

2. 导线测量的外业工作

导线测量工作分为外业和内业。下面要介绍的是经纬仪导线测量外业中的几项工作。

1）踏勘选点

在选点前，应先收集测区已有地形图和已有高级控制点的成果资料，将控制点展绘在原有地形图上，然后在地形图上拟定导线布设方案，最后到野外踏勘，核对、修改、落实导线点的位置，并建立标志。

选点时应注意下列事项：

（1）导线点应选在地势较高、视野开阔的地点，便于施测周围地形；

（2）相邻两导线点间要互相通视，便于测角与量边；

（3）导线应沿着平坦、土质坚实的地面设置，以便于丈量距离（仅适用于经纬仪钢尺量距导线测量）；

（4）导线边长要选得大致相等，相邻边长不应悬殊过大；

（5）导线点位置须能安置仪器，便于保存；

（6）导线点应尽量靠近重要地物的位置。

2）建立标志

（1）临时性标志。导线点位置选定后，要在每一点位上打一个木桩，在桩顶钉一小钉，作为点的标志。也可在水泥地面上用红漆画一圆，圆内点一小点，作为临时标志。

（2）永久性标志。需要长期保存的导线点应埋设混凝土桩，桩顶嵌入带“＋”字的金属标志，作为永久性标志。

导线点应统一编号。为了便于寻找，应量出导线点与附近明显地物的距离，绘出草图，注明尺寸，该图称为“点之记”，如图 2-34 所示。

草　图	导线点	相关位置	
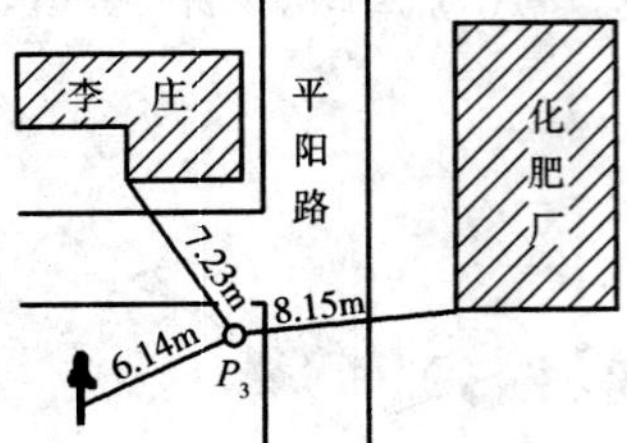 李庄　平阳路　化肥厂　7.23m　8.15m　6.14m　P_3	P_3	李庄	7.23m
		化肥厂	8.15m

图 2-34　导线点之标记图

3）导线边长测量

导线边长可用钢尺直接丈量，或用光电测距仪、全站仪直接测定。

用钢尺丈量时，选用检定过的 30m 或 50m 的钢尺，导线边长应往返丈量各一次，往返丈量相对误差应满足表 2-9 的要求。

用电磁波测距仪（或全站仪）测量时，要同时观测垂直角，供倾斜改正之用。测定导线边长的中误差一般约为 1cm。

4）转折角测量

导线转折角的测量一般采用测回法观测。在附合导线中，一般统一观测左角或右角（在公路测量中，一般是观测右角）；在闭合导线中，一般测内角。当采用顺时针方向编号时，闭合导线的右角即为内角，逆时针方向编号时，则左角为内角；对于支导线，应分别观测左、右角。不同等级导线的测角技术要求详见表 2-9 的要求。对于图根导线，一般用 DJ_6 经纬仪或全站仪测一测回，当盘左、盘右两半测回角值的较差不超过 ±40″时，取其平均值作为观测成果。

5）连接测量

导线与高级控制点进行连接，以取得坐标和坐标方位角的起算数据，称为连接测量。如图 2-35所示，A、B 为已知点，1 ~ 5 为新布设的导线点，连接测量就是观测连接角 β_B、β_1 和连接边 D_{B1}。

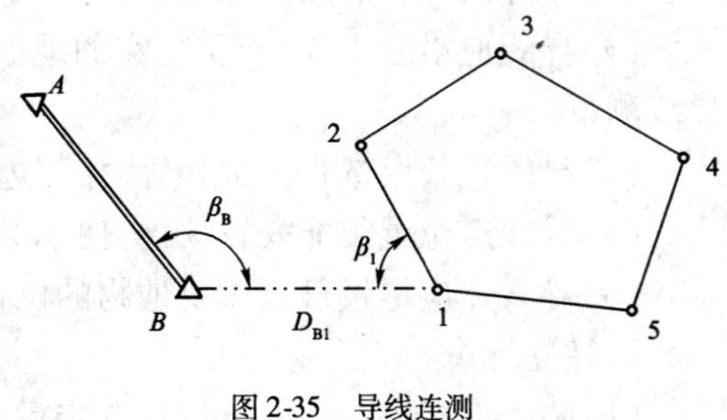

图 2-35　导线连测

如果附近无高级控制点，可用罗盘仪测出导线起始边的磁方位角以确定导线的方向，并假定起始点的坐标作为起算数据。

3. 导线测量的技术要求

除国家精密导线外，在局部地区的地形测量和一般工程测量中，根据测区范围和精度要求，导线测量可分为三等、四等、一级、二级、三级导线和图根导线六个等级。各级导线测量的技术要求参见表 2-9。

导线测量的技术要求 表 2-9

等级	附合导线长度(km)	平均边长(km)	测距中误差(mm)	测角中误差(″)	导线全长相对闭合差	方位角闭合差(″)	测回数		
							DJ_1	DJ_2	DJ_6
三等	30	2.0	13	1.8	1/55 000	$\pm 3.6\sqrt{n}$	6	10	—
四等	20	1.0	13	2.5	1/35 000	$\pm 5\sqrt{n}$	4	6	—
一级	10	0.5	17	5.0	1/15 000	$\pm 10\sqrt{n}$	—	2	4
二级	6	0.3	30	8.0	1/10 000	$\pm 16\sqrt{n}$	—	1	3
三级	—	—	—	12.0	1/5 000	$\pm 24\sqrt{n}$	—	1	2
图根	—	—	—	20.0	1/2 000	$\pm 40\sqrt{n}$	—	—	1

注：表中 n 为转折角个数。

二、导线测量的内业计算

导线测量的最终目的是要获得各导线点的平面直角坐标，因此，外业工作结束后就要进行内业计算，以求得导线点的坐标。

准备工作：

(1)计算之前，应全面检查导线测量外业记录，数据是否齐全，有无记错、算错，成果是否符合精度要求，起算数据是否准确。然后绘制导线略图，把各项数据注于图上相应位置。将校核过的外业观测数据及起算数据填入坐标计算表，起算数据用双线标明。

(2)内业计算中数字的取位，对于四等以下的导线，角值取至秒(″)，边长及坐标取至毫米(mm)。

1. 坐标计算的基本公式

1)坐标正算

坐标正算，即根据已知点的坐标及已知边长和坐标方位角计算未知点的坐标。

如图 2-36 所示，设 A 为已知点，B 为未知点，当 A 点的坐标 X_A、Y_A 和边长 D_{AB}、坐标方位角 α_{AB} 均为已知时，则可求得 B 点的坐标 X_B、Y_B。由图可知：

$$\left.\begin{aligned} X_B &= X_A + \Delta X_{AB} \\ Y_B &= Y_A + \Delta Y_{AB} \end{aligned}\right\} \tag{2-11}$$

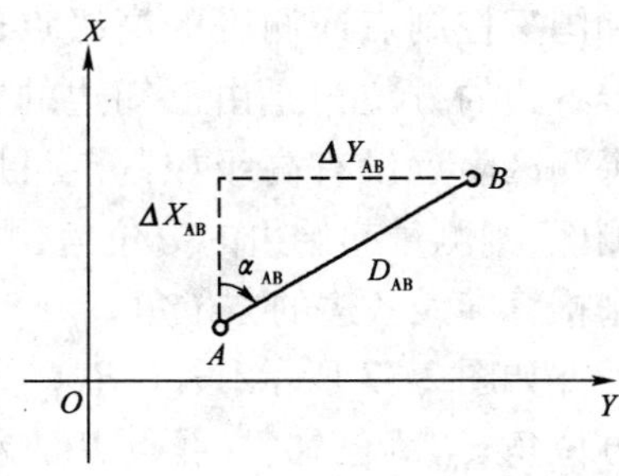

图 2-36 导线坐标计算示意图

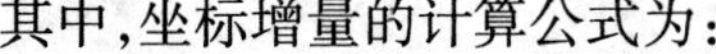

其中，坐标增量的计算公式为：

$$\left.\begin{aligned} \Delta X_{AB} &= D_{AB} \cdot \cos\alpha_{AB} \\ \Delta Y_{AB} &= D_{AB} \cdot \sin\alpha_{AB} \end{aligned}\right\} \tag{2-12}$$

式中，ΔX_{AB}、ΔY_{AB} 的正负号应根据 $\cos\alpha_{AB}$、$\sin\alpha_{AB}$ 的正负号决定，所以式(2-12)又可写为：

$$\left.\begin{aligned} X_B &= X_A + D_{AB} \cdot \cos\alpha_{AB} \\ Y_B &= Y_A + D_{AB} \cdot \sin\alpha_{AB} \end{aligned}\right\} \tag{2-13}$$

2)坐标反算

坐标反算，即根据两个已知点的坐标增量反算其坐标方位角和边长。

如图 2-36 所示，若设 A、B 为两已知点，其坐标分别为 X_A、Y_A 和 X_B、Y_B，则可得：

$$\tan\alpha_{AB} = \frac{\Delta Y_{AB}}{\Delta X_{AB}} \tag{2-14}$$

$$D_{AB} = \frac{\Delta Y_{AB}}{\sin\alpha_{AB}} = \frac{\Delta X_{AB}}{\cos\alpha_{AB}} \tag{2-15}$$

$$或\ D_{AB} = \sqrt{(\Delta X_{AB})^2 + (\Delta Y_{AB})^2} \tag{2-16}$$

上式中，$\Delta X_{AB} = X_B - X_A$，$\Delta Y_{AB} = Y_B - Y_A$。

由式(2-14)可求得 α_{AB}。α_{AB}求得后，又可由式(2-15)算出两个 D_{AB}，并作相互校核。如果仅尾数略有差异，就取中数作为最后的结果。

需要指出的是：按式(2-14)计算出来的坐标方位角是有正负号的，因此，还应按坐标增量 ΔX 和 ΔY 的正负号最后确定 AB 边的坐标方位角。即按式(2-14)计算的坐标方位角为：

$$\alpha' = \tan^{-1}\frac{\Delta Y}{\Delta X} \tag{2-17}$$

则 AB 边的坐标方位角 α_{AB}参见图 2-42，应为：

在第 I 象限，即当 $\Delta X > 0$，$\Delta Y > 0$ 时，$\alpha_{AB} = \alpha'$；

在第 II 象限，即当 $\Delta X < 0$，$\Delta Y > 0$ 时，$\alpha_{AB} = 180° - \alpha'$；

在第 III 象限，即当 $\Delta X < 0$，$\Delta Y < 0$ 时，$\alpha_{AB} = 180° + \alpha'$；

在第 IV 象限，即当 $\Delta X > 0$，$\Delta Y < 0$ 时，$\alpha_{AB} = 360° - \alpha'$

也就是当 $\Delta X > 0$ 时，应给 α'加 360°；当 $\Delta X < 0$ 时，应给 α'加 180°才是所求 AB 边的坐标方位角。

2. 坐标方位角的推算

为了计算导线点的坐标，首先应推算出导线各边的坐标方位角(以下简称方位角)。如果导线和国家控制点或测区的高级点进行了连接，则导线各边的方位角是由已知边的方位角来推算；如果测区附近没有高级控制点可以连接，称为独立测区，则测量起始边的方位角，再以此观测方位角来推算导线各边的方位角。

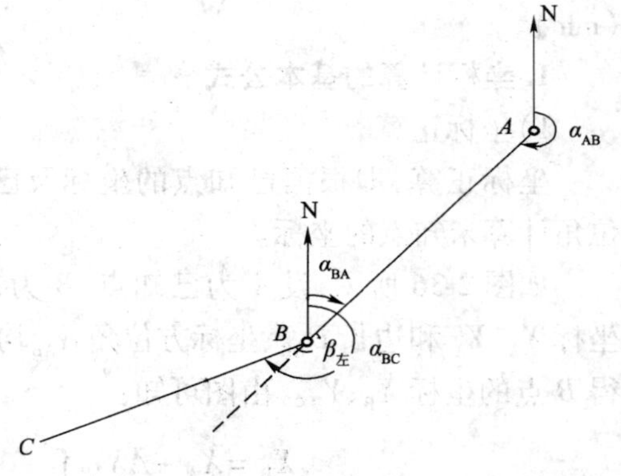

图 2-37　坐标方位角推算示意图

如图 2-37 所示，设 A、B、C 为导线点，AB 边的方位角 α_{AB}为已知，导线点 B 的左角为 $\beta_左$，现在来推算 BC 边的方位角 α_{BC}。由正反方位角的关系可知：

$$\alpha_{BA} = \alpha_{AB} - 180°$$

则从图中可以看出：

$$\alpha_{BC} = \alpha_{BA} + \beta_左 = \alpha_{AB} - 180° + \beta_左 \tag{2-18}$$

根据方位角不大于 360°的定义，当用上式算出的方位角大于 360°，则减去 360°即可。如图2-38所示，当用右角推算方位角时，

$$\alpha_{BA} = \alpha_{AB} + 180°$$

则从图中可以看出

$$\alpha_{BC} = \alpha_{AB} + 180° - \beta_右 \tag{2-19}$$

用式(2-19)计算 α_{BC}时，如果 $\alpha_{AB} + 180°$后仍小于 $\beta_右$ 时，则加 360°后再减 $\beta_右$。

根据上述推导,得到导线边坐标方位角的一般推算公式为:

$$\alpha_{前}=\alpha_{后}\pm180^{\circ}\pm\begin{matrix}\beta_{左}\\ \beta_{右}\end{matrix} \qquad (2\text{-}20)$$

式中:$\alpha_{前}$、$\alpha_{后}$——导线点的前边方位角和后边方位角。

如图 2-39 所示,以导线的前进方向为参考,导线点 B 的后边是 AB 边,其方位角为 $\alpha_{后}$;前边是 BC 边,其方位角为 $\alpha_{前}$。

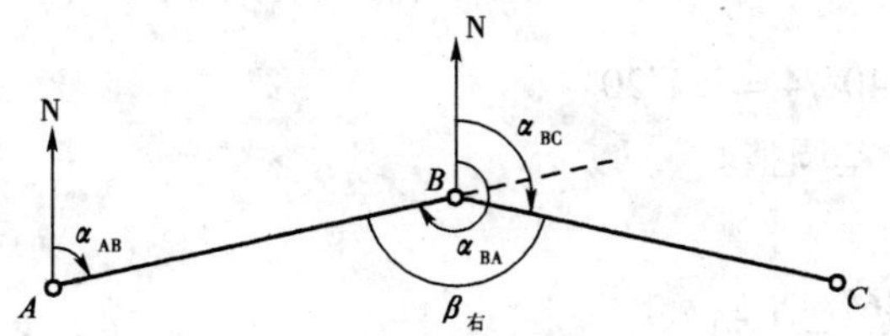

图 2-38　坐标方位角推算示意图

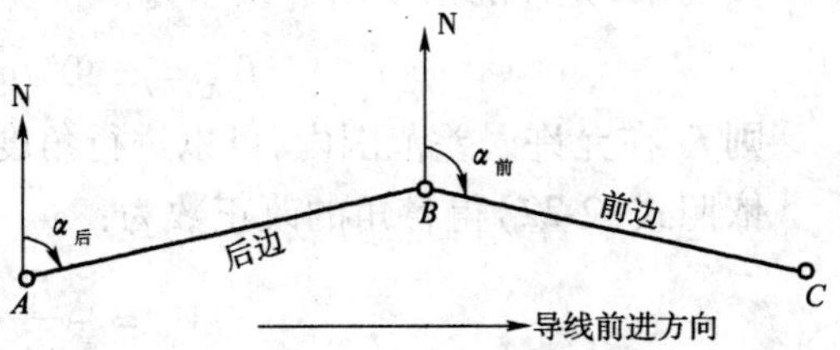

图 2-39　坐标方位角推算标准图

180°前的正负号取用,是当 $\alpha_{后}<180^{\circ}$时,用"+"号;当 $\alpha_{后}>180^{\circ}$时,用"-"号。导线的转折角是左角($\beta_{左}$)就加上;是右角($\beta_{右}$)就减去。

3. 闭合导线内业计算

1)角度闭合差的计算与调整

闭合导线从几何上看,是一多边形,见图 2-40 所示。其内角和在理论上应满足下列关系:

$$\sum\beta_{理}=180^{\circ}\times(n-2)。$$

但由于测角时不可避免地有误差存在,使实测内角之和与理论值存在一个差值,这个差值就是角度闭合差,用 f_{β} 来表示,则:

$$f_{\beta}=\sum\beta_{测}-\sum\beta_{理} \qquad (2\text{-}21)$$

式中:　n——闭合导线的转折角数;

$\sum\beta_{测}$——观测角的总和。

算出角度闭合差之后,如果 f_{β} 值不超过允许误差的限度,(一般为 $\pm40\sqrt{n}$,n 为角度个数),说明角度观测符合要求,即可进行角度闭合差调整,使调整后的角值满足理论上的要求。

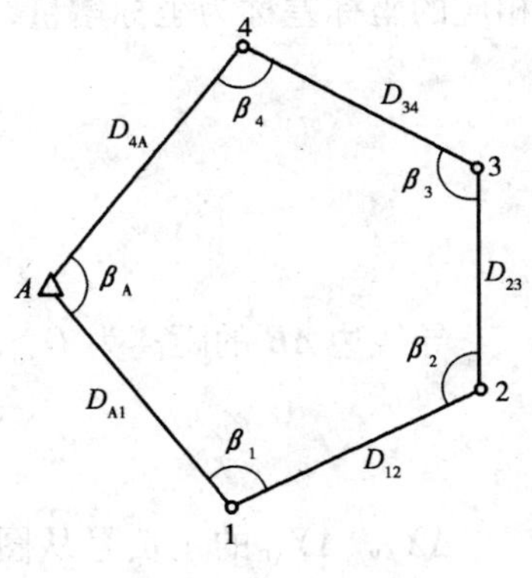

图 2-40　闭合导线示意图

由于导线的各内角是采用相同的仪器和方法,在相同的条件下观测的,所以对于每一个角度来讲,可以认为它们产生的误差大致相同,因此,在调整角度闭合差时,可将闭合差按相反的符号平均分配于每个观测内角中。设以 $V_{\beta i}$ 表示各观测角的改正数,$\beta_{测}$ 表示观测角,β_i 表示改正后的角值,则

$$V_{\beta i}=-\frac{f_{\beta}}{n} \qquad (2\text{-}22)$$

$$\beta_i=\beta_{测_i}+V_{\beta_i} \qquad (i=1,2,\cdots,n)$$

当上式不能整除时,可将余数凑整到导线中短边相邻的角上,这是因为在短边测角时由于仪器对中、照准所引起的误差较大。

各内角的改正数之和应等于角度闭合差,但符号相反,即 $\sum V_{\beta}=-f_{\beta}$。改正后的各内角值之和应等于理论值,即 $\sum\beta_i=(n-2)\times180^{\circ}$。

【**例题1**】 某图根导线是一个四边形闭合导线。四个内角的观测值总和$\sum\beta_{测}=359°59'14''$。试进行角度闭合差的计算与调整。

解:由多边形内角和公式计算可知:

$$\sum\beta_{理}=(4-2)\times180°=360°$$

则角度闭合差为:

$$f_\beta=\sum\beta_{测}-\sum\beta_{理}=-46''$$

按要求,允许的角度闭合误差为:

$$f_{\beta允}=\pm40''\sqrt{n}=\pm40''\sqrt{4}=\pm1'20''$$

则f_β在允许误差范围内,可以进行角度闭合差调整。

依照式(2-22)得各角的改正数为:

$$V_{\beta i}=-\frac{f_\beta}{n}=\frac{+46''}{4}=+11.5''$$

由于不是整秒(″),分配时每个角平均分配+11″,短边角的改正数为+12″。改正后的各内角值之和应等于360°。

2)坐标方位角推算

根据起始边的坐标方位角α_{AB}及改正后(调整后)的内角值β_i,按式(2-20)依次推算各边的坐标方位角。

3)坐标增量的计算

如图2-41所示,在平面直角坐标系中,A、B两点坐标分别为$A(X_A,Y_A)$和$B(X_B,Y_B)$,它们相应的坐标差称为坐标增量,分别以ΔX和ΔY表示,从图中可以看出:

$$X_B-X_A=\Delta X_{AB}$$

$$Y_B-Y_A=\Delta Y_{AB}$$

$$\text{或}\left.\begin{aligned}X_B&=X_A+\Delta X_{AB}\\Y_B&=Y_A+\Delta Y_{AB}\end{aligned}\right\}\tag{2-23}$$

导线边AB的距离为D_{AB},其方位角为α_{AB},则:

$$\left.\begin{aligned}\Delta X_{AB}&=D_{AB}\cdot\cos\alpha_{AB}\\\Delta Y_{AB}&=D_{AB}\cdot\sin\alpha_{AB}\end{aligned}\right\}\tag{2-24}$$

ΔX_{AB}、ΔY_{AB}的正负号从图2-42中可以看出,当导线边AB位于不同的象限,其纵、横坐标增量的符号也不同。也就是当α_{AB}在0°~90°(第一象限)时,ΔX、ΔY的符号均为正,α_{AB}在

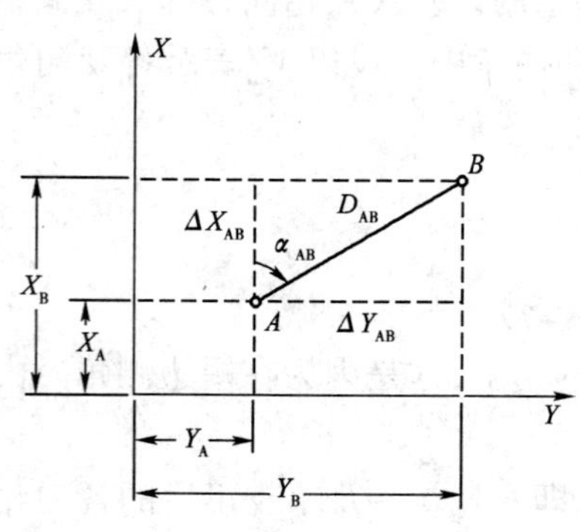

图2-41 坐标增量计算示意图

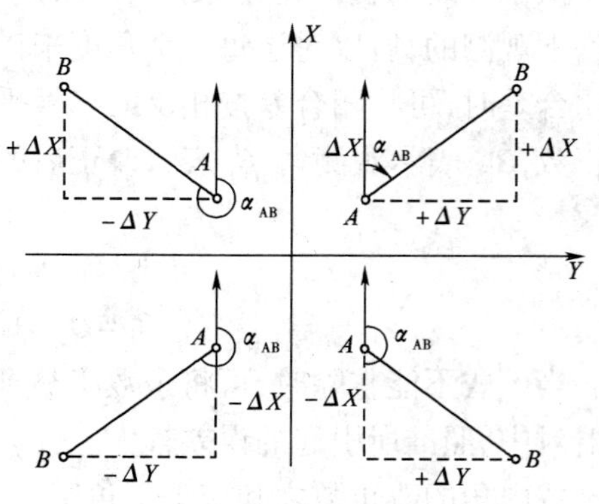

图2-42 不同象限导线边坐标方位角示意图

90° ~ 180°(第二象限)时,ΔX 为负,ΔY 为正;当 α_{AB} 在 180° ~ 270°(第三象限)时,它们的符号均为负;当 α_{AB} 在 270° ~ 360°(第四象限)时,ΔX 为正,ΔY 为负。

4)坐标增量闭合差的计算与调整

(1)坐标增量闭合差的计算。如图 2-43 所示,导线边的坐标增量可以看成是在坐标轴上的投影线段。从理论上讲,闭合多边形各边在 X 轴上的投影,其 $+\Delta X$ 的总和与 $-\Delta X$ 的总和应相等,即各边纵坐标增量的代数和应等于零。同样,在 Y 轴上的投影,其 $+\Delta Y$ 的总和与 $-\Delta Y$ 的总和也应相等,即各边横坐标量的代数和也应等于零。也就是说闭合导线的纵、横坐标增量之和在理论上应满足下述关系:

$$\left.\begin{aligned}\sum\Delta X_{理}=0\\ \sum\Delta Y_{理}=0\end{aligned}\right\} \tag{2-25}$$

但因测角和量距都不可避免地有误差存在,因此,根据观测结果计算的 $\sum\Delta X_{算}$、$\sum\Delta Y_{算}$ 都不等于零,而等于某一个数值 f_X 和 f_Y。即

$$\left.\begin{aligned}\sum\Delta X_{算}=f_X\\ \sum\Delta Y_{算}=f_Y\end{aligned}\right\} \tag{2-26}$$

式中:f_X——称为纵坐标增量闭合差;

f_Y——称为横坐标增量闭合差。

从图 2-44 中可以看出 f_X 和 f_Y 的几何意义。由于 f_X 和 f_Y 的存在,就使得闭合多边形出现了一个缺口,起点 A 和终点 A' 没有重合,设 AA' 的长度为 f_D,称为导线的全长闭合差,而 f_X 和 f_Y 正好是 f_D 在纵、横坐标轴上的投影长度。

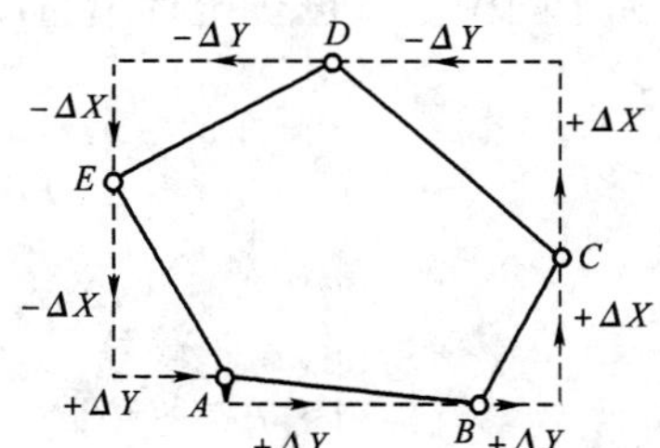

图 2-43　闭合导线坐标增量示意图

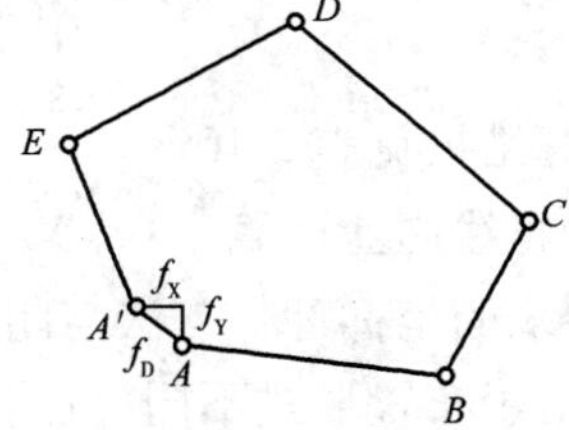

图 2-44　闭合导线坐标增量闭合差示意图

$$f_D=\sqrt{f_X^2+f_Y^2} \tag{2-27}$$

(2)导线精度的衡量。导线全长闭合差 f_D 的产生,是由于测角和量距中有误差存在的缘故,所以一般用它来衡量导线的观测精度。可是导线全长闭合差是一个绝对闭合差,且导线越长,所量的边数与所测的转折角数就越多,影响全长闭合差的值也就越大,因此,需采用相对闭合差(相对误差是误差的绝对值与观测值的比值)来衡量导线的精度。设导线的总长为 $\sum D$,则导线全长相对闭合差 K 为:

$$K=\frac{f_D}{\sum D}=\frac{1}{\sum D/f_D} \tag{2-28}$$

若 $K\leqslant K_{允}$,则表明导线的精度符合要求,否则应查明原因进行补测或重测。

(3)坐标增量闭合差的调整。如果导线的精度符合要求,即可将增量闭合差进行调整,使

改正后的坐标增量满足理论上的要求。由于是等精度观测，所以增量闭合差的调整原则是将它们以相反的符号按与边长成正比例分配在各边的坐标增量中。设 $V_{\Delta X_i}$、$V_{\Delta Y_i}$ 分别为纵、横坐标增量的改正数，即

$$\left.\begin{aligned} V_{\Delta X_i} &= -\frac{f_X}{\sum D}D_i \\ V_{\Delta Y_i} &= -\frac{f_Y}{\sum D}D_i \end{aligned}\right\} \tag{2-29}$$

式中：$\sum D$——导线边长总和；

D_i——导线某边长（$i=1,2,\cdots,n$）。

所有坐标增量改正数的总和，其数值应等于坐标增量闭合差，而符号相反，即

$$\left.\begin{aligned} \sum V_{\Delta X} &= V_{\Delta X_1} + V_{\Delta X_2} + \cdots + V_{\Delta X_n} = -f_x \\ \sum V_{\Delta Y} &= V_{\Delta Y_1} + V_{\Delta Y_2} + \cdots + V_{\Delta Y_n} = -f_y \end{aligned}\right\} \tag{2-30}$$

改正后的坐标增量应为：

$$\left.\begin{aligned} \Delta X_i &= \Delta X_{算_i} + V_{\Delta X_i} \\ \Delta Y_i &= \Delta Y_{算_i} + V_{\Delta Y_i} \end{aligned}\right\} \tag{2-31}$$

5）坐标推算

用改正后的坐标增量，就可以从导线起点的已知坐标依次推算其他导线点的坐标，即

$$\left.\begin{aligned} X_i &= X_{i-1} + \Delta X_{i-1,i} \\ Y_i &= Y_{i-1} + \Delta Y_{i-1,i} \end{aligned}\right\} \tag{2-32}$$

【例题 2】 如图 2-45 所示为一闭合导线，已知条件已标于图中。试进行坐标增量闭合差的调整。

解：计算结果见表 2-10。

4. 附合导线内业计算

附合导线的坐标计算方法与闭合导线基本上相同，但由于布置形式不同，且附合导线两端与已知点相连，因而只是角度闭合差与坐标增量闭合差的计算公式有些不同。下面介绍这两项的计算方法。

1）角度闭合差的计算

如图 2-46 所示，附合导线连接在高级控制点 A、B 和 C、D 上，它们的坐标均已知。连接角为 φ_1 和 φ_2，起始边坐标方位角 α_{AB} 和终边坐标方位角 α_{CD} 可根据坐标反算求得，见式（2-17）。从起始边方位角 α_{AB}，经连接角依照式（2-20）可推算出终边的方位角 α'_{CD}，此方位角应与反算求得的方位角（已知值）α_{CD} 相等。由于测角有误差，推算的 α'_{CD} 与已知的 α_{CD} 不可能相等，其差数即为附合导线的角度闭合差 f_β，即

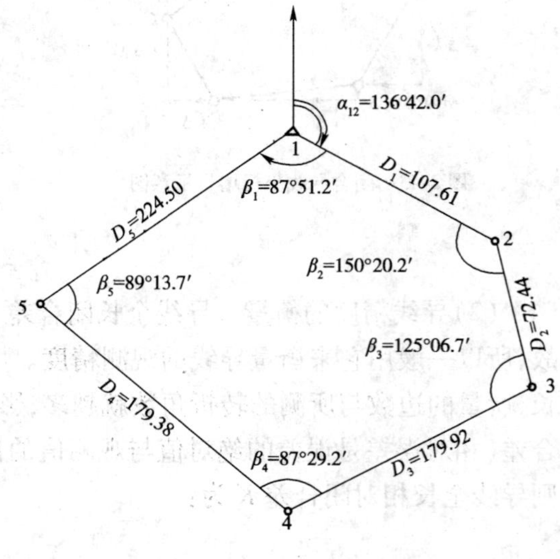

图 2-45 闭合导线

$$f_\beta = \alpha'_{CD} - \alpha_{CD} \tag{2-33}$$

闭合导线坐标计算表 表 2-10

点号	观测角	改正后的角值	坐标方位角	边长(m)	增量计算值 $\Delta X'$	增量计算值 $\Delta Y'$	改正后的增量值 ΔX	改正后的增量值 ΔY	坐标 X	坐标 Y
1	2	3	4	5	6	7	8	9	10	11
1	−12″ 87°51′12″	87°52′00″							800.00	1 000.00
			136°42′00″	107.61	−0.01 −78.32	−0.03 +73.80	−78.33	+73.77		
2	−12″ 150°20′12″	150°20′00″							721.67	1 073.77
			166°22′00″	72.44	−0.01 −70.40	−0.02 +17.07	−70.41	+17.05		
3	−12″ 125°06′42″	125°05′30″							651.26	1 090.82
			221°15′30″	179.92	−0.03 −135.25	−0.04 −118.65	−135.28	−118.69		
4	−12″ 87°29′12″	87°29′00″							515.98	927.13
			313°46′30″	179.38	−0.03 +124.10	−0.04 +159.99	+124.07	−129.56		
5	−12″ 89°13′42″	89°13′30″							640.05	824.57
			44°33′00″	224.50	−0.04 +129.99	−0.06 +157.49	+159.95	+157.43		
1									800.00	1 000.00
2										
Σ	540°01′00″	540°00′00″		763.85						
$f_\beta = \pm 1'$, $f = \sqrt{f_X^2 + f_Y^2} = \pm 0.22(\text{m})$ $f_{\beta容} = \pm 40''\sqrt{n} = \pm 40''\sqrt{5} = \pm 89''$ $K = \frac{f}{\sum D} = \frac{0.22}{763.85} \approx \frac{1}{3390}$					+284.09 −283.97	+284.36 −284.17	+284.02 −284.02	+284.27 −284.27		
					$f_X = +0.12\text{m}$	$f_Y = +0.19\text{m}$	$\sum \Delta X = 0$	$\sum \Delta Y = 0$		

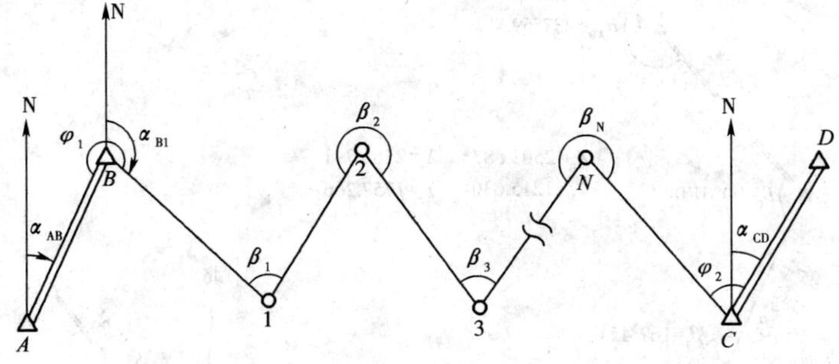

图 2-46 附合导线示意图

终边坐标方位角 α'_{CD} 的推算方法可用式(2-20)推求，也可用下列公式直接计算出终边坐标方位角。

用观测导线的左角来计算方位角，其公式为：

$$\alpha'_{CD} = \alpha_{AB} - n \cdot 180° + \sum \beta_{左} \quad (2\text{-}34)$$

用观测导线的右角来计算方位角，其公式为：

$$\alpha'_{CD} = \alpha_{AB} + n \cdot 180° - \sum \beta_{右} \quad (2\text{-}35)$$

式中：n——转折角的个数。

附合导线角度闭合差的一般形式可写为：

$$f_\beta = (\alpha_{AB} - \alpha_{CD}) \mp n \cdot 180° \begin{matrix} + \sum \beta 左 \\ - \sum \beta 右 \end{matrix}$$

附合导线角度闭合差的调整方法与闭合导线相同。需要注意的是,在调整过程中,转折角的个数应包括连接角,若观测角为右角时,改正数的符号应与闭合差相同。用调整后的转折角和连接角所推算的终边方位角应等于反算求得的终边方位角。

2)坐标增量闭合差的计算

如图 2-47 所示,附合导线各边坐标增量的代数和在理论上应等于起、终两已知点的坐标值之差,即

$$\sum \Delta X_{理} = X_B - X_A$$
$$\sum \Delta Y_{理} = Y_B - Y_A$$

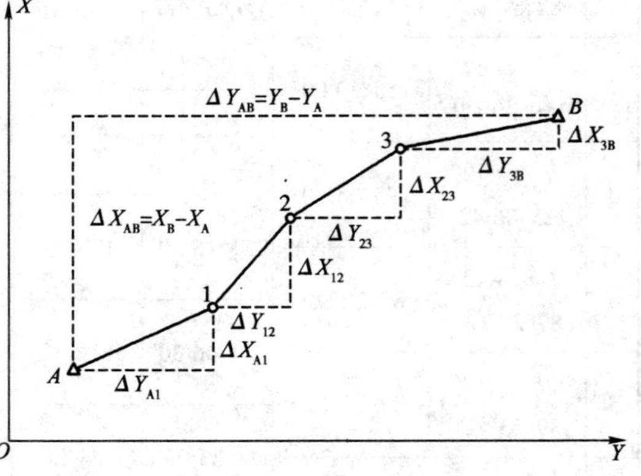

图 2-47 附合导线坐标增量示意图

由于测角和量边有误差存在,所以计算的各边纵、横坐标增量代数和不等于理论值,产生纵、横坐标增量闭合差,其计算公式为:

$$\left.\begin{aligned} f_X &= \sum \Delta X_{算} - (X_B - X_A) \\ f_Y &= \sum \Delta Y_{算} - (Y_B - Y_A) \end{aligned}\right\} \tag{2-36}$$

附合导线坐标增量闭合差的调整方法以及导线精度的衡量均与闭合导线相同。

【例题 3】 图 2-48 所示为一附合导线,已知条件已标于图中。试进行坐标增量闭合差的计算。

解:计算结果见表 2-11。

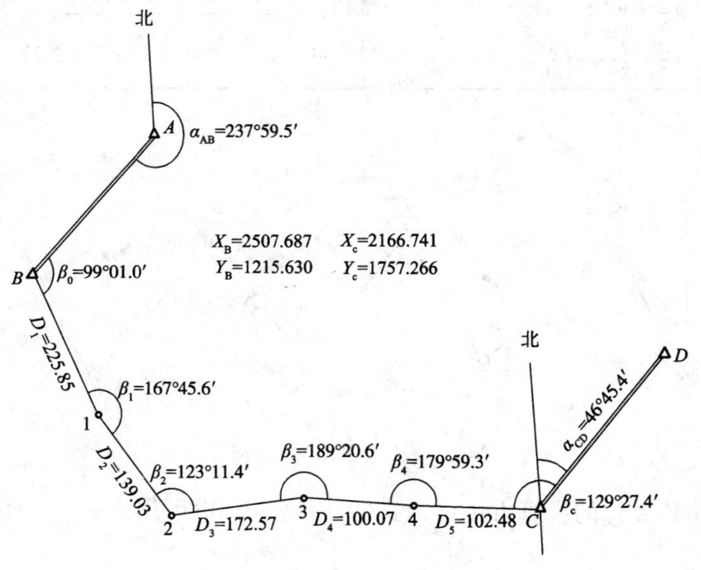

图 2-48 附合导线

5. 支导线内业计算

支导线中没有多余观测值,因此,也没有任何闭合差产生,导线的转折角和计算的坐标增量不需要进行改正。支导线的计算步骤如下:

(1)根据观测的转折角推算各边坐标方位角;

(2)根据各边的边长和方位角计算各边的坐标增量;

(3)根据各边的坐标增量推算各点的坐标。

附合导线计算表 表2-11

点号	观测角	改正后的角值	坐标方位角	边长(m)	增量计算值		改正后的增量值		坐标	
					$\Delta X'$	$\Delta Y'$	ΔX	ΔY	X	Y
1	2	3	4	5	6	7	8	9	10	11
A										
			237°59′30″							
B	+6″ 99°01′00″	99°01′06″							2 507.687	1 215.630
			157°00′36″	225.85	+0.045 −207.911	−0.043 +88.210	−207.866	+88.167		
1	+6″ 167°45′36″	167°45′42″							2 299.821	1 303.797
			144°46′18″	139.03	+0.028 −113.568	−0.026 +80.198	−113.540	+80.172		
2	+6″ 123°11′24″	123°11′30″							2 186.281	1 383.969
			89°57′.48″	172.57	+0.035 +6.133	−0.033 +172.461	+6.618	+172.428		
3	+6″ 189°20′36″	189°20′42″							2 192.449	1 556.397
			97°18′30″	100.07	+0.020 −12.730	−0.019 +99.257	−12.710	+99.238		
4	+6″ 179°59′18″	179°59′24″							2 179.739	1 655.635
			97°17′54″	102.48	+0.021 −13.019	−0.019 +101.650	−12.998	+101.631		
C	+6″ 129°27′24″	129°27′30″							2 166.741	1 757.265
			46°45′24″							
D										
Σ				740						
$\alpha'_{CD}=46°44'48''$ $\alpha_{CD}=46°45'24''$ $f_\beta=-36''$		$f_{\beta容}=\pm40''\sqrt{6}=$ $\pm98''$ $f_\beta<f_{\beta容}$			$\sum(\Delta X)=-341.095$ $\sum(\Delta Y)=+541.776$ $f_X=-0.149$ $f_Y=0.140$ $f=\sqrt{f_X^2+f_Y^2}=0.20$ $K=\frac{0.20}{740}\approx\frac{1}{3700}<\frac{1}{2000}$					

三、导线测量错误的查找

计算时,如果导线的角度闭合差或坐标增量闭合差大大超过规定的容许值,经核对原始记录无误后,这时可能是测角或测边长发生了错误,必须进行实地复测。一般来说,错误往往发生在个别的角度或边长上,在进行野外实地复测之前,可以用下述方法查找测量错误发生在哪里,以便有目标地进行复测返工。

1. 个别测角错误的检查

检查的基本方法是通过按一定比例展绘导线来发现测角错误点,以下分叙检查闭合导线和附合导线错误的具体方法。

如图2-49所示,若闭合导线在点3测角发生错误,设测大了$\Delta\beta$角,则点4、点1将绕点3旋转$\Delta\beta$角,分别位移至点4′、点1′,而出现闭合差1-1′。显然$\Delta 131'$为一等腰三角形,闭合差1-1′的垂直分线必然通过点3。根据这一原理,可用下面方法检查角度错误所在的点,从起点开始,按边长和转折角的观测值,用较大的比例尺展绘导线图,作图中闭合差的垂直平分线,该线通过或靠近的点,就是可能有测角错误的点。

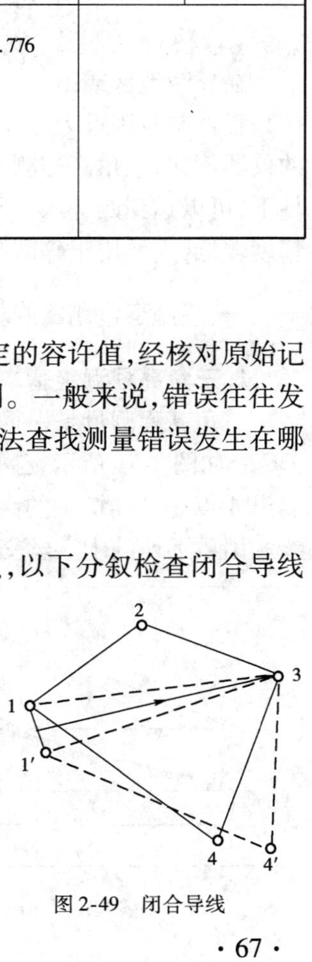

图2-49 闭合导线

如图 2-50 所示,对于附合导线检查的方法是:先在坐标纸上根据已知点的坐标数据绘出两侧高级控制点 A、B、C、D 的位置,然后分别由 B 点、C 点开始,利用角度与边长数据各自朝另一端展绘导线,即图中的 B-2-3-4-5′-C'与 C-5-4-3′-2′-B',其交叉点(图中 4 点)即为有测角错误的点。

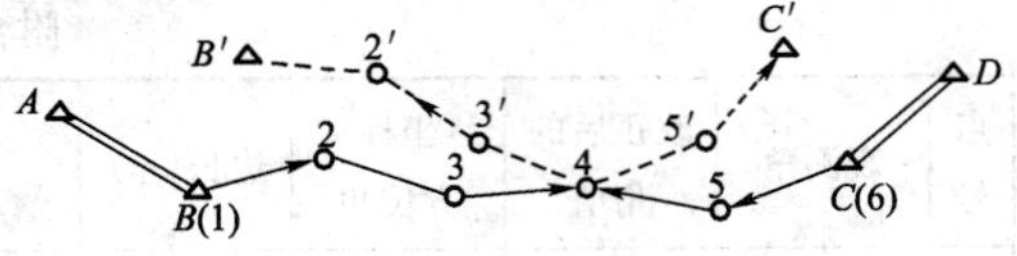

图 2-50　附合导线

2. 个别量边错误的检查

当导线的全长相对闭合差大大超限时,可能是量边错误所致。如图 2-49 所示,若边长 3-4 测量有错误,则闭合差 1-1′(全长闭合差 f)的方向必与错误边相平行。因此,不论闭合导线或是附合导线,可按下式求出导线全长闭合差 f 的坐标方位角 α_f:

$$\alpha_f = \arctan\frac{f_Y}{f_X}$$

凡与坐标方位角 α_f 或 $\alpha_f + 180°$ 相接近的导线边,是可能发生量边错误的边。因此,实际查找量边错误时,可以通过展绘导线图利用平行关系查找,也可以利用方位角相等关系。此外,还可用$\dfrac{f_Y}{f_X}$与$\dfrac{\Delta Y}{\Delta X}$的比值查找,比值接近时该组 ΔY、ΔX 对应的边可能存在错误。

以上介绍的方法主要适用于个别转折角或边长发生错误的情况,如果多个角度和边长存在错误一般难以查出。因此,导线外业观测必须认真,以避免返工重测。

工作任务 5　用全站仪完成三角高程测量

在丘陵地区或山区,由于地面高低起伏较大,或当水准点位于较高建筑物上,用水准测量作高程控制时困难大且速度也慢,甚至无法实施,这时可考虑采用三角高程测量。根据所采用的仪器不同,三角高程测量分为全站仪三角高程测量和经纬仪三角高程测量。前者在一定条件下,可以达到四等水准测量的精度,因而有时代替四等水准测量,后者由于采用视距法测距,精度较低,主要用于碎部测量。

一、三角高程测量的基本原理

1. 三角高程测量基本计算公式

三角高程测量是根据地面上两点间的水平距离 D 和测得的竖直角 α 来计算两点间的高差 h。如图 2-51 所示,已知 A 点高程为 H_A,现欲求 B 点高程 H_B。则在 A 点安置仪器,同时量测出 A 点至仪器横轴的高度 i,称为仪器高。在 B 点立觇标,其高度为 s,称为觇标高。

用望远镜的十字丝交点瞄准目标顶端,测出竖直角 α,另外,若已知 A、B 两点间的水平距离 D,则可求得 A、B 两点间的高差 h_{AB}:

$$h_{AB} = D \cdot \tan\alpha + i - s \qquad (2\text{-}37)$$

由此得到 B 点的高程为:

$$H_B = H_A + h_{AB} = H_A + D \cdot \tan\alpha + i - s \qquad (2\text{-}38)$$

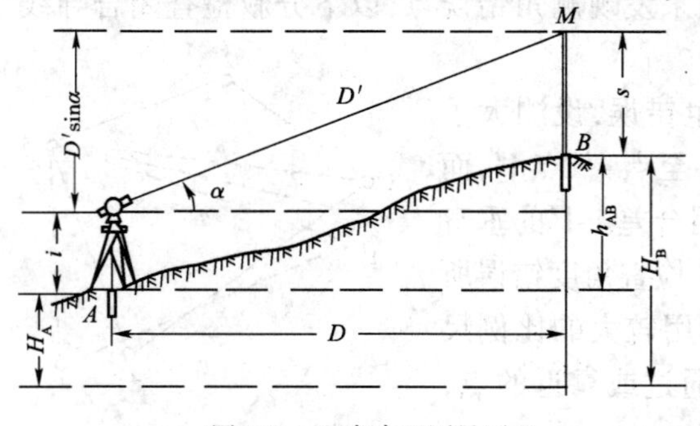

图 2-51　三角高程测量原理

2. 三角高程测量的等级及技术要求

对于光电测距三角高程控制测量,一般分为两级,即四等和五等三角高程测量,它们可作为测区的首级控制。光电测距三角高程测量，视距长度不得大于1km，垂直角不得大于15°。高程导线的最大长度不应超过相应等级水准路线的最大长度。其技术要求见表2-12所列。

光电测距三角高程测量的技术要求 表2-12

等级	仪器	测距边测回数	垂直角测回数		指标差较差（″）	垂直角较差（″）	对向观测高差较差	附合或环线闭合差
			三丝法	中丝法				
四等	DJ_2	往返各1	—	3	7	7	$40\sqrt{D}$	$20\sqrt{\sum D}$
五等	DJ_2	1	1	2	10	10	$60\sqrt{D}$	$30\sqrt{\sum D}$
图根	DJ_6	—		2	25	25		$40\sqrt{D}$

注：表中D为光电测距边长度（km）。

3. 地球曲率和大气折光的影响（球气两差改正数）

应用仪器测量出竖直角与水平距离，就可以应用公式求出待定点的高程。但在作三角高程测量时，一般情况下，需要考虑地球曲率和大气折光对所测高差的影响，即要进行地球曲率和大气折光的改正，简称球气两差改正。

1）地球曲率的改正

在用三角高程测量两点间的高差时，若两点间的距离较长（超过300m），则图2-51中的大地水准面不能再用水平面来代替，而应按曲面看待，因此用公式（2-37）或公式（2-38）计算时，还应考虑地球曲率影响的改正，简称为球差改正，其改正数用f_1表示。

2）大气折光的改正

在观测竖直角时，由于大气的密度不均匀，视线将受大气折光的影响而总是成为一条向上拱起的曲线，这样使所测得的竖直角（水平方向与视线的切线方向夹角）总是偏大。因此，要进行大气折光的改正，简称气差改正，其改正数用f_2表示。

综合地球曲率和大气折光对高差的影响，便得到球气两差改正数，用f表示。

上述的球气两差在单向三角高程测量中，必须进行改正，即式（2-38）应写为：

$$H_{AB} = D_{AB} \cdot \tan\alpha + i - s + f \tag{2-39}$$

为了消除地球曲率和大气折光对高差的影响，当两点间距离大于300m时，三角高程测量应进行对向观测。由A点到B点观测，称为直觇；而由B点向A点观测，称为反觇。当进行直反觇观测时，称为双向观测或对向观测，三角高程测量对向观测，所求得的高差较差若符合要求，取两次高差的平均值作为最后的高差。

二、全站仪三角高程测量的实施

目前光电测距三角高程测量已经相当普遍，即采用电磁波测距仪或电子全站仪测定各导线边长度，同时用仪器直、反觇测定竖直角。用电磁波测距方法测定高差的主要特点是距离测量的精度较高。为了提高电磁波测高的精度，必须采取措施提高垂直角观测精度。大量的观测资料表明，当边长在2km范围内时，对向电磁波测距三角高程测量成果完全能满足四等水准测量的精度要求。因此，在高山、丘陵等困难地区，可用电磁波测高代替四等水准测量。当用三角高程测量方法测定平面控制点的高程时，为了校核并提高精度，应组成闭合或附合的三角高程路线，三角高程路线必须起讫于不低于四等水准联测的高程点上，其边数不应超过规定；当用于测定图根点的高程时，三角高程点及水准联测的高程点均可作为路线的起算点，边数不应超过12条。三角高程路线应尽量由边长较短、高差较小的边组成。

1. 三角高程测量的观测步骤

(1)安置全站仪于测站上，量出仪器高 i；在待测点上立棱镜，量出棱镜高 s。注意仪器高度、反射镜高度应在观测前后量测，四等应采用测杆量测，取其值精确至 1mm，当较差不大于 2mm 时，取用平均值；五等量测，其取值精确至 1mm，当较差不大于 4mm 时，取用平均值。

(2)用全站仪或经纬仪采用测回法观测竖直角 α(具体需要几个测回，根据三角高程测量的等级技术要求)，取平均值作为最后结果。

(3)用全站仪照准棱镜中心观测、显示出水平距离。

(4)采用对向观测，方法同前几步。注意对向观测宜在较短时间内进行。

(5)应用式(2-37)和式(2-38)计算高差及高程。对向观测高差较差符合要求时，取其平均值作为高差结果。注意计算时，垂直角度的取值，应精确至 0.1″；高程的取值，应精确至 1mm。

2. 三角高程测量的计算

外业观测结束后，应对观测成果进行全面检查，确认各项限差符合规定要求，所需数据完备齐全之后才能开始计算。

1)高差的计算

由外业观测手簿中查取三角高程路线上的垂直角、仪器高、觇标高，由平面控制计算成果表中查取相应边的水平距离，填于计算表格中，然后按式依次计算各边直、反觇高差。若直、反觇高差较差不超过规定值，则取其中数，并以此计算三角高程路线的高差闭合差。

2)高差闭合差的计算和分配

三角高程路线高差闭合差的计算和分配与水准测量基本相同，即

附合路线为：

$$f_h = \sum h_{测} - (H_{终} - H_{始})$$

闭合路线为：

$$f_h = \sum h_{测}$$

当 f_h 不超过 $f_{h容}$ 时，按与边长成正比原则，将 f_h 反符号分配到各高差之中，然后用改正后的高差，从起算点推算各点高程。

3)高程计算

根据已知高程和平差后的高差按与水准测量相同的方法计算各点的高程。

4)三角高程测量计算实例(表 2-13)

三角高程测量计算表　　表 2-13

所求点	B	
起算点	A	
觇法	直	反
平距 D(m)	286.362	286.362
垂直角 α	+10°32′26″	-9°58′41″
$D\tan\alpha$(m)	+53.284	-50.380
仪器高 i(m)	+1.521	+1.482
觇标高 s(m)	+2.763	+3.202
高差 h(m)	+52.042	-52.100
对向观测的高差较差(m)	-0.058	
高差较差容许值(m)	0.107	
平均高差(m)	+52.071	
起算点高程(m)	105.726	
所求点高程(m)	157.797	

3. 三角高程测量主要误差来源及减弱措施

观测边长 D、垂直角 α、仪高 i 和觇标高 s 的测量误差及大气垂直折光系数 K 的测定误差均会给三角高程测量成果带来误差。

(1)边长误差。边长误差决定于距离丈量方法。用普通视距法测定距离，精度只有1/300；用电磁波测距仪测距，精度很高，边长误差一般为几十万分之一到几万分之一。边长误差对三角高程的影响与垂直角大小有关，垂直角越大，其影响也越大。

(2)垂直角误差。垂直角观测误差包括仪器误差、观测误差和外界环境的影响。其对三角高程的影响与边长及推算高程路线总长有关，边长或总长越长，对高程的影响也越大。因此，垂直角的观测应选择大气折光影响较小的阴天和每天的中午观测较好，推算三角高程路线还应选择短边传递，对路线上边数也要有限制。

(3)大气垂直折光系数误差。大气垂直折光误差主要表现为折光系数 K 值测定误差，为减少垂直折光变化的影响，应避免在大风或雨后初晴时观测，也不宜在日出后和日落前2h内观测，在每条边上均应作对向观测。

(4)丈量仪高和觇标高的误差。仪高和觇标高的量测误差有多大，对高差的影响也会有多大。因此，应仔细量测仪高和觇标高。觇标高和仪器高用钢尺丈量两次，读至毫米(mm)，其较差对于四等三角高程测量不应大于2mm，对于五等三角高程测量不大于4mm。

工作任务6　用全站仪完成三维坐标测量

一、全站仪三维坐标测量基本原理

全站仪可直接测算测点的三维坐标(X,Y,H)。如图2-52所示，A 为测站点，B 为后视点，两点坐标分别为(X_A,Y_A,H_A)和(X_B,Y_B,H_B)，求测点 P 的坐标。

在测站 A 安置全站仪后，设定测站点的三维坐标，并设置已知方向 AB 的水平度盘读数为其坐标方位角 α_{AB}，当照准目标 P 时，便可自动计算 P 点的坐标。全站仪内部计算未知点坐标原理如下：

$$X_P = X_A + D_{AP} \cdot \cos\alpha_{AP}$$

$$Y_P = Y_A + D_{AP} \cdot \sin\alpha_{AP}$$

$$H_P = H_A + h_{AB} = H_A + D \cdot \tan\alpha + h_i - h_r$$

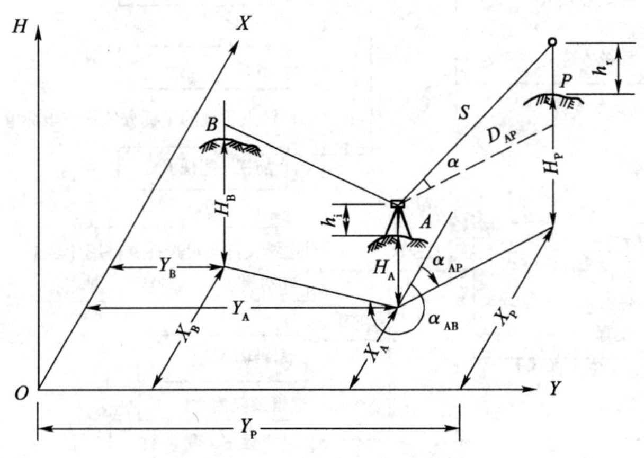

图2-52　全站仪坐标测量示意图

需要说明的是，全站仪上多用(N,E,Z)表示点的三维坐标，其中N对应X、E对应Y、Z对应H。

二、全站仪三维坐标测量的实施

1. 坐标测量操作程序

全站仪坐标测量的一般操作程序如下：

(1)设定测站点的三维坐标。

(2)输入后视点的坐标或后视方位角。当给定后视点的坐标时，全站仪会自动计算后视方向的方位角，并设定后视方向的水平度盘读数为其方位角。

(3)设置棱镜常数。

(4)设置大气改正值或气温、气压值。

(5)量仪器高、棱镜高并输入全站仪。

(6)照准目标棱镜，按坐标测量键，全站仪开始测距并显示测点的三维坐标。

2. 坐标测量应用实例

下面以拓普康(TOPCON)GTS—3000N 系列全站仪为例详细介绍坐标测量操作过程：可以在(↖↘)坐标测量键下测量，也可以在[MENU]菜单下操作，以[MENU]菜单下数据采集为例进行坐标测量操作如下(表 2-14)：

坐 标 测 量 操 作　　　　表 2-14

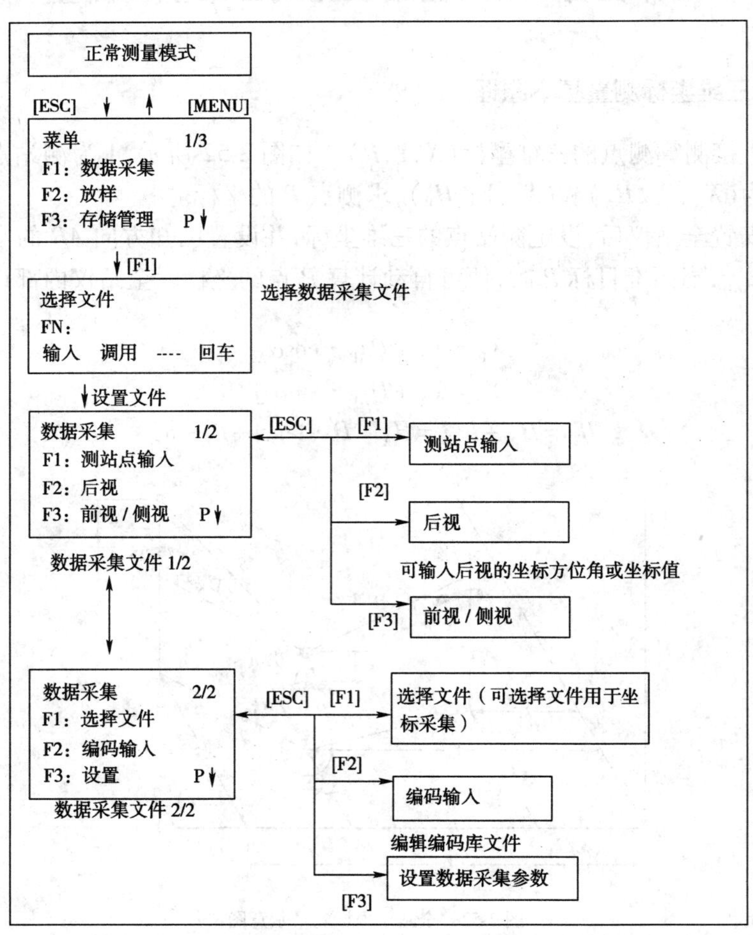

1)测站点输入(表2-15)

测站点输入 表2-15

操作过程	操作	显示
(1)由数据采集文件1/2按[F1](测站点输入)键显示的数据为原有数据	[F1]	点号 →PT-01 2/2 标识符: 仪高: 输入 查找 记录 测站
(2)按[F4](测站)键	[F4]	测站点 点号:PT-01 输入 调用 坐标 回车
(3)按[F1](输入)键	[F1]	测站点 点号:PT-01 … …[CLR] [ENT]
(4)输入PT#,按[F4](ENT)键	输入PT#,按[F4]	点号 →PT-11 标识符: 仪高: 0.000m 输入 查找 记录 测站
(5)输入标识符,仪器高	输入标识符,仪器高[F3]	点号 →PT-11 标识符: 仪高: 1.335m 输入 查找 记录 测站 >记录? [是] [否]
(6)按[F3](记录)键	[F3]	数据采集 1/2 F1:测站点输入 F2:后视 F3:前视/侧视 P↓
(7)按[F3](是)键,显示屏返回数据采集文件1/2	[F3]	

2)后视点输入(表2-16)

后视点输入 表2-16

操作过程	操　作	显　示
(1)由数据采集文件1/2按[F2]显示原有数据	[F2]	点号 →PT-01 标识符: 仪高: 0.000m 输入 置零 测量 后视
(2)按[F4]	[F4]	后视 点号 输入 调用 NE/AZ 回车
(3)按[F1](输入)键。每次按(NE/AZ)键,输入方法就在坐标和坐标方位角之间转换	[F1]	N 0.000m E 0.000m Z 0.000m >OK? [是] [否]
(4)按[F3](是)键,按同样方法,输入点编码,反射镜高	[F3]	后视点----PT-22 编码: 镜高: 0.000m 输入 置零 测量 后视
(5)按[F3](测量)键	[F3]	后视点----PT-22 编码: 镜高: 0.000m 角度 斜距 坐标 NP/P
(6)照准后视点选择一种测量模式进行测量,屏幕自动返回数据采集文件	照准后视点 [F2]	V:90°00′00″ HR: 0°00′00″ SD*[n] << m >测量…… 数据采集 1/2 F1:测站点输入 F2:后视 F3:前视/侧视 P↓

3)待测点坐标测量

输入待测点点号、编码、棱镜高,即可进行坐标测量。测量数据被存储后,显示屏变换下一个镜点,点号自动增加,即可进行下一个点的坐标测量。

3.基本技术参数说明

1)存储管理菜单操作

按[MENU]键进入菜单 MENU 的 1/3 页,选择[F3]进入存储管理模式。

(1)查找数据。可查找数据采集模式或放样模式下记录文件中的数据。在查找模式下,点名(PT#)、标识符、编码、仪器高和棱镜高可以通过[编辑]键进行更改,但测量数据不能更改。

在此状态下[F1](测量数据)键可查找点号、标识符、仪器高和棱镜高。

在此状态下[F2](坐标数据)键可查找 N、E、Z 坐标和编码。

(2)文件维护。文件维护模式下可进行更改文件名、查找文件中的数据和删除文件操作。

文件识别符号(*、@、&):表示该文件的使用状态。

对于测量数据,* 表示测量采集模式下被选定的文件。

对于坐标数据,* 表示放样模式下被选定的文件,@ 表示数据采集模式下被选定的坐标文件,& 表示放样和数据采集模式下被选定的坐标文件。

数据类型识别符号(M、C):位于四位数字之前,表示数据类型,M 表示测量数据,C 表示坐标数据;四位数字表示文件中数据的总数。

放样点和控制点的坐标数据可直接由键盘输入,在存储管理模式 2/3 菜单下,选择[输入坐标]键即可输入坐标,并存入到一个文件内。

2)选择模式

要进入选择模式需要同时按 F2 + POWER 键开机。

在此模式下可进行如下设置(表 2-17)。

选择模式下的设置 表 2-17

菜单	项 目	选 择 项	内 容
1 单位设置	温度和气压	C/F hPa/mmHg/inHg	选择大气改正用的温度和气压单位
	角度	DEG(360°) /GON(400G)/MIL(640M)	选择测角单位,deg/gon/mil(度/哥恩/密位)
	距离	METER/FEET/FEET 和 inch	选择测距单位,m/ft/ft. in(米/英尺/英尺.英寸)
	英尺	美国英尺/国际英尺	选择 m/ft 转换系数 美国英尺 1m = 3.2808333333333ft 国际英尺 1m = 3.280839895013123ft
2 模式设置	开机模式	测角/测距	选择开机后进入测角模式或测距模式
	精测/粗测/跟踪	精测/粗测/跟踪	选择开机后的测距模式,精测/粗测/跟踪
	平距/斜距	平距和高差/斜距	开机后优先显示的数据项,平距和高差或斜距
	竖角 ZO/HO	天顶 0/水平 0	选择竖直角读数从天顶方向为零基准或水平方向为零基准
	N 次/重复	*N* 次/重复	选择开机后测距模式,*N* 次/重复测量
	测量次数	1 ~ 99	设置测距次数,若设置 1 次,即为单次测量

续上表

菜单	项 目	选 择 项	内 容
2 模式设置	NEZ/ENZ	NEZ/ENZ	选择坐标显示顺序,NEZ/ENZ
	HA 存储	开/关	设置水平角在仪器关机后可被保存在仪器中
	ESC 键模式	数据采集/放样/记录/关	可选择[ESC]键的功能。 数据采集/放样:在正常测量模式下按[ESC]键,可以直接进入数据采集模式下的数据输入状态或放样菜单。 记录:在进行正常或偏心测量时,可以输出观测数据。 关:回到正常功能
	坐标检查	开/关	选择在设置放样点时是否要显示坐标(开/关)
	EDM 关闭时间	1 ~99	设置电测测距(EDM)完成后到测距功能中断的时间可以选择此功能,它有助于缩短从完成测距状态到启动测距的第一测量时间(缺省值为 3min)。 0:完成测距后立即中断测距模式。 1 ~98:在 1 ~98min 后中断。 99:测距功能一直有效
	精读数	0.2/1mm	设置测距模式(精测模式)最小读数单位 1mm 或 0.2mm
	偏心竖角	自由/锁定	在角度偏心测量模式中选择垂直角设置方式。 FREE:垂直角随望远镜上、下转动而变化。 HOLDA:垂直角锁定,不因望远镜转动而变化
	无棱镜/棱镜	无棱镜/棱镜	选择开机时距离测量的模式
	激光对中器关闭时间(仅适用于激光对中类型)	1 ~99	激光对中功能可自动关闭。 1 ~98:在激光对中器工作 1 ~98min 后自动关闭。 99:人工控制关闭
3 其他设置	水平角蜂鸣声	开/关	说明每当水平角为 90°时是否发出蜂鸣声
	信号蜂鸣声	开/关	说明在设置音响模式下是否发出蜂鸣声
	两差改正	关/K=0.14/K=0.20	设置大气折光和地球曲率改正,折光系数有:K=0.14 和 K=0.20 或不进行两差改正
	坐标记忆	开/关	选择关机后测站点坐标、仪器高和棱镜高是否可以恢复
	记录类型	REC—A/REC—B	数据输出的两种模式:REC—A 或 REC—B。 REC—A:重新进行测量并输出新的数据。 REC—B:输出正在显示的数据
	ACK 模式	标准方式/省略方式	设置与外部设备进行通信的过程。 STANDARD:正常通信。 OMITED:即使外部设备略去[ACK]联络信息数据也不再被发送
	格网因子	使用/不使用	确定在测量数据计算中是否使用坐标格网因子
	挖与填	标准方式/挖和填	在放样模式下,可显示挖和填的高度,而不显示 dZ
	回显	开/关	可输出回显数据
	对比度	开/关	在仪器开机时,可显示用于调节对比度的屏幕并确认棱镜常数(PSM)和大气改正值(PPM)

【完成项目要领提示】

完成一条导线测量项目的基本流程如图2-53所示：

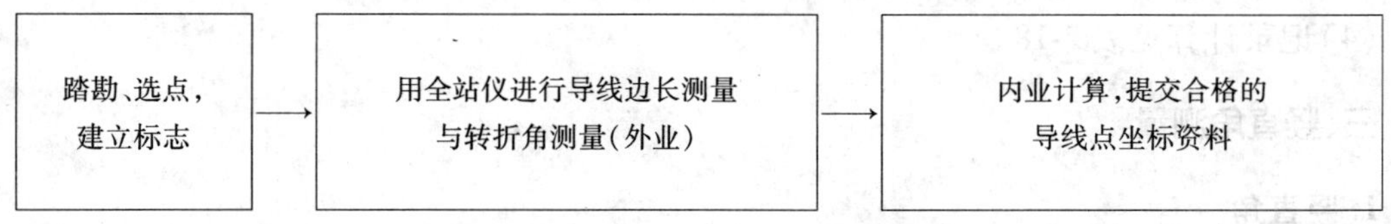

图2-53 导线测量基本流程图

（1）首先收集测区已有地形图和已有高级控制点的成果资料，将控制点展绘在原有地形图上，然后在地形图上拟订导线布设方案，最后到野外踏勘，核对、修改、落实导线点的位置，并建立标志，合理确定一条导线观测路线。

（2）导线测量外业实施时，主要是应用全站仪测角、量边，测量者首先根据测量的具体要求，测前应通过仪器的键盘操作来选择和设置参数。主要包括：观测条件参数设置、距离测量中的模式选择、棱镜常数的设置、通信条件参数的设置和计量单位的设置。观测过程中要严格执行操作规程，符合相应等级的导线技术要求，工作要细心，加强校核，防止错误。另外，测量中应注意测距仪的测距头不能直接照准太阳，以免损坏测距的发光二极管，在阳光下或阴雨天气进行作业时，应打伞遮阳、遮雨，全站仪在迁站时，即使很近，也应取下仪器装箱，在整个操作过程中，观测者不得离开仪器，以避免发生意外事故。

（3）外业结束后，应全面检查导线测量外业记录，检查数据是否齐全，有无记错、算错，成果是否符合精度要求，起算数据是否准确。然后绘制导线略图，把各项数据注于图上相应位置，然后将校核过的外业观测数据及起算数据填入坐标计算表，进行内业计算。最后将合格的导线点坐标成果资料上交。

【知 识 小 结】

一、经纬仪及使用

1. 光学经纬仪的技术操作方法

光学经纬仪的技术操作方法为：对中—整平—瞄准—读数。其中，经纬仪的安置包括整平和对中。

2. 光学经纬仪几何轴线之间的关系

光学经纬仪几何轴线之间的关系为：视准轴垂直横轴（$CC \perp HH$）；横轴垂直仪器竖轴（$HH \perp VV$）；水准管轴垂直仪器竖轴（$LL \perp VV$）；竖盘指标差为零（$x=0$）；光学对中器视准轴与仪器竖轴重合；十字丝竖丝垂直横轴。

二、水平角测量

1. 水平角

地面上两条直线之间的夹角在水平面上的投影称为水平角。

2. 用测回法观测水平角

(1)盘左:从左目标 A 至右目标 B 按顺时针方向观测;半测回角值 $\beta_{左}=b_1-a_1$。

(2)盘右:从右目标 B 至左目标 A 按逆时针方向观测;半测回角值为 $\beta_{右}=b_2-a_2$。

(3)水平角:$\beta=1/2(\beta_{左}+\beta_{右})$。

(4)记录计算见表 2-18。

三、竖直角测量

1. 竖直角

视线与水平线之间的夹角称为竖直角。

2. 竖直角计算公式的确定

(1)校核竖直角的计算公式:$\begin{cases}\alpha_{左}=L-90°\\ \alpha_{右}=270°-R\end{cases}$或$\begin{cases}\alpha_{左}=90°-L\\ \alpha_{右}=R-270°\end{cases}$。

(2)计算平均竖直角值:$\alpha=\dfrac{1}{2}(\alpha_{左}+\alpha_{右})$。

(3)计算竖盘指标差:$x=\dfrac{1}{2}(L+R-360°)$。

四、直线定向

1. 直线定向

直线定向用于确定直线方向与标准方向之间的关系。

2. 标准方向

标准方向包括真子午线方向、磁子午线方向、坐标纵轴方向。

3. 直线方向的表示

直线方向常用方位角表示。

方位角——以标准方向为起始方向顺时针转到该直线的水平夹角。

坐标方位角——以坐标纵轴方向为起始方向顺时针转到该直线的水平夹角。

正、反方位角——一条直线的正、反坐标方位角相差 180°,即 $\alpha_{12}=\alpha_{21}\pm180°$。

五、罗盘仪及使用

罗盘仪是利用磁针确定直线方向的一种仪器。其使用方法如下:

在站点安置罗盘仪—照准目标—松开磁针制动螺旋—待磁针静止后读取磁方位角数值。

六、全站仪及使用

1. 全站仪的测量功能

全站仪可以进行角度(水平角、竖直角)测量、距离测量、坐标测量。

2. 全站仪的基本操作

(1)识别显示窗及操作键。

(2)安置仪器与棱镜。

(3)开机并确定测量模式。

(4)进行角度测量或距离测量。

(5)进行坐标测量。

七、全站仪导线测量

1. 基本公式

(1)导线坐标正算公式:

$$X_i = X_{i-1} + \Delta X_{i-1,i} = X_{i-1} + D_{i-1,i} \cdot \cos\alpha_{i-1,i}$$
$$Y_i = Y_{i-1} + \Delta Y_{i-1,i} = Y_{i-1} + D_{i-1,i} \cdot \sin\alpha_{i-1,i}$$

(2)导线坐标反算公式:

边长
$$D_{i-i,i} = \sqrt{\Delta X^2_{i-i,i} + \Delta Y^2_{i-i,i}}$$
$$\Delta X_{i-i,i} = X_i - X_{i-1}$$
$$\Delta Y_{i-i,i} = Y_i - Y_{i-1}$$

反算角值
$$\alpha' = \tan^{-1}\frac{\Delta Y}{\Delta X}$$

当 $\Delta X < 0$ 时,坐标方位角 $\alpha = \alpha' + 180°$;

当 $\Delta X > 0$ 时,坐标方位角 $\alpha = \alpha' + 360°$。

(3)坐标方位角的推算:

$$\alpha_{前} = \alpha_{后} \pm 180° \begin{matrix} +\beta_{左} \\ -\beta_{右} \end{matrix}$$

(当 $\alpha_{后} > 180°$时,取"−";当 $\alpha_{后} < 180°$时,取"+")

2. 闭合导线坐标计算

(1)计算角度闭合差 f_β 并进行调整:

$$f_\beta = \sum\beta_{测} - (n-2) \cdot 180° \quad V_{\beta i} = -\frac{f_\beta}{n}$$

(2)推算各边的坐标方位角。

(3)计算各边的坐标增量 ΔX、ΔY:

$$\Delta X = D \cdot \cos\alpha$$
$$\Delta Y = D \cdot \sin\alpha$$

(4)计算纵、横坐标增量闭合差 f_X、f_Y 和导线全长闭合差 f_D 及相对误差 K,并进行增量闭合差调整:

$$f_X = \sum\Delta X_{算} \qquad f_Y = \sum\Delta Y_{算} \qquad f_D = \sqrt{f_X^2 + f_Y^2}$$

$$K = \frac{1}{\sum D / f_D} \qquad V_{\Delta Xi} = -\frac{f_X}{\sum D} \cdot D_i \qquad V_{\Delta Yi} = -\frac{f_Y}{\sum D} \cdot D_i$$

(5)计算各导线点的坐标 X_i、Y_i:

$$X_i = X_{i-1} + \Delta X_{i-1,1}$$
$$Y_i = Y_{i-1} + \Delta Y_{i-1,1}$$

3. 附合导线坐标计算

附合导线坐标计算步骤与闭合导线相同,只是角度闭合差 f_β 和纵、横坐标增量闭合差 f_X、f_Y 的计算公式不同而已。

八、三角高程测量

高程计算公式:$H_B = H_A + h_{AB} = H_A + D \cdot \tan\alpha + i - s$。

【知识检验】

一、填空题

1. 经纬仪进行测量前的安置工作包括对中和____________两个主要步骤。

2. 经纬仪中的三轴误差是指(　　)、(　　)和(　　)。

3. 竖直角有正、负之分,仰角为(　　),俯角为(　　)。

4. 直线定向所依据的标准方向线有(　　)、(　　)和(　　)。

5. 某直线的坐标方位角 $\alpha_{AB}=170°$,则 α_{BA} 等于(　　)。

6. 罗盘仪是一种测定直线(　　)的仪器。

7. 控制测量分为(　　)、(　　)两大类。

8. 经纬仪十字丝板上的上丝和下丝主要是在测量(　　)时使用。

二、判断题

1. 竖直角是在同一竖直面内,视线与水平线的夹角。(　　)

2. 当经纬仪的望远镜在同一竖直面内上下转动时,水平度盘读数相应改变。(　　)

3. 用经纬仪盘左、盘右观测水平角可以消除视准轴与横轴不垂直的误差。(　　)

4. 由子午线北端逆时针量到某一直线的夹角称为该直线的方位角。(　　)

5. 闭合导线各点的坐标增量代数和的理论值应等于0。(　　)

6. 一条直线的正、反方位角之差应为180°。(　　)

7. 平面控制测量只有导线一种形式。(　　)

三、选择题

1. 经纬仪观测某一点的水平方向值时,如果在该点竖立花杆作为观测标志,那么瞄准部位尽可能选择花杆的(　　)。

A. 底部　　B. 顶部　　C. 中部

2. 水平角观测时,采用盘左、盘右观测是为了消除(　　)。

A. 十字丝误差　　B. 对中误差　　C. 视准轴与横轴不垂直的误差

3. 以下测量中不需要进行对中操作的是(　　)。

A. 水平角测量　　B. 水准测量　　C. 垂直角测量　　D. 三角高程测量

4. 已知直线 AB 的坐标方位角为186°,则直线 BA 的坐标方位角是(　　)。

A. 96°　　B. 276°　　C. 6°

5. 罗盘仪可以测定一条直线的(　　)。

A. 真方位角　　B. 磁方位角　　C. 坐标方位角

6. 测量竖直角时,采用盘左、盘右观测,其目的之一是可以消除(　　)对竖直角的影响。

A. 对中误差　　B. $2c$ 差　　C. 指标差

7. 经纬仪观测某一点的水平方向值时,应该用(　　)瞄准目标。

A. 十字丝交点　　B. 横丝　　C. 竖丝

四、简答题

1. 经纬仪的技术操作包括哪些内容?

2. 叙述经纬仪对中、整平的步骤。

3. 叙述用测回法观测水平角的观测程序。

4. 叙述光学经纬仪观测竖直角的操作步骤。

5. 经纬仪有哪些主要轴线？它们之间应满足怎样的几何关系？为什么必须满足这些几何关系？

6. 观测水平角时采用盘左、盘右观测方法，可以消除哪些误差对测角的影响？

7. 什么是坐标正算？什么是坐标反算？坐标反算时坐标方位角如何确定？

8. 什么叫坐标方位角、正(反)方位角？

9. 全站仪有哪些主要功能？

10. 导线测量的目的是什么？其外业工作如何进行？

11. 如何计算闭合导线和附合导线的角度闭合差？

12. 何谓导线坐标增量闭合差？何谓导线全长相对闭合差？坐标增量闭合差是根据什么原则进行分配的？

13. 闭合导线与附合导线的内业计算有何异同点？

14. 叙述全站仪三角高程测量的全过程。

五、计算题

1. 用测回法观测水平角，其观测数据如表 2-18，试计算各测回角值。

2. 测量小组利用全站仪测三角高程，已知测站点 A 高程为 100m，仪器高为 1.3m，棱镜高为 1.5m，所测的竖直角为 $3°26'$，AB 间斜距为 478.568m，求 AB 间平距及 B 点高程。

水平角观测数据 表 2-18

测站	盘位	目标	水平度盘读数(° ′ ″)	水平角(° ′ ″)		备注
				半测回水平角	测回值	
O	左	*A*	00 00 12			（图：O、A、B）
		B	304 40 30			
	右	*A*	180 00 48			
		B	124 40 54			
M	左	*C*	00 01 10			（图：M、C、D）
		D	60 40 20			
	右	*C*	180 02 40			
		D	240 41 40			

3. 在 O 点架设经纬仪，观测 M、N 两点，其竖盘读数如表 2-19。

(1) 试计算各竖直角；

(2)求竖盘指标差 x。

竖盘读数 表 2-19

测站	目标	盘位	竖盘读数 (° ′ ″)	指标差 (″)	一测回竖直角 (° ′ ″)	备注
O	M	左	69 17 24			
		右	290 41 54			
	N	左	98 35 48			
		右	261 23 40			

4. 某闭合导线,其横坐标增量总和为 −0.35m,纵坐标增量总和为 +0.46m,如果导线总长度为 1 216.39m,试计算导线全长相对闭合差和边长每 100m 的坐标增量改正数。

5. 图 2-54 为闭合导线,已知 $\alpha_{12}=143°07'15''$,P_1 点坐标 $X_{P1}=539.740\text{m}$,$Y_{P1}=6\ 484.080\text{m}$,观测数据如表 2-20 所列,求闭合导线各点坐标。

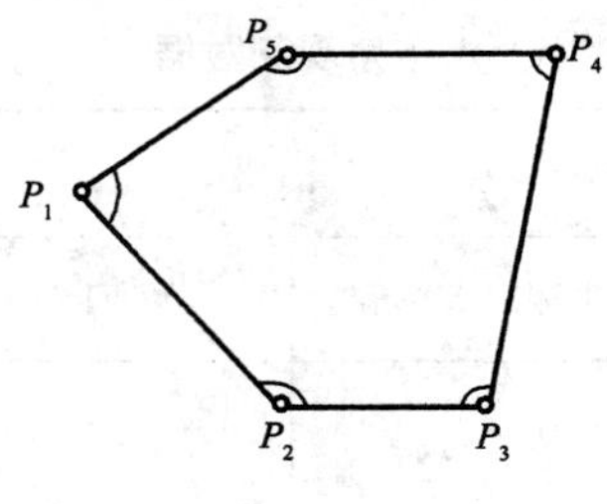

图 2-54

表 2-20

点号	角值(° ′ ″)	边长(m)
P_1	60 33 15	
		155.55
P_2	156 00 30	
		25.77
P_3	88 58 00	
		123.68
P_4	95 23 00	
		76.57
P_5	139 05 00	
		111.09
P_1		

6. 如图 2-55，支导线计算的起算数据为：
M(5 328 265.189，47 354 287.354)；
N(5 328 271.546，47 354 886.752)。
观测数据为：$\beta = 84°26'24''$；$D = 218.438$m。
试计算 P 点的坐标值。

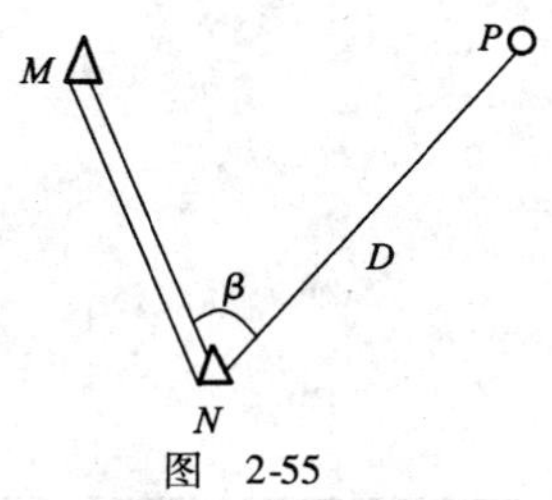

图 2-55

【项目综合训练】

每个小组设计一条闭合导线，自己选取 5 个导线点，建立标志，在已知两个导线点坐标(或已知一个导线点和一边坐标方位角)的前提下，通过外业测量(全站仪测角、测距)与内业计算得到合格的图根导线点成果资料。

1. 仪器准备。每组由仪器室借领：全站仪 1 台、棱镜 2 块、木桩 5 个、斧子 1 把、导线外业记录表格、导线内业计算表格。

2. 每个小组平均由 5 名同学组成，其中立镜 2 名、记录员 1 名、观测员 1 名，每个同学可观测一站，采取轮换制，最终以小组的观测成果为评价标准。

项目 3

地形图测绘与应用

【项目导入】

地形图是国家进行经济建设和国防建设的重要资料。道路的选线和施工，水库的设计和修建，农业规划，工业布局，以及地质、土壤、植被、土地利用等专业考察和区域开发，都要使用地形图。在军事上，地形图尤为重要，被称为军队的眼睛；在各项工程的勘测、规划设计和施工等阶段，大比例尺地形图是非常重要的地形资料，特别是在规划设计阶段，不仅要以地形图为底图，进行总平面的布设，而且还要根据需要，在地形图上进行一定的量算工作，以便因地制宜地进行合理的规划和设计。为此我们必须具备一定的识图、用图和绘图知识，本部分将主要介绍地形图的测绘方法及其应用方面的知识。

【知识与技能目标】

1. 理解地形图、比例尺精度、分幅与编号、图名、坐标格网的概念；
2. 掌握碎部测量的方法（经纬仪测绘法为主）及地形图绘制的方法；
3. 掌握利用地形图确定图上点的坐标和高程、距离、方位、坡度，绘制断面图，进行面积计算和土石方计算等；
4. 掌握地物描绘、等高线勾绘、地形图的拼接、整饰和检查方面的知识；
5. 了解数字化测图的基本原理和方法。

工作任务1　识读地形图

若想很好地使用一幅地形图,必须具备下列知识。

一、地形图的基本知识

1. 地形图的概念

地球表面的固定物体,如建筑物、道路、河流等称为地物;地球表面各种高低起伏的形态,如高山、悬崖、谷地等称为地貌。地物和地貌总称为地形。地形图是按一定的比例尺,用规定的符号和一定的表示方法表示地物和地貌的平面位置和高程的正投影图。

在测区面积不大的情况下,可以不考虑地球曲率的影响,而直接将地面上各种要素沿铅垂线投影到平面上、按比例尺缩绘成地形图。但是,当测区面积较大的情况下,要把地面上的地物、地貌描绘到平面图纸上,必须顾及地球曲率的影响。

2. 地形图的认识及基本数学要素

在地形图的图框外标绘有许多注记和图表,它们是地形图上必不可少的内容,如图 3-1 所示。

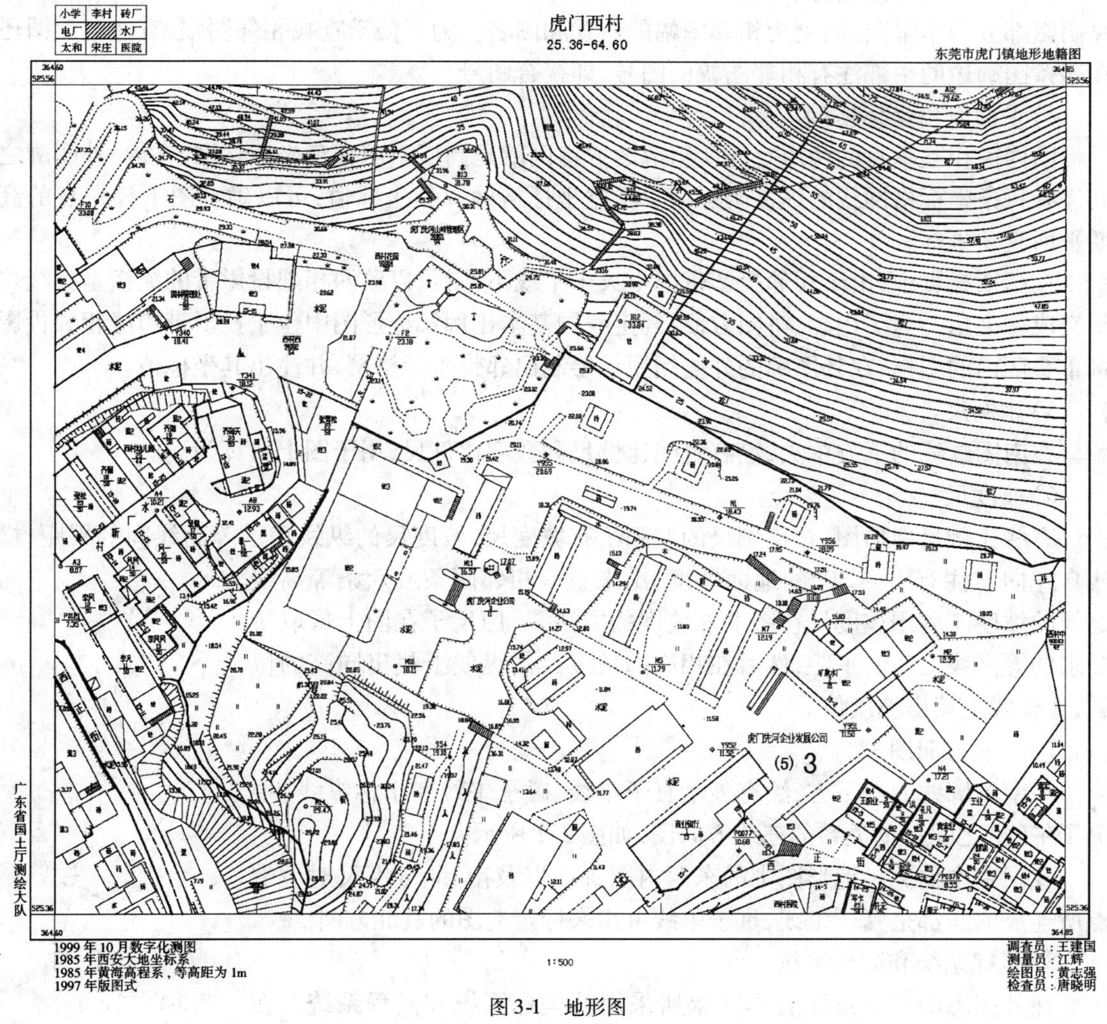

图 3-1　地形图

1)图廓

地形图的图廓分为内图廓和外图廓。

内图廓是图幅范围的边界线。由经纬线分幅的国家基本比例尺地形图,其内图廓是经线和纬线,在内图廓的四角注有该图廓点的经纬度。矩形图幅的内图廓线由纵横坐标线构成,其四角注有该图廓点的平面直角坐标值。

外图廓是绘制在内图廓外边的加粗线,它把图廓线内外的内容分开并起到装饰作用。由经纬线分幅的地形图,在内外图廓之间还绘有分度尺,分度尺是经纬线图廓的加密分画,它是将图廓四边的经纬线长度分别按1′的经差和纬差进行划分并用单双线或黑白相间线段绘出。利用分度尺可构成经纬线格网,借助格网可以更方便、更精确地量算出图内任一点的大地坐标。

2)图名和图号

图名和图号标注于北图廓外的中央。图名是本幅图的名称,一般用图内最著名或重要的地名命名。图号就是图的编号,注在图名的下面。在地形图的图号下面还注有本图幅范围所属的行政区划名。

3)接图表和接合图号

在图廓外左上角绘有接图表,用于说明本图幅与相邻八个方向图幅位置的相邻关系。中央阴影部分为本幅图,四周为相邻图幅的位置和图名。为了便于查找相邻图幅,有些地形图还在四条图廓边的中部注有相邻图幅的图号,即接合图号。

4)平面直角坐标格网

图内由相互垂直的两组直线所组成的方格网就是高斯平面直角坐标格网,在内、外图廓之间注有每条坐标格网线的纵横坐标值。根据坐标格网及其坐标值,可以确定图上任一点的高斯平面直角坐标。

在高斯投影中,由于相邻投影带的中央子午线不平行,以致两相邻投影带的纵横坐标线均斜交成一夹角。为了用图、拼图方便,规定我国基本比例尺地形图中位于投影带边缘相邻投影带重叠区内的图幅,在外图廓的外侧用短线绘制出邻带坐标格网,并注出其坐标值。

5)比例尺

在南图廓线的下方中央,绘有直线比例尺和数字比例尺,用于图上量算距离。

6)坡度尺

有些比例尺地形图,在比例尺的左侧绘有坡度尺,坡度尺的纵线表示等高线间的平距,横线自左向右注有1°~30°的地面坡度,用来量取相邻两条或六条等高线之间的坡度。利用坡度尺在图上求坡度的方法是,用尺子在图上量取所要求的等高线之间的平距,然后在相应的坡度尺的纵线上找出同高的位置,在横线上读出坡度值。

7)三北方向图

在南图廓线的右下方,绘有表示真子午线、磁子午线和坐标纵线(中央子午线)之间角度关系的三北方向图,如图3-2所示。

我国基本比例尺地形图中的东西内图廓线以及南、北分度尺对应端点所连成的线都是真子午线,真子午线可用来标定地图的真北方向。

8)坐标系统和高程系统

在外图廓的左下角注有本图幅所采用的坐标系统和高程系统。在

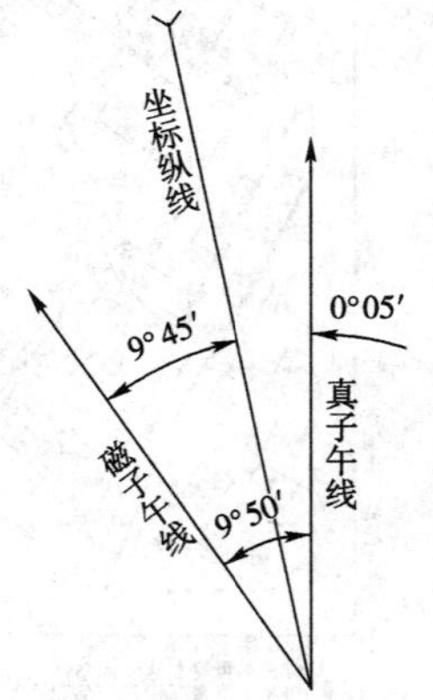

图3-2 三北方向图

1980 年以前,我国基本比例尺地形图一直采用 1954 年北京坐标系和 1956 年黄海高程系,以后改用 1980 年(西安)大地坐标系和 1985 年国家高程基准。其他地形图也有采用城市坐标系、独立平面直角坐标系及独立高程系的情况。

9)成图方法

在外图廓的右下角注有本图的成图方法。一般分航测成图、平板仪测图、经纬仪测图和数字化测图。

10)其他

除以上内容外,图上还标注有制图所依据的图示、测图单位、成图日期、出版日期、等高距、测量员、绘图员和检查员及地形图的密级等。

3. 地形图比例尺

地形图上任意一线段的长度与地面上相应线段的实际水平长度之比,称为地形图的比例尺。

1)比例尺种类

(1)数字比例尺。数字比例尺一般用分子为 1 的分数形式表示。设图上某一直线的长度为 d,地面上相应线段的水平长度为 D,则图的比例尺为:

$$\frac{d}{D}=\frac{1}{D/d}=\frac{1}{M}$$

式中:M——比例尺分母。

当图上 1cm 代表地面上水平长度 10m(即 1 000cm)时,比例尺就是 1:1 000。由此可见,分母 1 000 就是将实地水平长度缩绘在图上的倍数。比例尺的大小是以比例尺的比值来衡量的,分数值越大(分母 M 越小),比例尺越大。为了满足经济建设和国防建设的需要,测绘和编制了各种不同比例尺的地形图。通常称 1:1 000 000、1:500 000、1:200 000 为小比例尺地形图;1:100 000、1:50 000 和 1:25 000 为中比例尺地形图;1:10 000、1:5 000、1:2 000、1:1 000 和 1:500 为大比例尺地形图。按照地形图图式规定,比例尺书写在图幅下方正中处。

(2)图示比例尺。为了用图方便,以及减弱由于图纸伸缩而引起的误差,在绘制地形图时,常在图上绘制图示比例尺。1:1 000 的图示比例尺,绘制时先在图上绘两条平行线,再把它分成若干相等的线段,称为比例尺的基本单位,一般为 2cm;将左端的一段基本单位又分成十等分,每等分的长度相当于实地 2m。而每一基本单位所代表的实地长度为 2cm × 1 000 = 20m。图 3-3 为 1:500 的比例尺。

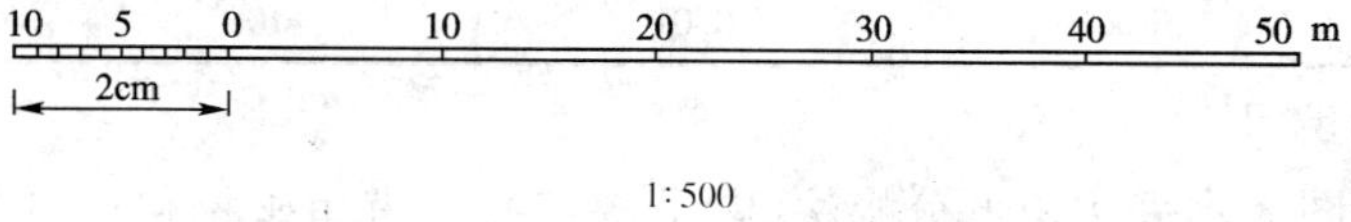

图 3-3 直线比例尺

2)比例尺精度

一般认为,人的肉眼能分辨的图上最小距离是 0.1mm,因此,通常把图上 0.1mm 所表示的实地水平长度,称为比例尺精度。

根据比例尺的精度,可以确定在测图时量距应准确到什么程度。例如,测绘 1:1 000 比例尺地形图时,其比例尺的精度为 0.1m,故量距的精度只需 0.1m,小于 0.1mm 在图上表示不出来。另外,当设计规定需在图上能量出的实地最短长度时,根据比例尺的精度,可以确定测图比例尺。比例尺越大,表示地物和地貌的情况越详细,精度越高。但是必须指出,同一测区,采用较大比例尺测图往往比采用较小比例尺测图的工作量和投资将增加数倍，因此采用哪一种比例尺测图，应从工程规划、施工实际需要的精度出发，不应盲目追求更大比例尺的地形图。

根据比例尺精度可以知道地面上量距应准确到什么程度，比例尺越大，表示地形变化的状况越详细，精度越高。所以测图比例尺应根据用图的需要来确定，工程常用的几种大比例尺地形图的比例尺精度，如表 3-1 所示。

比 例 尺 精 度 表 3-1

比例尺	1:500	1:1 000	1:2 000	1:5 000	1:10 000
比例尺精度	0.05m	0.1m	0.2m	0.5m	1m

4. 地形图的分幅和编号

为了便于测绘、管理和使用地形图，必须对大范围内的地形图进行科学、统一的分幅，并进行系统的编号。这项工作即为地形图的分幅和编号。

地形图分幅方法分为两类，一类是按经纬线分幅的梯形分幅法，常用于中小比例尺地形图的分幅；另一类是按坐标格网分幅的矩形分幅法。由于大比例尺地形图大多采用矩形分幅法，我们重点介绍矩形分幅和编号的方法。

1）矩形图幅的分幅

矩形分幅，它是按统一的直角坐标格网划分的。采用矩形分幅时，大比例尺地形图的编号，一般采用图幅西南角坐标公里数编号法。编号时，比例尺为 1:500 的地形图，坐标值取至 0.01km，而 1:1 000 、1:2 000 地形图取至 0.1km。

工程建设中的 1:200、1:500、1:1 000、1:2 000、1:5 000 比例尺地形图采用矩形分幅；图幅尺寸一般为 50cm×50cm 或 40cm×50cm，尤以正方形图幅为常用。无论是正方形图幅还是矩形图幅，图廓都是以整千米数或整百米数的平面直角坐标格网线划分的，左、右图廓边为纵格网线，上、下图廓边为横格网线。各种比例尺地形图常用图幅大小的规定见表 3-2。

矩形图幅的分幅及面积 表 3-2

比例尺	图幅大小（cm^2）	实地面积（km^2）	格网线间隔（cm）	$1km^2$ 所含图幅数
1:5 000	40×40	4	10	1/4
1:2 000	50×50	1	10	1
1:1 000	50×50	0.25	10	4
1:500	50×50	0.062 5	10	16
1:200	50×50	0.01	10	100

2）矩形图幅的编号

大比例尺地形图大多采用矩形分幅法，它是按统一的直角坐标格网划分的。采用矩形分幅时，大比例尺地形图的编号，一般采用图幅西南角坐标公里数编号法。其西南角的坐标 X = 3 530.0km，Y = 531.0km，所以其编号为 3 530.0—531.0。编号时，比例尺为 1:500 的地形图，坐标值取至 0.01km，而 1:1 000、1:2 000 地形图取至 0.1km。

某些工矿企业和城镇，面积较大，而且测绘有几种不同比例尺的地形图，编号时是以 1:5 000比例尺图为基础，并作为包括在本图幅中的较大比例尺图幅的基本图号。例如，某 1:5 000图幅西南角的坐标值 X = 20km，Y = 10km，则其图幅编号为“20—10”。这个图号将作为该图幅中的较大比例尺所有图幅的基本图号。也就是在 1:5 000 图号的末尾分别加上罗马字 I、II、III、IV，就是 1:2 000 比例尺图幅的编号。同样，在 1:2 000 图幅编号的末尾分别再加上Ⅰ、Ⅱ、Ⅲ、Ⅳ,就是1∶1 000图幅的编号,在1∶1 000比例尺的图号末尾再加上Ⅰ、Ⅱ、Ⅲ、Ⅳ,就是1∶500图幅的编号。

二、地物的表示方法

1. 地物的分类

地物按其成因可以分为自然地物和人工地物。自然地物主要包括河流、湖泊、森林、草地、独立岩石等。人工地物是经过人类物质生产活动改造的地物,如房屋、高压输电线、铁路、水渠、桥梁等。

地物依据其特性又可以分成七大类,如表3-3所示。

地 物 分 类　　表3-3

1	水系	江河、运河、沟渠、湖泊、池塘、井、泉、堤坝等及其附属物
2	居民地	城市、集镇、村庄、窑洞、蒙古包以及居民地的附属建筑物
3	道路网	铁路、公路、乡村路、大车路、小路、桥梁、涵洞以及附属建筑物
4	独立地物	三角点等各种测量控制点、亭、塔、碑、气象站等
5	管线垣栅	输电线路、通信线路、城墙、围墙、栅栏等
6	境界界碑	国界、省界、市界及其界碑等
7	土质植被	森林、果园、菜园、耕地、经济作物地、草地等

2. 地物的表示原则

能依比例尺表示的地物,则将它们水平投影位置的几何形状相似地描绘在地形图上,如房屋、双线河流、运动场等。或者是将它们的边界位置表示在图上,边界内再绘上相应的地物符号,如森林、草地、沙漠等。对于不能依比例尺表示的地物,在地形图上是以相应的地物符号表示在地物的中心位置上,如水塔、烟囱、纪念碑、单线道路、单线河流等。

3. 地物的表示依据

测绘地物必须根据规定的测图比例尺,按规范和图式的要求,经过综合取舍,将各种地物表示在图上。国家测绘局和有关的勘测部门制定的各种比例尺的规范和图式,是测绘地形图的依据,必须遵守。

4. 地物符号

地面上的地物在地形图上都是用简明、准确、易于判断实物的符号表示的,这些符号称为地形图图式,由国家测绘主管部门统一编制、印刷发行。地形图图式中地物的符号分为依比例符号、非依比例符号、线状符号(半依比例符号)和注记。

1)依比例符号

将垂直投影在水平面上的地物形状轮廓线,按测图比例尺缩小绘制在地形图上,再配合注记符号来表示地物的符号,称为依比例符号。在地形图上表示地物的原则是:凡能按比例尺缩小表示的地物,都用比例符号表示。

2)非比例符号

只表示地物的位置,而不表示地物的形状与大小的特定符号称为非比例符号。非比例符号均按直立方向描绘,即与南图廓垂直。非比例符号的中心位置与该地物实地的中心位置关系,随各种不同的地物而异,在测图和用图时应注意下列几点:

(1)规则的几何图形符号,如圆形、正方形、三角形等,以图形几何中心点为实地地物的中心位置,如图3-4所示。

(2)底部为直角形的符号,如独立树、路标等,以符号的直角顶点为实地地物的中心位置,如图3-5所示。

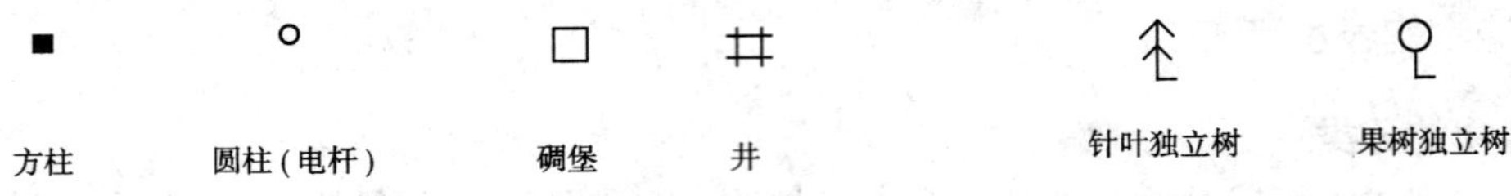

图3-4 规则的几何图形符号

图3-5 底部为直角形的符号

(3)宽底符号,如烟囱、岗亭等,以符号底部中心为实地地物的中心位置,如图3-6所示。

(4)几种图形组合符号,如路灯、消火栓等,以符号下方图形的几何中心为实地地物的中心位置,如图3-7所示。

(5)下方无底线的符号,如山洞、窑洞等,以符号下方两端点连线的中心为实地地物的中心位置,如图3-8所示。

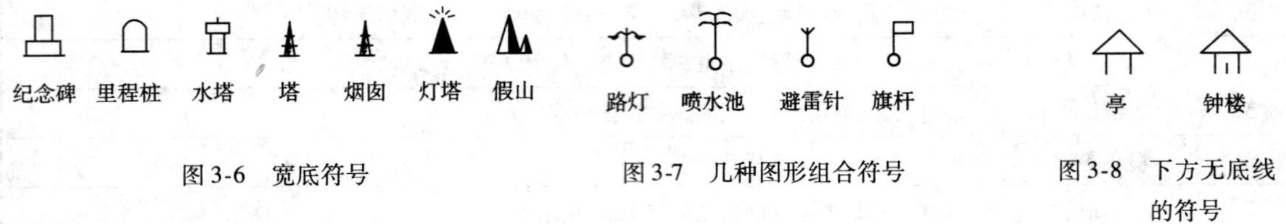

图3-6 宽底符号

图3-7 几种图形组合符号

图3-8 下方无底线的符号

3)半依比例符号

地物的长度可按比例尺缩绘,而宽度不按比例尺缩小表示的符号称为半比例符号。用半比例符号表示的地物常常是一些带状延伸地物,如铁路、公路、通信线、管道、垣栅等。这种符号的中心线,一般表示其实地地物的中心位置,但是城墙和垣栅等,地物中心位置在其符号的底线上,如图3-9所示。

4)注记符号

在地图上起说明作用的各种文字、数字,统称注记。注记常和符号相配合,说明地图上所表示的地物的名称、位置、范围、高低、等级、主次等。注记可分为名称注记、说明注记、数字注记。名称注记是指由不同规格、颜色的字体来说明具有专有名称的各种地形、地物的注记,如海洋、湖泊、河川、山脉的名称。说明注记是指用文字表示地形与地物质量和特征的各种注记,如表示森林树种的注记,表示水井底质的注记。数字注记指由不同规格、颜色的数字和分数式表达地形与地物的数量概念的注记,如高程、水深、经纬度等。为了鲜明、正确、便于读解的目的,注记的字体、规格和用途必须有统一规定。

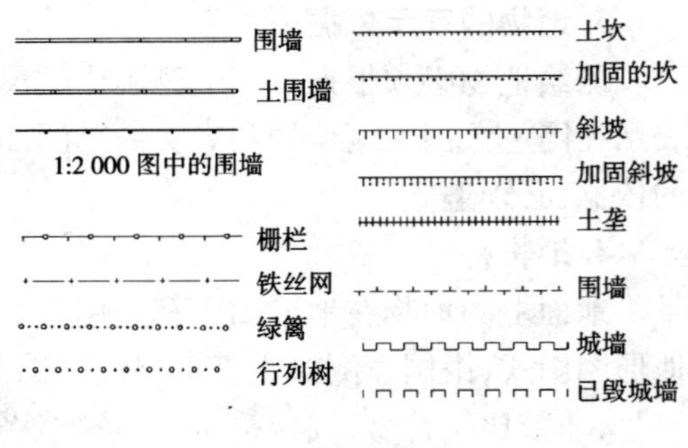

图3-9 半比例符号

三、地貌的表示方法

地貌是指地球表面的各种起伏形态,它包括山地、丘陵、高原、平原、盆地等。通常把地面倾斜角在3°以下,称为平地;倾斜角在3°~10°,称为丘陵;倾斜角10°~25°称为山地;超过25°的称为高山地。

在地形测绘中,表示地貌的方法很多,对于大比例尺地形图通常用等高线表示。下面就等高线的概念、特性作概要介绍。

1. 等高线的形成和定义

用不同高程而间隔相等的一组水平面 P_1、P_2、P_3 与地表面相截，在各平面上得到相应的截取线，将这些截取线沿着垂直方向正射投影到水平投影面 P 上，便得到表示该地表面的一些闭合曲线，即等高线。如图 3-10 所示的就是地面高程为 90m、95m、100m 的等高线，所以等高线就是地面上高程相等的相邻点连接而成的闭合圆滑曲线。

2. 等高距和等高线平距

两条相邻等高线的高差称为等高距。相邻等高线间的水平距离称为等高线平距。等高距越小，显示地貌就越详细，但等高距过小，图上等高线将很密，会使地形图不清晰。因此，要根据测图比例尺和地面倾斜角及其用图的目的来选择等高距。但在同一幅图内，等高距通常取定值。

3. 等高线的分类

等高线按其用途可分为首曲线、计曲线、间曲线和助曲线。如图 3-11 所示，在同一幅图上，按所选定的等高距描绘的等高线称为基本等高线（首曲线），用实线表示；在局部地区用基本等高线不足以表示地貌的实际状态时，可用二分之一等高距的等高线，称为半距等高线（间曲线），用长虚线表示；四分之一等高距的等高线称为辅助等高线（助曲线），用短虚线表示；为了读图方便，从高程 0m 起算每隔四根等高线需加粗一根，称为加粗等高线（计曲线）。

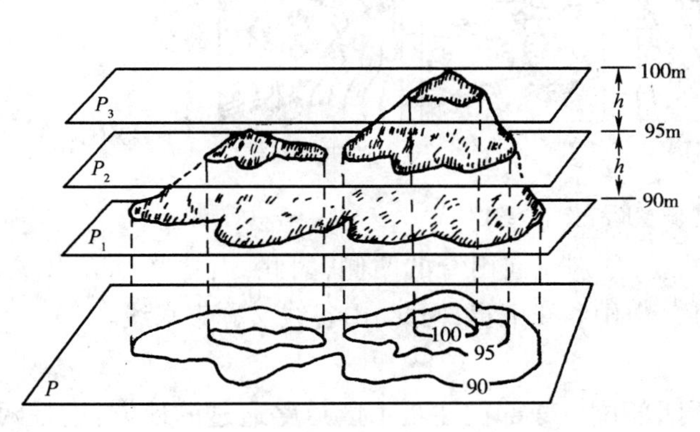

图 3-10 等高线示意图

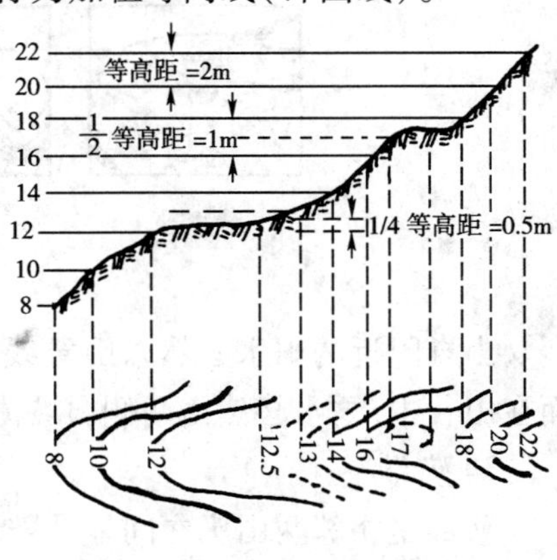

图 3-11 等高线分类示意图

4. 典型地貌等高线

地面上地貌的形态是多样的，对它进行仔细分析后，就会发现它们不外是几种典型地貌的综合。了解和熟悉用等高线表示典型地貌的特征，将有助于识读、应用和测绘地形图。为了更好地理解并判读地貌，列出以下几种典型地貌和等高线的对应关系，如图 3-12 所示。

1）山丘和洼地

山丘和洼地的等高线都是一组闭合曲线。在地形图上区分山丘或洼地的方法是：凡是内圈等高线的高程注记大于外圈者为山丘，小于外圈者为洼地。如果等高线上没有高程注记，则用示坡线来表示。

示坡线是垂直于等高线的短线，用以指示坡度下降的方向。示坡线从内圈指向外圈，说明中间高、四周低，为山丘。示坡线从外圈指向内圈，说明四周高、中间低，故为洼地。

2）山脊和山谷

山脊是沿着一个方向延伸的高地。山脊的最高棱线称为山脊线。山脊等高线表现为一组凸向低处的曲线。

山谷是沿着一个方向延伸的洼地,位于两山脊之间。贯穿山谷最低点的连线称为山谷线。山谷等高线表现为一组凸向高处的曲线。

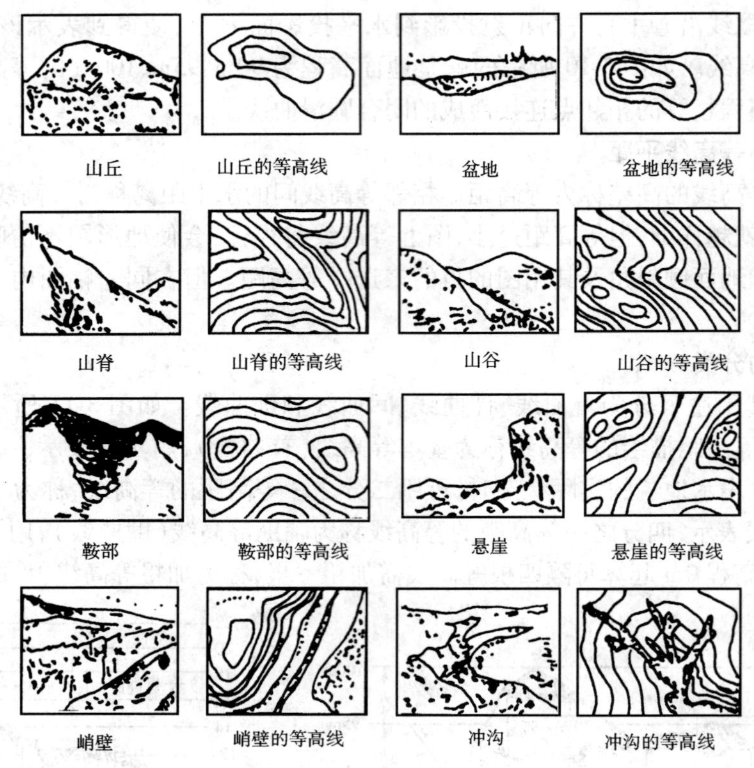

图 3-12 典型地貌及等高线图

山脊附近的雨水必然以山脊线为分界线,分别流向山脊的两侧,因此,山脊又称分水线。而在山谷中,雨水必然由两侧山坡流向谷底,向山谷线汇集,因此,山谷线又称集水线。

3)鞍部

鞍部是相邻两山头之间呈马鞍形的低凹部位。鞍部往往是山区道路通过的地方,也是两个山脊与两个山谷会合的地方。鞍部等高线的特点是在一圈大的闭合曲线内,套有两组小的闭合曲线。

4)悬崖陡壁

陡崖是坡度在70°以上的陡峭崖壁,有石质和土质之分。

悬崖是上部凸出,下部凹进的陡崖,这种地貌的等高线出现相交。俯视时隐蔽的等高线用虚线表示。

5. 等高线的特性

(1)在同一条等高线上各点的高程相等。

(2)每条等高线必为闭合曲线,如不在本幅图内闭合,也在相邻的图幅内闭合。

(3)不同高程的等高线不能相交。当等高线重叠时,表示陡坎或绝壁。

(4)山脊线(分水线)、山谷线(集水线)均与等高线垂直相交。

(5)等高线平距与坡度成反比。在同一幅图上,平距小表示坡度陡,平距大表示坡度缓,平距相等表示坡度相同。换句话说,坡度陡的地方等高线就密,坡度缓的地方等高线就稀。

(6)等高线跨河时,不能直穿河流,须绕经上游正交于河岸线,中断后再从彼岸折向下游。

等高线的这些特性是相互联系的,在测绘地形图时,正确运用等高线的特性,才能较逼真地显示地貌的形状。

工作任务2　完成某一区域的地形图测绘

一、地形图测绘前的准备工作

1. 收集资料与现场踏勘

测图前应将测区已有地形图及各种测量成果资料,如已有地形图的测绘日期,使用的坐标系统,相邻图幅图名与相邻图幅控制点资料等收集在一起。

现场踏勘则是在测区现场了解测区位置、地物地貌情况、通视、通行及人文、气象、居民地分布等情况,并根据收集到的资料找到测量控制点的实地位置,确定控制点的可靠性和可使用性。

收集资料与现场踏勘后,提出图根控制测量方案的初步意见。

2. 制订技术方案

根据测区地形特点及测量规范对图根点数量和技术的要求,确定图根点位置和图根控制形式及其观测方法等,如确定测区内水准点数目、位置、连测方法等。测图精度估算、测图中特殊地段的处理方法及作业方式、人员、仪器准备、工序、时间等亦均应列入技术方案之中。地表复杂区可适当增加图根点数目。

3. 图根控制测量

1)图根控制的作用

测区的高级控制点一般不可能满足大比例尺测图的需要,这时应布置适当数量的地形控制点,称为图根点,作为测图控制应用。

2)图根控制点测量的方法

图根控制点可在各等级控制点上采用经纬仪交会法、测距导线法、全站仪坐标法、三角高程、水准测量、GPS 等方法测量。

3)图根控制点的数量

地形控制点(包括已知高级控制点)的个数,应根据地形的复杂、破碎程度或隐蔽情况而决定其数量。

测区内图根点的个数,一般地区不宜小于表3-4 的规定。

图根控制点个数　　表3-4

测图比例尺	图幅尺寸(cm×cm)	解析控制点(个数)
1:500	50×50	8
1:1 000	50×50	12
1:2 000	50×50	15
1:5 000	40×40	30

4)图根控制点测量的过程(详见项目2)

4. 图纸准备

地形图的测绘一般是在野外边测边绘,因此测图前应先准备图纸。包括在图纸上绘制图廓和坐标格网，并展绘好各类控制点，包括首级控制点和图根点。

1）图纸选择

测图时，我们一般选用一面打毛，厚度为0.07～0.10mm，伸缩率小于0.2‰的聚酯薄膜作为图纸。聚酯薄膜坚韧耐湿，沾污后可洗，便于野外作业，图纸着墨后，可直接晒蓝图。但它有易燃、折痕不能消失等缺点。我们可以到测绘仪器用品商店购买印制好坐标格网的聚酯薄膜。图纸聚酯薄膜是透明的，测图前在它与测图板之间应衬以白纸或硬胶板。为了测绘、保管和使用方便，大比例尺地形图的图幅尺寸一般规定为50cm×50cm、40cm×50cm、40cm×40cm几种，可根据测区情况选择所需的图幅尺寸。

2）展绘控制点

坐标格网检查合格后，根据图幅在测区内的位置，确定坐标格网左下角坐标值，并将此值注记在内图廓与外图廓之间所对应的坐标格网处，如图3-13所示。展点可用坐标展点仪，将控制点、图根点坐标按比例缩小，逐个绘在图纸上。

首先根据控制点的坐标确定点所在的方格，然后计算出对应格网的坐标差数X'和Y'，按比例在格网和相对边上截取与此坐标相等的距离，最后对应连接相交即得点的位置。如图3-13中，要展绘1号点，其坐标$X_1=679.12$m，$Y_1=580.08$m，测图比例尺为1∶1 000。由坐标值可知1点所在方格（$X=650\sim750$，$Y=500\sim600$），其纵坐标$X=29.12$m，按比例在方格内截取29.12m得横线cd，横坐标$Y=80.08$m；按比例在本格网内截取80.08m得纵线ab，将相应截取的横线cd与纵线ab相交，其交点即为1点在图上的位置。在此点的右侧平画一短横线，在横线上方注明点号，横线的下方注明此点的高程。控制点展好后应检查各控制点之间的图上长度与按比例尺缩小后的相应实地长度之差，其差数不应超过图上长度的0.3mm，合格后才能进行测图。

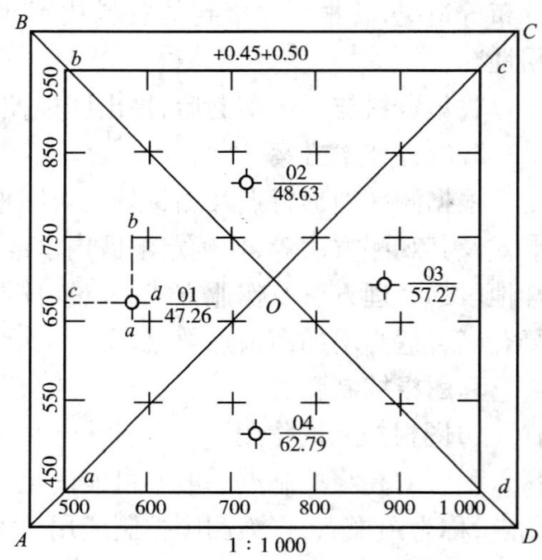

图3-13　展绘控制点

二、碎部测量的方法

地形图测绘是以相似形理论为依据，以图解法为手段，按比例尺的缩小要求，将地面点测绘到平面图纸上而成地形图的技术过程。地形图测绘亦称碎部测量，即以图根点（控制点）为测站，测定出测站周围碎部点的平面位置和高程，并按比例缩绘于图纸上。由于按规定比例尺缩绘，图上碎部点连接成的图形与实地碎部点连接的图形呈相似关系，其相似比值即地形图比例尺数值。

测绘地形图的方法很多，根据使用仪器不同，分为大平板仪测图、小平板仪配水准仪或小平板仪配经纬仪测图、经纬仪测图和光电测距仪测图法几种。对于小范围测图多采用经纬仪配量角器测图即经纬仪测绘法。做好测图工作的关键是要选好碎部点。

1. 碎部点的选择

碎部测量就是测定碎部点的平面位置和高程。地形图的质量在很大程度上取决于立尺员能否正确合理地选择地形点。碎部点的正确选择是保证测图质量和提高测图效率的关键。碎部点应选在地物和地貌的特征点上。

地物特征点就是决定地物形状的地物轮廓线上的转折、交叉、转弯等变化处的点及独立地物的中心点等，如房角点、道路转折点、交叉点、河岸线转弯点、窨井中心点等。连接这些特征点，便可得到与实地相似的地物形状。由于地物形状极不规则，一般规定主要地物凸凹部分在图上大于0.4mm均应表示出来，在地形图上小于0.4mm，可以用直线连接。次要地物凸凹部分在图上大于0.6mm应表示出来，小于0.6mm可以用直线连接。

地貌点应选在最能反映地貌特征的山脊线、山谷线等地性线上，如山顶、鞍部、山脊、山脚、谷底、谷口、沟底、沟口、洼地、台地、河川、湖池岸旁等的坡度和方向变化处。根据这些特征点的高程勾绘等高线，即可将地貌在图上表示出来。若选择正确，就可以逼真地反映地形现状，保证工程要求的精度；若选择不当，会使成图失真走样，歪曲地面形状，影响工程用图。

地形点的密度主要根据地形的复杂程度确定，也决定于测图比例尺和测图的目的。测绘不同比例尺的地形图，对碎部点间距有不同的限定，对碎部点距测站的最远距离也有不同的限定。表3-5、表3-6给出了地形测绘采用视距测量方法测量距离时的地形点最大间距和最大视距的允许值。

地形点最大间距和最大视距（一般地区） 表3-5

测图比例尺	地形点最大间距	最大视距	
		主要地物特征点	次要地物特征点和地形点
1:500	15	60	100
1:1 000	30	100	150
1:2 000	50	130	250
1:5 000	100	300	350

地形点最大间距和最大视距（城镇建筑区） 表3-6

测图比例尺	地形点最大间距	最大视距	
		主要地物特征点	次要地物特征点和地形点
1:500	15	50	70
1:1 000	30	80	120
1:2 000	50	120	200

2. 碎部点平面位置测定的基本方法

根据地形条件不同，测定碎部点平面位置的方法有极坐标法、直角坐标法、方向和距离交会法几种，其中以极坐标法应用最广泛。

1）极坐标法

该法是测定碎部点最基本的方法，根据测站点上的一个已知方向，测定已知方向与所求点方向的角度和量测测站点至所求点的距离，以确定所求点位置的一种方法。

它是以架设仪器的测站点到另一已知控制点（称为后视点）的方向线作为定向线，测定测站点至碎部点方向与定向线之间的水平夹角和测站点至碎部点之间的水平距离，从而确定碎部点位置的一种方法。如图3-14所示，A、B为实地两个已知控制点，在图上的相应点为a、b，房子为待测地物。将经纬仪安置在A点，经对中、整平并以AB方向为定向线进行仪器定向（以盘左位置瞄准B点，将水平度盘读数调至0°00′00″）后，用望远镜瞄准房角1，测量并计算出水平角和水平距离β_1、D_1；在图纸上绘出$a1'$的方向线并根据测图比例尺在此方向线上截取

图上长度 $a1'$，则图上 1′点就是实地房角 1 的位置。用同样方法可测得房角 2′、3′，根据房子的形状，在图上连接 1′、2′、3′各点便可得到房子在图上的位置。

此法适用于通视良好的开阔地区，施测的范围较大。测定地物时，绝大部分特征点的位置都是独立测定的，不会产生误差的累积。少数特征点测错时，在描绘地物、地貌时一般能从对比中发现，便于现场改正。

2）方向交会法

方向交会法又称角度交会法，是分别在两个已知点上对同一个碎部点进行方向交会以确定碎部点位置的一种方法。如图 3-15 所示，A、B 为地面上两个已知测站点，在图上的相应点为 a、b，河岸为待测地物。先将仪器安置在 A 点，经对中、整平并以 AB 线定向后，用望远镜瞄准河岸点 1 测得角度，依此在图上绘出 $a1'$方向线，然后测量 2 点、3 点，在图上依次绘出 $a2'$、$a3'$方向线。再将仪器迁移至 B 点，对中、整平，以 BA 线定向后，用同样的方法测量 1 点、2 点、3 点，在图上绘出 $b1''$、$b2''$、$b3''$各方向线。由 $a1'$和 $b1''$两方向线交得 1 点，同样方法交得 2、3 点，根据河岸的形状，在图上连接 1、2、3 点即得到河岸线在图上的位置。此法常用于测绘目标明显、距离较远、易于瞄准的碎部点。如电杆、水塔、烟囱等地物。优点是可不测距离而求得碎部点的位置，若使用恰当，可节省立尺点的数量，以提高作业速度。

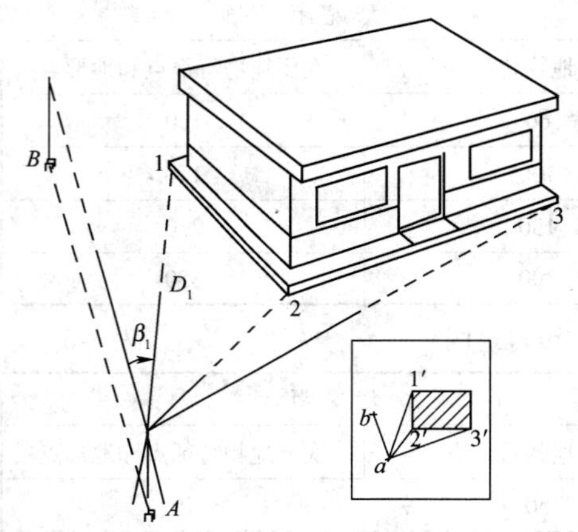

图 3-14　极坐标法测绘地物点

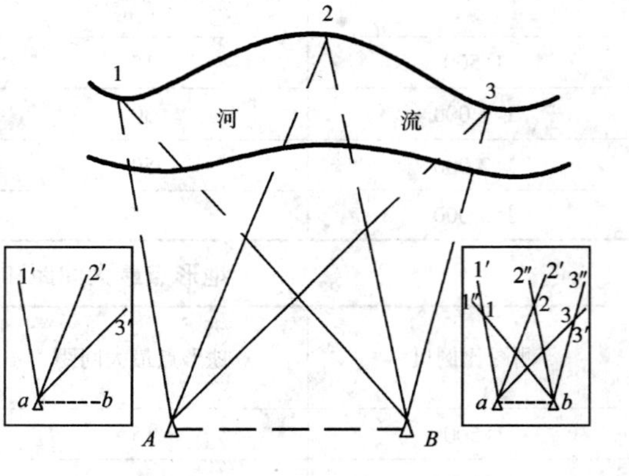

图 3-15　方向交会法

3）距离交会法

距离交会法是测量地形点到已知点的距离而交会出地形点位置的一种方法。常用于测设隐蔽在建筑群内部的一些地物点。如图 3-16 所示，测定已知点 1 至碎部点 M 的距离 D_1，测定已知点 2 至碎部点 M 的距离 D_2，便能确定该碎部点的平面位置。

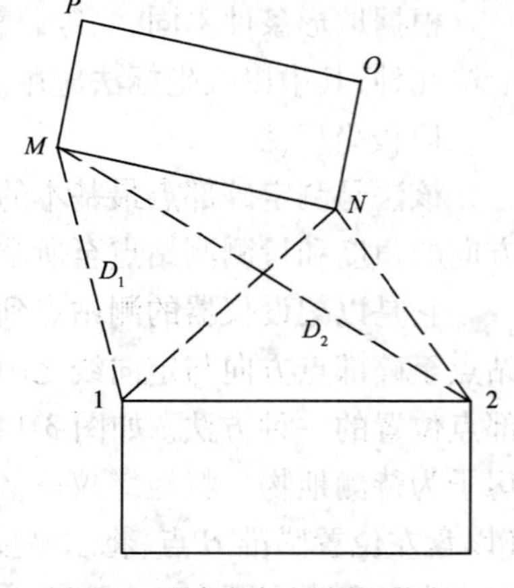

图 3-16　距离交会法测绘地物点

4）直角坐标法

直角坐标法是按直角坐标原理确定地物点平面位置的一种方法。

如图 3-17 所示，设 A、B 为控制点，碎部点 1、2、3 靠近 AB。以 AB 方向为 X 轴，找出碎部点在 AB 线上的垂足，用卷尺量出 X、Y，即可定出碎部点。测定碎部点的坐标可用全站仪或用经纬仪测定视距和水平角计算碎部点的坐标。

由于全站仪和计算机的普及，直角坐标法是数字化测图的一种常见方法。

3. 碎部点高程测量

碎部点高程测量通常采用经纬仪或平板仪三角高程测量的方法完成，具体方法如下。

1）视距测量公式

经纬仪（或水准仪）望远镜筒内十字丝分画板的上下两条短横丝，就是用来测量距离的，这样的两条短横丝称为视距丝，如图3-18a）所示。

在图3-18b）中，A 为测绘点，B 为欲测地形碎部点。在 A 点安置仪器，B 点立尺，读取上下视距丝在尺上的读数间隔 n 和中丝读数 v，以及竖直角 α，并量取仪器高 i，则 A、B 两点间的水平距离高 D 和高差 h 可用下式计算：

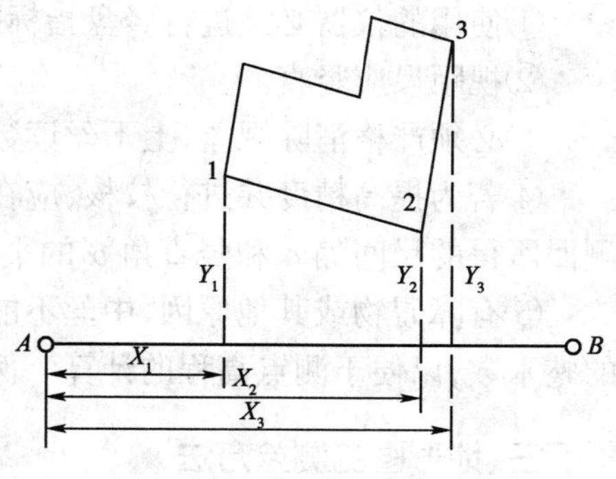

图3-17　直角坐标法测绘地物点

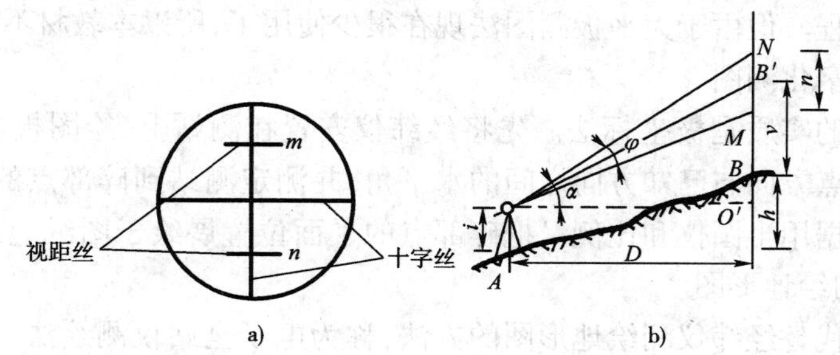

图3-18　视距测量示意图

a）十字丝图；b）视距测量

$$\left.\begin{aligned}D &= kn\cos^2\alpha \\ h &= D\tan\alpha + i - v\end{aligned}\right\} \tag{3-1}$$

式中：k——仪器乘常数，可取 $k=100$。

如果令 $\Delta = i - v$，在实际工作中只要能使所观测的中丝在尺上读数 v 等于仪器高 i，就可使 Δ 等于零，高差计算公式可简化为：

$$h = D\tan\alpha \tag{3-2}$$

立尺点 B 的高程计算公式应为：

$$H_B = H_A + D\tan\alpha + i - v \tag{3-3}$$

2）观测与计算

如图3-18所示，欲测定 A、B 两点间的水平距离 D 和高差 h，其观测方法如下：

（1）在测站 A 安置经纬仪，量取仪器高 i，在测点 B 竖立视距尺。

（2）盘左位置，照准视距尺，消除视差后使十字丝的横丝（中丝）读数等于仪器高 i，固定望远镜，用上下视距丝分别在尺上读取读数，估读到毫米（mm），算出视距间隔 n（n = 下丝读数 − 上丝读数）。为了既快速又准确地读出视距间隔，可先将中丝对准仪器高读竖直角，然后把上丝对准邻近整数刻画后直接读取视距间隔。

（3）转动竖盘指标水准管微动螺旋，使竖盘指标水准管气泡居中，读取竖盘读数，算出竖直角 α。对有竖盘指标自动归零装置的仪器，应打开自动归零装置后再读数。

（4）根据公式，计算水平距离和高差及立尺点的高程。

进行视距观测时，应注意以下几点：

①使用的仪器必须进行竖盘指标差的检校。

②视距尺应竖直。

③必须严格消除视差，上下丝读数要快速。

④若为提高精度并进行校核，应在盘左、盘右位置按上述方法观测一测回，最后取上、下半测回所得的尺间隔 n 和竖直角 α 的平均值来计算水平距离 D 和高差 h。

⑤有障碍物或其他原因，中丝不能在尺上截取仪器高 i 的读数时，应尽量截取大于仪器高的整米数，以便于测点高程的计算。例如，$i=1.42$，则可截取 2.42m 或 3.42m 等。

三、地形图的测绘方法

在野外测绘地形图，常用的测图方法有大平板测图法、经纬仪测绘法和数字化测图。平板仪测图是以相似形理论为依据，以图解法为手段，将地面点的位置和高程测绘到平面图纸上而成地形图的技术过程。但由于大平板测图法现在很少使用了，所以本教材不作介绍，主要介绍经纬仪测绘法和数字化测图。

经纬仪测绘法的实质是极坐标法。先将经纬仪安置在测站上，绘图板安置于测站旁边。用经纬仪测定碎部点方向与已知方向之间的水平角，并测定测站到碎部点的距离和碎部点的高程。然后根据数据用半圆仪和比例尺把碎部点的平面位置展绘于图纸上，并在点的右侧注记高程，对照实地勾绘地形图。

用电子全站仪代替经纬仪测绘地形图的方法，称为电子全站仪测绘法。其测绘步骤和计算、绘图过程与经纬仪测绘法类似。

经纬仪测绘法测图操作简单、灵活，适用于各种类型的测区。以下所讲的是经纬仪测绘法在一个测站的测绘工序。

1. 经纬仪测绘法

1）安置仪器和图板

如图 3-19 所示，观测员安置经纬仪于测站点（控制点）A 上，包括对中和整平。量取仪器高 i，测量竖盘指标差 x。记录员在“碎部测量记录手簿”中记录，包括表头的其他内容。绘图员在测站的同名点上安置半圆仪。

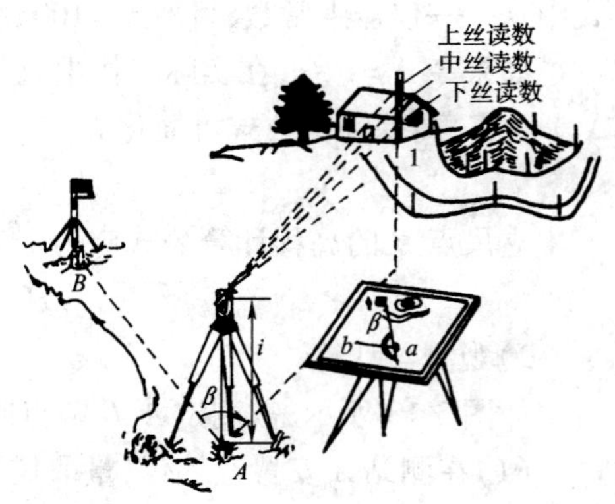

图 3-19　经纬仪测绘法的测站安置

2）定向

照准另一控制点 B 作为后视方向，置水平度盘读数为 0°00′00″。绘图员在后视方向的同名方向上画一短直线，短直线过半圆仪的半径，作为半圆仪读数的起始方向线。

3）立尺

司尺员依次将标尺立在地物、地貌特征点上。立尺前，司尺员应弄清实测范围和实地概略情况，选定立尺点，并与观测员、绘图员共同商定立尺路线。

4）观测

观测员照准标尺，读取水平角 β、视距间隔 l、中丝读数 v 和竖盘读数 L。

5）记录

记录员将读数依次记入手簿。有些手簿视距间隔栏为视距 $K \cdot l$，由观测者直接读出视距值。对于有特殊作用的碎部点，如房角、山头、鞍部等，应在备注中加以说明，如表 3-7 所示。

测绘记录表

表 3-7

测站：A_4　　后视点：A_3　　仪器高 i：1.42m　　指标差 x：-1.0′　　测站高程 H：207.40m

点号	视距 $K \cdot l$（m）	中丝读数 v	水平角 β（° ′）	竖盘读数 L（° ′）	竖直角 α（° ′）	高差 h（m）	水平距离 D（m）	高程（m）	备注
1	85.0	1.42	160 18	85 48	4 11	6.18	84.55	213.58	水渠
2	13.5	1.42	10 58	81 18	8 41	2.02	13.19	209.42	
3	50.6	1.42	234 32	79 34	10 25	9.00	48.95	216.40	
4	70.0	1.60	135 36	93 42	-3 43	-4.71	69.71	202.69	电杆
5	92.2	1.00	34 44	102 24	-12 25	-18.94	87.94	188.46	

6）计算

记录员依据视距间隔 l、中丝读数 v、竖盘读数 L 和竖盘指标差 x、仪器高 i、测站高程 $H_{站}$，按视距测量公式计算平距和高程。

7）展绘碎部点

展绘碎部点时，用小针将量角器的圆心插在图纸上的测站处，转动量角器，使在量角器上对应所测碎部点 1 的水平角值之分画线对准零方向线 ab，再用量角器直径上的长度刻画或借助比例尺，按测得的水平距离，在图纸上展绘出点 1 的位置，并在点的右侧注明其高程。同法，将其余各碎部点的平面位置及高程展绘于图纸上。实际工作中，应一边展绘碎部点，一边参照实地地形情况勾绘地形图。

图 3-20 为测图中常用的半圆形量角器。

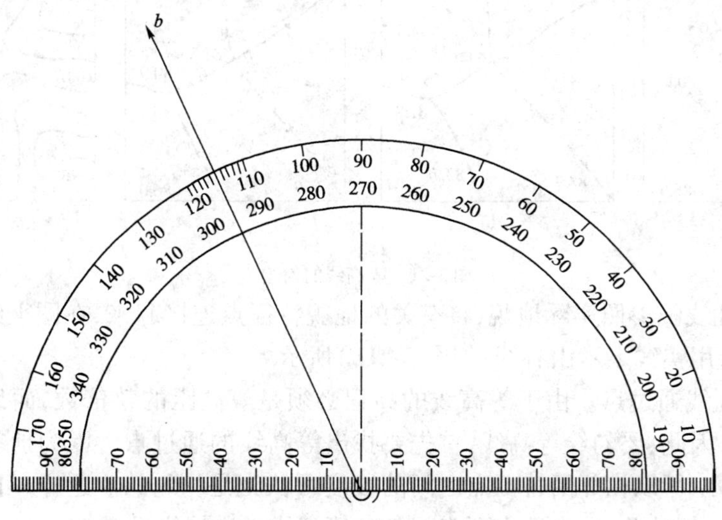

图 3-20　半圆仪展绘碎部点的方向

8）测站检查

为了保证测图正确、顺利地进行，必须在工作开始进行测站检查。检查方法是在新测站上，测试已测过的地形点，检查重复点精度在限差内即可。否则应检查测站点是否展错。此外，在工作中间和结束前，观测员可利用时间间隙照准后视点进行归零检查，归零差不应大于 4′。在每测站工作结束时进行检查，确认地物、地貌无错测或漏测时，方可迁站。

测区面积较大时，测图工作需分成若干图幅进行。为了相邻图幅的拼接，每幅图应测出图廓外5mm。

2. 地形图的绘制

地形图的绘制是一项技术性很强的工作，要求注意地物点、地貌点的取舍和概括，并应具有灵活的绘图运笔技能。

1）地物的描绘

地形图上所绘地物不是对相应地面情况简单的缩绘，而是经过取舍与概括后的测定与绘图。图上的线画应当密度适当，否则会造成用图的困难。

为突出地物基本特征和典型特征，化简某些次要碎部而进行的制图概括，称为地物概括。如在建筑物密集且街道凌乱窄小的居民区，为突出居民区所占位置及整个轮廓，清楚地表示贯穿居民区的主要街道，可以采取保持居民区四周建筑物平面位置正确，将凌乱的建筑物合并成几块建筑群，并用加宽表示的道路隔开的方法。

地物形状各异，大小不一，绘制时可采用不同的方法：对于用比例符号表示的规则地物，可连点成线，画线成形；对于用非比例符号表示的地物，以符号为准，单点成形；对于用半比例符号表示的地物，可沿点连线，近似成形。

2）等高线的勾绘

勾绘等高线的依据是地貌特征点和地形线。特征点的高程是随机的，而等高线的高程是一系列的固定值。由此可见，勾绘等高线的关键是根据特征点的高程求出各等高线所通过的点，一旦这些等高线的通过点求出，即可对照实际地形，将相邻的等高点连成等高线。

图3-21a）所示为测绘在图纸上的地貌特征点，下面说明等高线的勾绘过程。

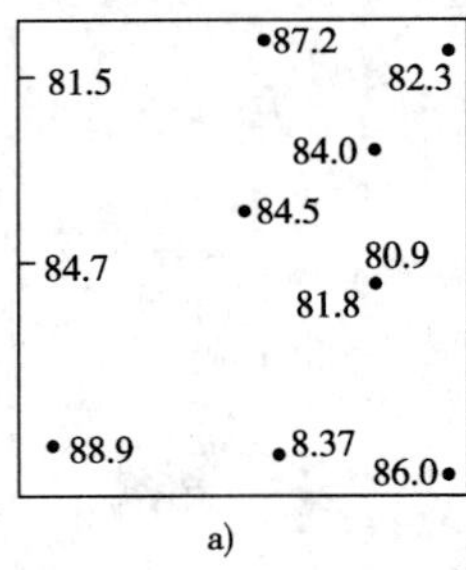

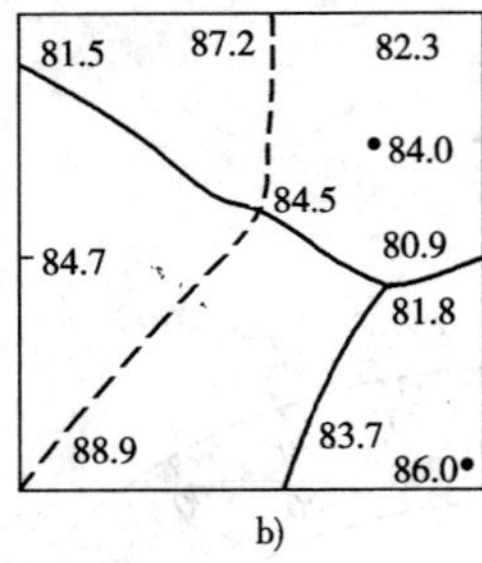

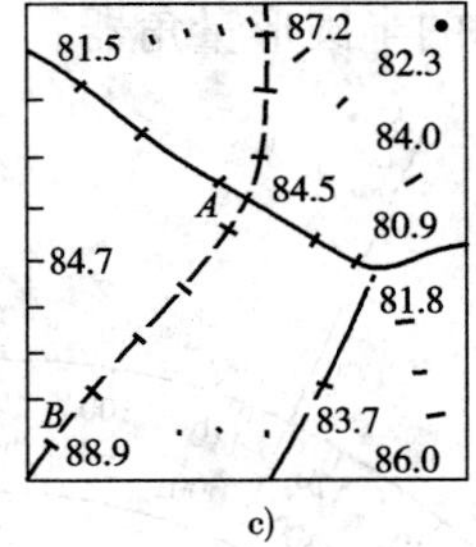

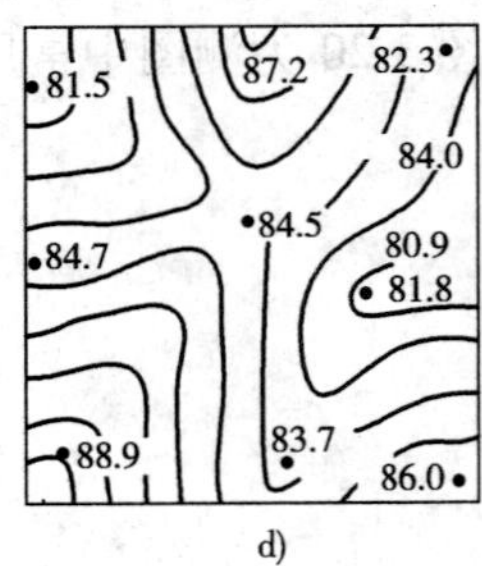

图3-21　等高线的勾绘

（1）连接地性线。参照实际地貌，将有关的地貌特征点连接起来，在图上绘出地性线。用虚线表示山脊线，用实线表示山谷线，如图3-21b）所示。

（2）内插等高线通过点。由于等高线的高程必须是等高距的整倍数，而地貌特征点的高程一般不是整数，因此，要勾绘等高线，首先要找出等高线的通过点。因为地貌特征点必须选在地面坡度变化处，所以相邻两特征点之间的坡度可认为是均匀的。这样，可在两点之间，按平距与高差成正比例的关系，内插出两点间各条等高线通过的位置。

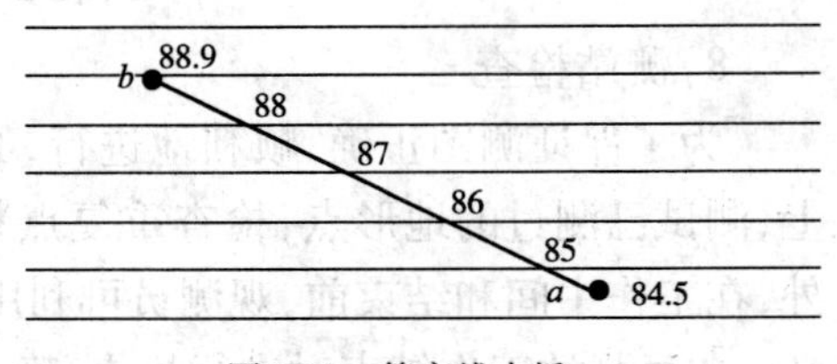

图3-22　等高线内插

内插等高线通过点均采用图解法或目估法。如图3-22所示，图解法是把绘有若干条等间距平行线的透明纸蒙在待内插的两点 a、b 上，转动透明纸，使 a、b 两点间通过平行线的条数与内插等高线的条数相同（图中为4条），且 a、b 两点分别位于两点高程值不足等高距部分的分间距处（图中 a、b 分别位于0.5间距、

0.9 间距处)，则各平行线与 ab 的交点就是所求点(图中为 85、86、87、88 四条等高线通过点)。

把所有相邻两点进行内插，就得到等高线通过点，如图 3-21c)所示。注意：内插一定要在坡度均匀的两点间进行，为避免出错，最好在现场对照实际情况进行。

(3)勾绘等高线。把高程相同的点用圆顺的曲线连接起来，就勾绘出反映地貌形态的等高线。勾绘等高线时要对照实地进行，要运用概括原则，对于山坡面上的小起伏或变化，要按等高线总体走向进行制图综合。特别要注意，描绘等高线时要均匀圆滑，不要有死角或出刺现象。等高线绘出后，将图上的地性线全部擦去，图 3-21d)为勾绘好的等高线图。

在实际工作中，常用目估法勾绘等高线。其要领是："先取头定尾，再中间等分"。如图 3-23所示，A、B 两点的地形点高程分别为 52.8m 和 57.4m。设基本等高距为 1m，则首尾两基本等高线的高程为 53m 和 57m，其中间还有 54m、55m、56m 等高线的通过点，为了用目估来确定这些等高线的通过点，首先应算出 A、B 两地形点的高差为 4.6m，然后将 AB 线目估分成 4.6 份，每份高差为1m。在两端各画出一份的长度如虚线所示，由 A 目估出 0.2 份来确定53m 等高线的通过点 m，称为"取头"；再由 B 目估 0.4 份来确定 57m 等高线的通过点 q，称为"定尾"；其次在首尾 m、q 两等高线通过点间分成 4 等份，即得中间等高线的通过点 n、o、p。按上述方法在各相邻地形点间确定出等高线通过点之后，参照实际地形，考虑地性线的走向和弯曲程度，将相同高程点用曲线连接起来，即得等高线图，如图 3-24 所示。

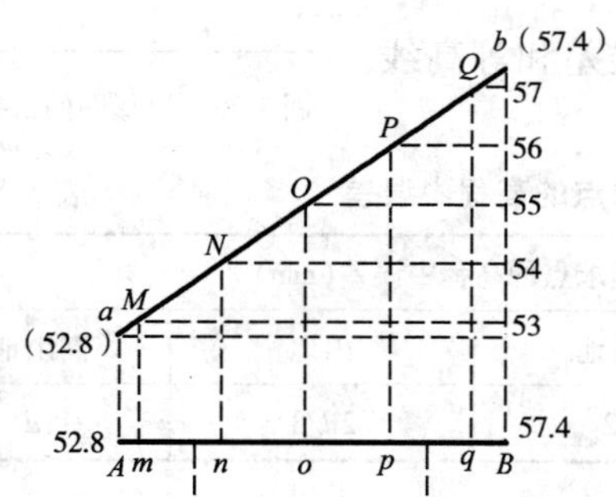

图 3-23　目估法勾绘等高线示意图

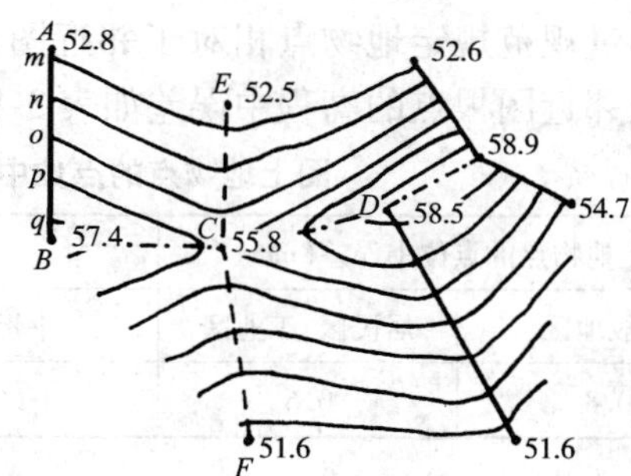

图 3-24　等高线图

上述为用等高线表示地貌的方法。如果在平坦地区测图，则很大范围内绘不出一条等高线。为表示地面起伏，就需用高程碎部点表示。高程碎部点简称高程点。高程点位置应均匀分布在平坦地区。各高程点在图上间隔以 2 ~ 3cm 为宜。平坦地有地物时则以地物点高程为高程碎部点，无地物时则应单独测定高程碎部点。

3. 碎部测量注意事项

(1)测图过程中，全组人员要互相配合，协调一致，使工作有条不紊。

(2)观测人员在读取竖盘读数时，要注意检查竖盘指标水准管气泡是否居中；每观测 20 ~ 30 个碎部点后，应重新瞄准起始方向检查其变化情况。经纬仪测绘法起始方向度盘读数偏差不得超过 4′。

(3)立尺人员应将标尺竖直，并随时观察立尺点周围情况，弄清碎部点之间的关系，地形复杂时还需绘出草图，以协助绘图人员做好绘图工作。

(4)绘图员应依据观测和计算的数据及时展绘碎部点，勾绘地形图，保持图面整洁，图式符号正确，并做到随测点，随展绘，随检查。

(5)当每站工作结束后，应进行检查，在确认地物、地貌无测错或漏测时，方可迁站。

四、地形图的检查、整饰、验收

在外业工作中,当碎部点展绘在图上后,就可对照实地随时描绘地物和等高线。如果测区较大,由多幅图拼接而成,还应及时对各图幅衔接处进行拼接检查,经过检查与整饰,才能获得合乎要求的地形图。

1. 地形图的拼接

测区面积较大时,整个测区必须划分为若干幅图进行施测。这样,在相邻图幅连接处,由于测量误差和绘图误差的影响,无论是地物轮廓线,还是等高线,往往不能完全吻合,如图3-25所示,相邻左、右两图幅相邻边的衔接情况,房屋、河流、等高线都有偏差。为进行图幅拼接,每幅图四边均应测出图廓外5mm。接图是在5~6cm的透明纸条上进行的。先把透明纸蒙在本幅图的接图边上,用铅笔把图廓线、坐标格网线、地物、等高线透绘在透明纸上,然后将透明纸蒙在相邻图幅上,使图廓线和格网线拼齐后,即可检查接图边两侧的地物及等高线的偏差。相邻两幅图的地物及等高线偏差不超过规范规定中的地物点点位中误差、等高线高程中误差的$2\sqrt{2}$倍时,则先在透明纸上按平均位置进行修正,而后照此图修正原图。若偏差超过规定限差,则应分析原因,到实地检查改正错误。

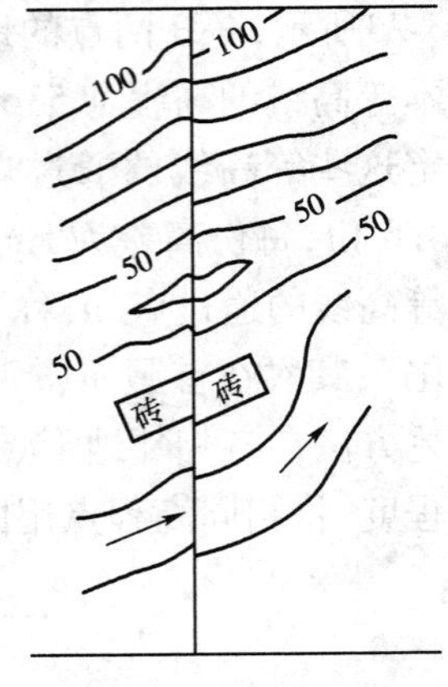

图3-25 地形图的拼接

测量规范规定地物点相对于邻近图根点的点位中误差和等高线相对于邻近图根点的高程中误差如表3-8。

图上地物点的点位中误差和等高线插求点的高程中误差 表3-8

图上地物点的点位中误差(mm)		等高线插求点的高程中误差(mm)			
一般地区	居民区、工业区	平坦地	丘陵地	山地	高山地
0.8	0.6	$d/3$	$d/2$	$2d/3$	$1d$

注:d为等高距(m)。

2. 地形图的检查

为了确保地形图质量,除施测过程中加强检查外,在地形图测完后,必须对成图质量作一次全面检查。

1)室内检查

室内检查的内容有:各种符号注记是否正确、完整,等高线与地形点的高程是否相符,有无矛盾可疑之处,应提交的资料是否齐全;控制点的数量是否符合规定;记录、计算是否正确;控制点、图廓、坐标格网展绘是否合格;图内地物、地貌表示是否合理,符号是否正确;图边拼接有无问题等。如果发现疑点或错误,可作为野外检查的重点。

2)外业检查

外业检查包括巡视检查和仪器检查。

巡视检查是根据室内检查的情况,有计划地确定巡视路线,进行实地对照查看。主要检查地物、地貌有无遗漏;等高线是否逼真合理;符号、注记是否正确等。

根据室内检查和巡视检查发现的问题,到野外设站检查和补测。另外还要进行抽查,把仪器重新安置在图根控制点上,对一些主要地物和地貌进行重测,如发现误差超限,应按正确结果修正,设站抽查量一般为10%。

3. 地形图的整饰

地形原图是用铅笔绘制的，故又称铅笔底图。在地形图拼接后，还应清绘和整饰，使图面清晰美观。整饰顺序是先图内后图外，先地物后地貌，先注记后符号。整饰的内容有：

(1)擦掉多余的、不必要的点线。

(2)重绘内图廓线、坐标格网线并注记坐标。

(3)所有地物、地貌应按图式规定的线画对符号、注记进行清绘。

(4)各种文字注记应注在适当的位置，一般要求字头朝北，字体端正。

(5)等高线应描绘光滑，计曲线的高程注记应成列，但应注意等高线不能通过注记和地物。

(6)按规定图式整饰图廓及图廓外各项注记，包括图名、图号、比例尺、坐标系统及高程系统、施测单位、测绘者及测绘日期等。

4. 地形图的验收

验收是在委托人检查的基础上进行的，以鉴定各项成果是否合乎规范及有关技术指标。对地形图验收，一般先室内检查、巡视检查，并将可疑处记录下来，再用仪器在可疑处进行实测检查、抽查。通常仪器检测碎部点的数量为测图量的10%。统计出地形图的平面位置精度及高程精度，作为评估测图质量的主要依据。对成果质量的评价一般分为优、良、合格和不合格四级。

五、数字化测图

常规的白纸测图其实质是图解法测图，在测图过程中，将测得的观测值按图解法转化为静态的线画地形图。全站仪数字化测图的实质是解析法测图，将地形图形信息通过全站仪转化为数字输入计算机，以数字形式存储在存储器中形成数字地形图。利用全站仪能同时测定距离、角度、高差，提供待测点三维坐标，将仪器野外采集的数据，结合计算机、绘图仪以及相应软件，就可以实现自动化测图。

1. 全站仪测图模式

结合不同的电子设备，全站仪数字化测图主要有以下三种模式。

1)全站仪结合电子平板模式

该模式是以便携式电脑作为电子平板，通过通信线直接与全站仪进行通信、记录数据，实时成图。因此，它具有图形直观、准确性强、操作简单等优点，即使在地形复杂地区，也可现场测绘成图，避免野外绘制草图。目前，这种模式的开发与研究相对比较完善，由于便携式电脑性能和测绘人员综合素质不断提高，因此，它符合今后的发展趋势。

2)直接利用全站仪内存模式

该模式使用全站仪内存或自带记忆卡，把野外测得的数据，通过一定的编码方式，直接记录，同时，野外现场绘制复杂地形草图，供室内成图时参考对照。因此，它操作过程简单，无须附带其他电子设备；对野外观测数据直接存储，纠错能力强，可进行内业纠错处理。随着全站仪存储能力的不断增强，此方法进行小面积地形测量时，具有一定的灵活性。

3)全站仪加电子手簿或高性能掌上电脑模式

该模式通过通信线将全站仪与电子手簿或掌上电脑相连，把测量数据记录在电子手簿或便携式电脑上，同时可以进行一些简单的属性操作，并绘制现场草图。内业时把数据传输到计算机中，进行成图处理。

2. 全站仪数字测图过程

全站仪数字化测图,主要分为准备工作、数据获取、数据输入、数据处理、数据输出等五个阶段。在准备工作阶段,包括资料准备、控制测量、测图准备等,与传统地形测图一样,在此不再赘述,现以实际生产中普遍采用的全站仪加电子手簿测图模式为例,从数据采集到成图输出,介绍全站仪数字化测图的基本过程。

1)野外碎部点采集

一般用"解算法"进行碎部点测量采集,用电子手簿记录三维坐标(X,Y,H)及其绘图信息。既要记录测站参数、距离、水平角和竖直角的碎部点位置信息,还要记录编码、点号、连接点和连接线形四种信息,在采集碎部点时要及时绘制观测草图。

2)数据传输

用数据通信线连接电子手簿和计算机,把野外观测数据传输到计算机中,每次观测的数据要及时传输,避免数据丢失。

3)数据处理

数据处理包括数据转换和数据计算。数据处理是对野外采集的数据进行预处理,检查可能出现的各种错误;把野外采集到的数据编码,使测量数据转化成绘图系统所需的编码格式。数据计算是针对地貌关系的,当测量数据输入计算机后,生成平面图形并建立图形文件、绘制等高线。

4)图形处理与成图输出

经数据处理后所生成的图形数据文件,对照外业草图,修改整饰新生成的地形图,补测或重测存在漏测或测错的地方。然后加注高程、注记等,进行图幅整饰,最后成图输出。

3. 数据编码

野外数据采集,仅测定碎部点的位置并不能满足计算机自动成图的需要,必须将所测地物点的连接关系和地物类别(或地物属性)等绘图信息记录下来,并按一定的编码格式记录数据。

编码按照 GB/T 14804—93《1∶500、1∶1 000、1∶2 000 地形图要素分类与代码》进行,地形信息的编码由四部分组成:大类码、小类码、一级代码、二级代码,分别用 1 位十进制数字顺序排列。第一大类码是测量控制点,又分平面控制点、高程控制点、GPS 点和其他控制点四个小类码,编码分别为 11、12、13 和 14。小类码又分若干一级代码,一级代码又分若干二级代码。

野外观测,除要记录测站参数、距离、水平角和竖直角等观测量外,还要记录地物点连接关系信息编码。连接点是与观测点相连接的点号,连接线形是测点与连接点之间的连线形式,有直线、曲线、圆弧和独立点四种形式,分别用 1、2、3 和空为代码。

目前开发的测图软件一般是根据自身特点的需要、作业习惯、仪器设备和数据处理方法制定自己的编码规则。利用全站仪进行野外测设时,编码一般由地物代码和连接关系的简单符号组成。如代码 F0、F1、F2…分别表示特种房、普通房、简单房…(F 字为"房"的第一拼音字母,以下类同),H1、H2…表示第一条河流、第二条河流的点位…。

4. 全站仪数字化测图的特点

(1)自动化程度高,数据成果易于存取,便于管理。

(2)精度高。地形测图和图根加密可同时进行,地形点到测站点的距离比常规测图可以放长。

(3)无缝接图。数字化测图不受图幅的限制,作业小组的任务可按照河流、道路的自然分界来划分，以便于地形图的施测，也减少了很多常规测图的接边问题。

(4)便于使用。数字地形图不是依某一固定比例尺和固定的图幅大小来储存一幅图，它是以数字形式储存的数字地图。根据用户的需要，在一定比例尺范围内可以输出不同比例尺和不同图幅大小的地形图。

(5)数字测图的立尺位置选择更为重要。数字测图按点的坐标绘制地形符号，要绘制地物轮廓就必须有轮廓特征点的全部坐标。

工作任务3　应用地形图

地形图既详细又如实地反映了地面上各种地物分布、地形起伏及地貌特征等情况，因此，它是国家各个部门和各项工程建设中必需的资料，而在军事与国防建设中也是极为重要的资料。一幅内容丰富完善的地形图，可以解决各种工程问题，并获得必要的资料，如果善于阅读地形图，就可以了解到图内地区的地形变化、交通路线、河流方向、水源分布、居民点的位置、人口密度及自然资源种类分布等情况。

地形图都注有比例尺，并具有一定的精度，因此利用地形图可以求取许多重要数据，如求取地面点的坐标、高程，量取线段的距离，直线的方位角以及面积等。

一、地形图的基本应用

1. 求图上任一点的高程

地形图上任一点的高程可以根据等高线来确定。可以分为以下三种情况：

(1)如果所求点位于等高线上，则其高程为等高线的注记高程。

(2)如果所求点位于两条等高线之间，则该点高程可通过等高线平距与高差成正比的原则用线性内插法来求得。

如图3-26所示，首先过K点画一条直线与两条等高线交于M、N两点，再用尺子量出MK和MN的长度，然后就可以计算出K点到M点之间的高差：$h_{MK}=\frac{MK}{MN}\times h_0$，$h_0$为等高距。

则K点的高程为：

$$H_K=H_M+\left(\frac{MK}{MN}\times h_0\right)$$

在图3-27中，如要求A点的高程，即通过A点作大约垂直A点附近两根等高线的垂线cd，量出cd及Ad的长度，设分别为12mm及8mm，由图上可知等高线间隔为10m，则用比例方法

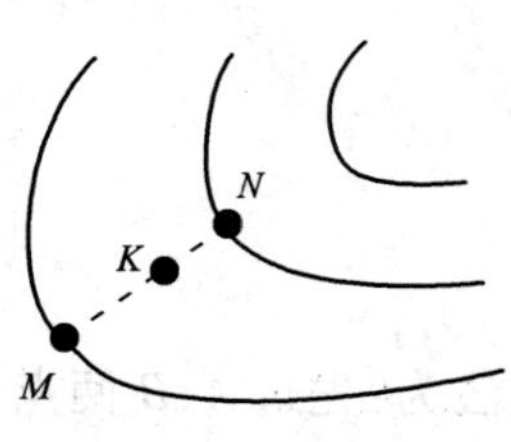

图3-26　图解点高程示意图

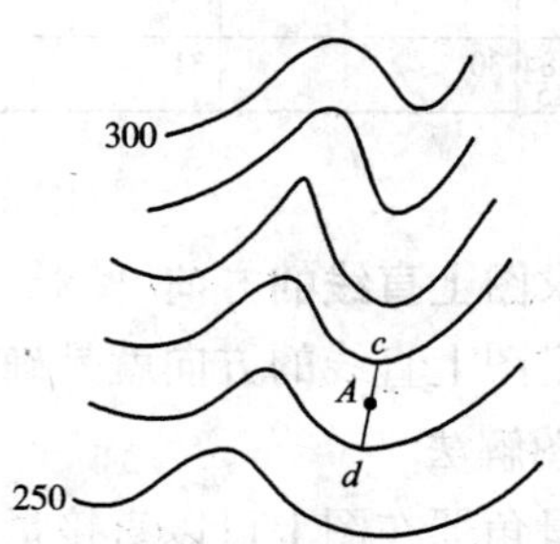

图3-27　计算任一点高程示意图

求出 A 点对 260m 等高线的高差 Δh 为：

$$\Delta h = \frac{Ad}{cd} \times 10\text{m} = \frac{8}{12} \times 10\text{m} = 6.7\text{m}$$

则 A 点的高程为：

$$H_A = 260\text{m} + 6.7\text{m} = 266.7\text{m}$$

(3)所求点位于地形点之间，如在一些地物点附近，如房屋、道路、空地等处没有等高线，只在地形点上标注地面高度，而且这种地形不一定都是平坦地。在这种情况下，可将地形点之间的地面坡度视为均匀坡度，可按前述方法求得此点高度。

2. 求图上任一点的平面直角坐标

在图上求任一点的坐标可根据图上的坐标格网的坐标值来进行。如图 3-28 所示，设所求点 A 在 $abcd$ 方格内，则可先通过 A 点作坐标网的平行线，以 a 点为起算点，在图上用比例尺量出 Af 和 Ak，$Af=649\text{m}$，$Ak=634\text{m}$，则 A 点坐标：$X_A = X_a + Ak = 2564000 + 634 = 2564634(\text{m})$；$Y_A = Y_a + Af = 38430000 + 649 = 38430649(\text{m})$。

为了校核量测结果，并考虑图纸伸缩的影响，最好分别量出 af 和 fb 以及 ak 和 kd 的长度，设图上的坐标方格边长为 L，图 3-28 中的 $L=1\ 000\text{m}$，则

$$X_A = X_a + L/(af+fb) \times af \qquad Y_A = Y_a + L/(ak+kd) \times ak$$

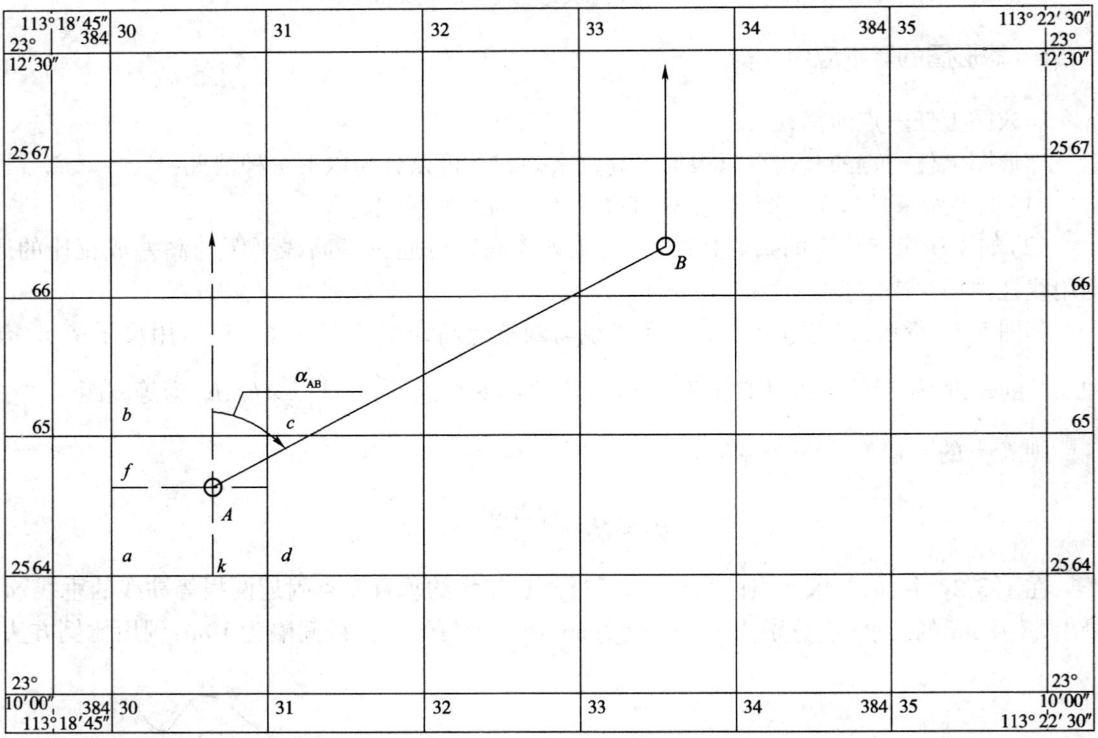

图 3-28　图解点坐标示意图

3. 求图上直线的方向

确定图上直线的方向就是确定直线的方位角。

1)图解法

用量角器在图上可以直接量取某一直线的方位角。具体方法为：先过 A、B 两点分别作坐标纵轴的平行线，然后用量角器的中心分别对准 A 点、B 点量出直线 AB 的坐标方位角 α_{AB} 和

直线 BA 的坐标方位角 α_{BA}，则直线 AB 的坐标方位角为：

$$\alpha_{AB} = \frac{1}{2}(\alpha_{AB} + \alpha_{BA} \pm 180^{\circ}) \tag{3-4}$$

2）解析法

若 A、B 不在同一幅图上，或要求精度高一些，可先量出两点的坐标，然后按坐标反算方法计算方位角 α_{AB}，即

$$\alpha_{AB} = \arctan\frac{\Delta Y}{\Delta X} = \arctan\frac{Y_B - Y_A}{X_B - X_A} \tag{3-5}$$

4. 求图上两点间的距离

1）图解法

用直尺量取图上距离乘以 M，或用比例尺直接量取。

2）解析法

若 A 点、B 点不在同一幅图上，或要求精度高一些，可以使用确定图上任一点坐标的方法，先量出两点的坐标，然后按坐标反算方法，计算距离 D_{AB}：

$$D_{AB} = \sqrt{(X_B - X_A)^2 + (Y_B - Y_A)^2} \tag{3-6}$$

5. 求图上两点间的坡度

直线坡度是指直线段两端点的高差与其水平距离的比值。在地形图上，如要确定某方向线 AB 的倾斜角 α 或坡度 i，必须先测算 A、B 两点高程，计算 A、B 两点间的高差 h_{AB}，再量测 AB 间的水平距离 D，则可以计算出地面上 AB 连线的坡度 i 或倾斜角 α（图 3-29）：

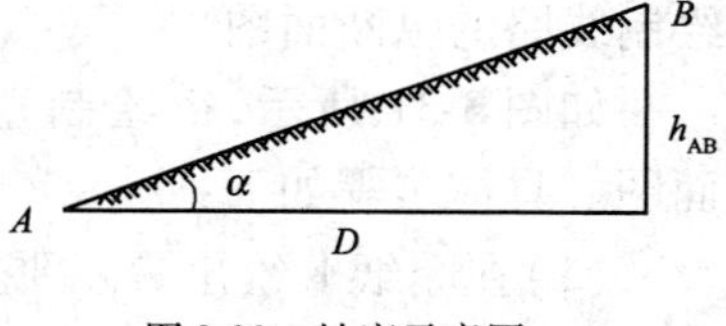

图 3-29　坡度示意图

$$i = \tan\alpha = \frac{h_{AB}}{D} = \frac{h_{AB}}{d \times M}$$

式中：d——AB 连线的图上长度；

M——比例尺分母；

α——AB 连线在垂直面投影的倾斜角；

i——直线坡度，一般用百分率或千分率表示。

6. 在地形图上确定汇水面积

在修建大坝、桥梁、涵洞和排水管道等工程时，都需要知道有多大面积的雨、雪水向这个河道或谷地里汇集，以便在工程设计中计算流量，这个汇水范围的面积亦称为汇水面积（或称集雨面积）。

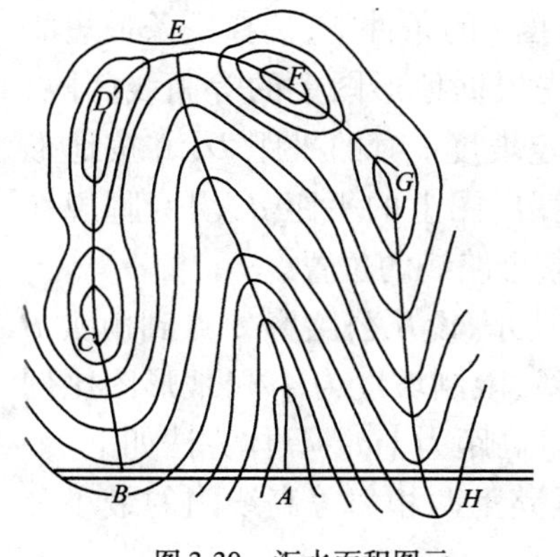

图 3-30　汇水面积图示

由于雨水是沿山脊线（分水线）向两侧山坡分流，所以汇水范围的边界线必然是由山脊线及与其相连的山头，鞍部等地貌特征点和人工构筑物（如坝和桥）等线段围成。如图 3-30 所示，欲在 A 处建造一个泄水涵洞。AE 为一山谷线，泄水涵洞的孔径大小应根据流经该处的水量决定，而水量又与山谷的汇水范围大小有关。从图 3-30 中可以看出，由山脊线 BC、CD、DE、EF、FG、GH 及道路 HB 所围成的边界，就是这个山谷的汇水范围。量算出该范围的面积即得汇水面积。

在确定汇水范围时应注意以下两点:

(1)边界线(除构筑物 A 外)应与山脊线一致,且与等高线垂直。

(2)边界线是经过一系列山头和鞍部的曲线,并与河谷的指定断面(图中 A 处的直线)闭合。

根据汇水面积的大小,再结合气象水文资料,便可进一步确定流经 A 处的水量,从而对拟建此处的涵洞大小提供设计依据。

二、地形图在工程规划中的应用

1. 绘制已知方向线的纵断面图

为了修建道路、管线、水坝等工程,需要作出地形图上某方面的断面图,表示出特定方向的地形变化,这对工程规划设计有很大的意义。纵断面图是反映指定方向地面起伏变化的剖面图。在道路、管道等工程设计中,为进行填、挖土(石)方量的概算,合理确定线路的纵坡等,均需较详细地了解沿线路方向上的地面起伏变化情况,为此,常根据大比例尺地形图的等高线绘制线路的纵断面图。

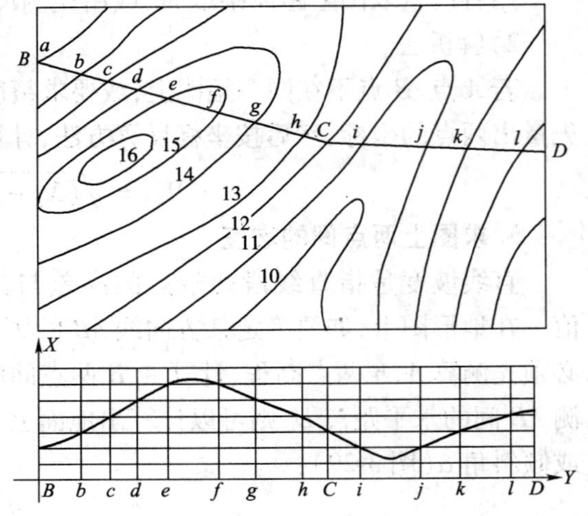

图 3-31 绘制已知方向线的纵断面图

如图 3-31 所示,欲绘制直线 BC、CD 纵断面图。具体步骤如下:

(1)在图纸上绘出表示平距的横轴 PQ,过 A 点作垂线,作为纵轴,表示高程。平距的比例尺与地形图的比例尺一致;为了明显地表示地面起伏变化情况,高程比例尺往往比平距比例尺放大 5~10 倍。

(2)在纵轴上标注高程,在图上沿断面方向量取两相邻等高线间的平距,依次在横轴上标出,得 b、c、d、…、l 及 C 等点。

(3)从各点作横轴的垂线,在垂线上按各点的高程,对照纵轴标注的高程确定各点在剖面上的位置。

(4)用光滑的曲线连接各点,即得已知方向线 B-C-D 的纵断面图。

2. 按规定坡度选定最短路线

公路、渠道、管线等工程设计中,往往要求在不超过某一坡度 i 的条件下,选择一条最短的路线。这时应先根据地形图上的等高线间隔,求出相应于一定坡度 i 时的平距 D,并按地形图的比例尺计算出图上的平距 d,用两脚规在地形图上求得整个路线的位置。

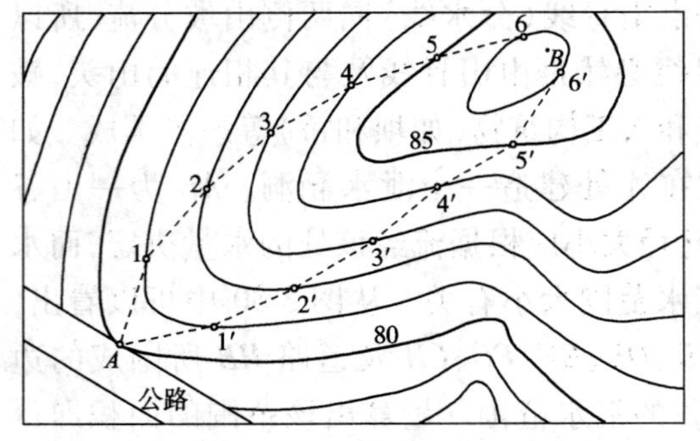

图 3-32 按规定坡度选定最短路线

如图 3-32 所示,设从公路旁 A 点到山头 B 点选定一条路线,限制坡度为 4%,地形图比例尺为 1:2 000,等高距为 1m。具体方法如下:

(1)确定线路上两相邻等高线间的最小等高线平距。

$$d=\frac{h}{iM}=\frac{1\text{m}}{0.04\times 2000}=12.5\text{m}$$

(2)先以 A 点为圆心,以 d 为半径,用圆规画弧,交 81m 等高线与 1 点,再以 1 点为圆心同样以 d 为半径画弧,交 82m 等高线于 2 点,依次到 B 点。连接相邻点,便得同坡度路线 A-1-2-…-B。

在选线过程中,有时会遇到两相邻等高线间的最小平距大于 d 的情况,即所作圆弧不能与相邻等高线相交,说明该处的坡度小于指定的坡度,则以最短距离定线。

(3)另外,在图上还可以沿另一方向定出第二条线路 A-1′-2′-…-B,可作为方案的比较。

在实际工作中,还需在野外考虑工程上其他因素,如少占或不占耕地,避开不良地质构造,减少工程费用,整个路线不要过分弯曲等,最后确定一条最佳路线。

3. 平整场地

将施工场地的自然地表按要求整理成一定高程的水平地面或一定坡度的倾斜地面的工作,称为平整场地。在场地平整工作中,为使填、挖土石方量基本平衡,常要利用地形图确定填、挖边界和进行填、挖土石方量的概算。场地平整的方法很多,主要有方格法、等高线法和断面法,下面分别介绍。

1)方格法

方格法适用于地形起伏不大、需要把场地设计为水平场地的地方。图 3-33 为一块待为平整的场地,比例尺为 1∶1 000,等高距为 1m,拟将原地面平整成某一高程的水平面,使填、挖土石方量基本平衡。方法步骤如下:

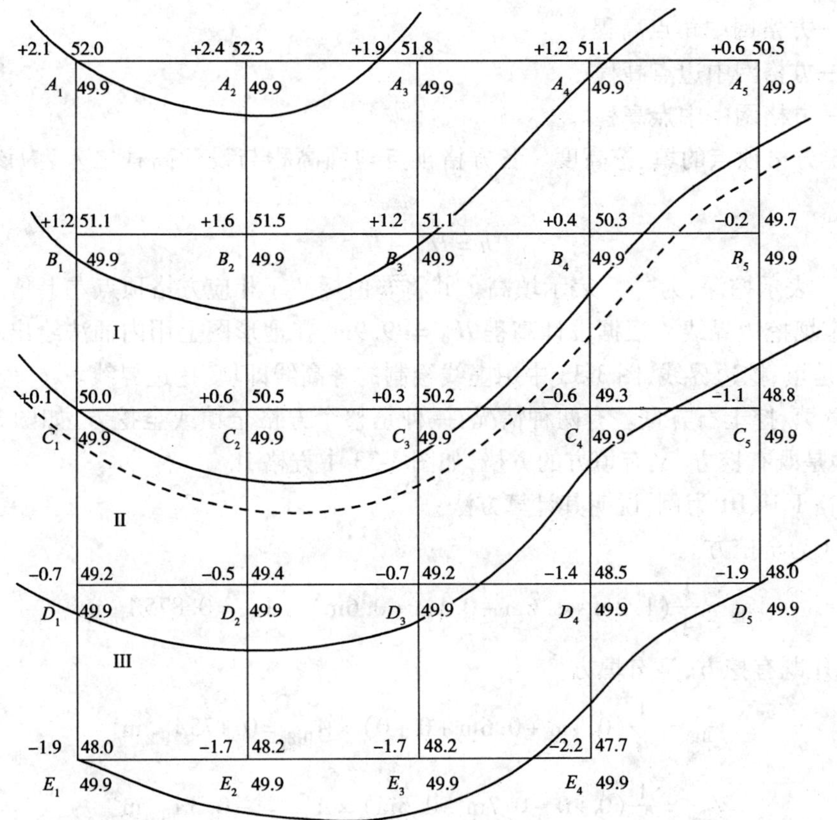

图 3-33 方格法平整场地

(1)绘制方格网。在地形图上拟平整场地内绘制方格网,方格大小根据地形复杂程度、地形图比例尺以及要求的精度而定。一般方格的边长为10m或20m。图中方格为20m×20m。各方格顶点号注于方格点的左下角,如图中的A_1、A_2、…、E_3、E_4等。

(2)求各方格顶点的地面高程。根据地形图上的等高线,用内插法求出各方格顶点的地面高程,并注于方格点的右上角,如图3-33所示。

(3)计算设计高程。分别求出各方格四个顶点的平均值,即各方格的平均高程;然后,将各方格的平均高程求和并除以方格数n,即得到设计高程$H_{设}$。根据图3-33中的数据,求得的设计高程$H_{设}=49.9\text{m}$。并注于方格顶点右下角。

先将每一方格顶点的高程相加除以4,就可以得到每个方格的平均高程H_i,再将每个方格的平均高程相加除以方格总数,就得到挖填平衡的设计高程$H_{设}$,当挖填工作完成后,这时工程场地就会变为一个水平面,那么$H_{设}$就是这个水平面的高程,其计算公式为:

$$H_0=\frac{1}{n}(H_1+H_2+\cdots+H_n)=\frac{1}{n}\sum_{i=1}^{n}H_i \tag{3-7}$$

式中:H_1、H_2、…、H_n——分别为每个方格的平均高程。

从图上可以看出,方格网的角点A_1、A_5高程,在计算平均高程时只用了一次,边点的高程A_2、A_3、A_4用了2次,中点B_2、B_3、B_4的高程用了4次,因此,设计高程H_0的计算公式可以变换为:

$$H_0=\frac{\sum H_{角}+2\sum H_{边}+3\sum H_{拐}+4\sum H_{中}}{4n}\quad(n\text{ 为方格的个数}) \tag{3-8}$$

式中:$H_{角}$——方格网中角点高程;

$H_{边}$——方格网中边点高程;

$H_{中}$——方格网中中点高程。

(4)确定方格顶点的填、挖高度。各方格顶点地面高程与设计高程之差,为该点的填、挖高度,即

$$h=H_{地}-H_{设}$$

h为"+"表示挖深,为"-"表示填高。并将h值标注于相应方格顶点左上角。

(5)确定填挖边界线。根据设计高程$H_{设}=49.9\text{m}$,在地形图上用内插法绘出49.9m等高线。该线就是填、挖边界线,图3-33中用虚线绘制的等高线即填、挖边界线。

(6)计算填、挖土石方量。有两种情况:一种是整个方格全填或全挖方,如图3-33中方格I、III;另一种是既有挖方,又有填方的方格,如图3-33中方格II。

现以方格I、II、III为例,说明其计算方法。

①方格I为全挖方。

$$V_{\text{I挖}}=\frac{1}{4}(1.2\text{m}+1.6\text{m}+0.1\text{m}+0.6\text{m})\times A_{\text{I挖}}=0.875A_{\text{I挖}}\text{m}^3$$

②方格II既有挖方,又有填方。

$$V_{\text{II挖}}=\frac{1}{4}(0.1\text{m}+0.6\text{m}+0+0)\times A_{\text{II挖}}=0.175A_{\text{II挖}}\text{m}^3$$

$$V_{\text{II填}}=\frac{1}{4}(0+0-0.7\text{m}-0.5\text{m})\times A_{\text{II填}}=-0.3A_{\text{II填}}\text{m}^3$$

③方格III为全填方。

$$V_{\text{III填}} = \frac{1}{4}(-0.7\text{m} - 0.5\text{m} - 1.9\text{m} - 1.7\text{m}) \times A_{\text{III填}} = 1.2A_{\text{III填}}\text{m}^3$$

式中：$A_{\text{I挖}}$、$A_{\text{II挖}}$、$A_{\text{II填}}$、$A_{\text{III填}}$——各方格的填、挖面积（m^2）。

同法可计算出其他方格的填、挖土石方量，最后将各方格的填、挖土石方量累加，即得总的填、挖土石方量。

2）等高线法

场地地面起伏较大，且仅计算挖方时，可采用等高线法。这种方法从场地设计高程的等高线开始，算出各等高线所包围的面积，分别将相邻两条等高线所围面积的平均值乘以等高距，就是此两等高线平面间的土方量，再求和即得总挖方量。

如图3-34所示，地形图等高距为2m，要求平整场地后的设计高程为55m。先在图中内插设计高程55m的等高线（图中虚线），再分别求出55m、56m、58m、60m、62m五条等高线所围成的面积A_{55}、A_{56}、A_{58}、A_{60}、A_{62}，即可算出每层土石方量为：

$$V_1 = \frac{1}{2}(A_{55} + A_{56}) \times 1$$

$$V_2 = \frac{1}{2}(A_{56} + A_{58}) \times 2$$

$$V_3 = \frac{1}{2}(A_{58} + A_{60}) \times 2$$

$$V_4 = \frac{1}{2}(A_{60} + A_{62}) \times 2$$

$$V_5 = \frac{1}{3}A_{62} \times 0.8$$

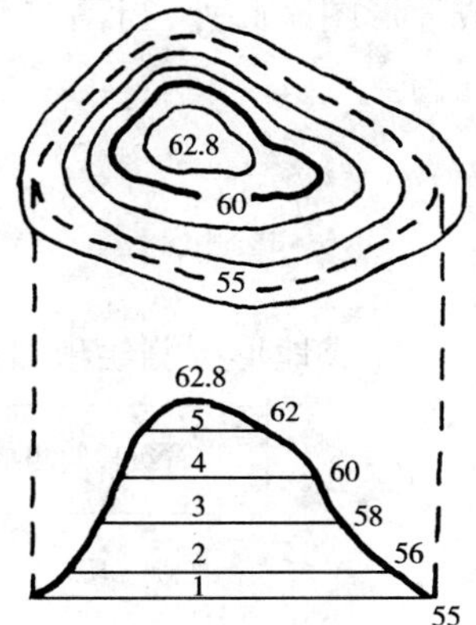

图3-34　等高线法

V_5是62m等高线以上山头顶部的土石方量。则总挖方量为：

$$\sum V_{\text{W}} = V_1 + V_2 + V_3 + V_4 + V_5$$

3）断面法

在道路和管线建设中，沿中线至两侧一定范围内线状地形的土石方量估算常用断面法。这种方法是在施工场地范围内，利用地形图以一定间距绘出断面图，分别求出各断面由设计高程线与断面曲线（地面高程线）围成的填方面积和挖方面积，然后计算每相邻断面间的填（挖）方量，分别求和即为总填（挖）方量。

如图3-35所示，地形图比例尺为1∶1 000，矩形范围是欲建道路的一段，其设计高程为47m，为求土石方量，先在地形图上绘出相互平行、间隔为l（一般实地距离为20～40m）的断面方向线1-1、2-2、…、6-6；按一定比例尺绘出各断面图（纵、横轴比例尺应一致，常用比例尺为

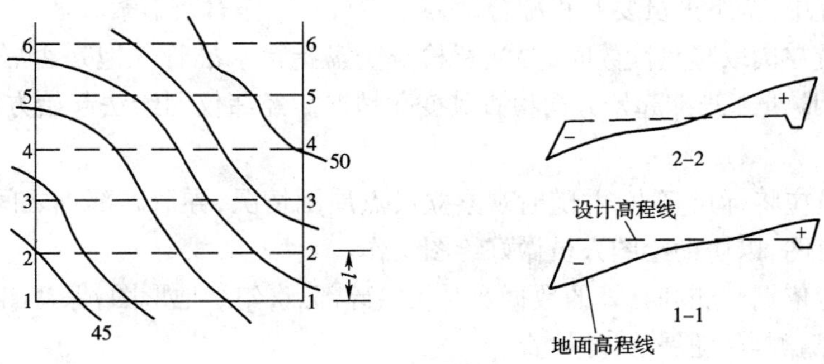

图3-35　断面法估算土石方量

1∶100或1∶200,并将设计高程线展绘在断面图上(图3-35,1-1、2-2断面);然后在断面图上分别求出各断面设计高程线与地面高程线所包围的填土面积 A_{Ti} 和挖土面积 A_{Wi}(i 表示断面编号),最后计算两断面间土石方量。例如,1-1、2-2两断面间的土石方量为:

$$填方量\ V_T = \frac{1}{2}(A_{T1} + A_{T2})l$$

$$挖方量\ V_W = \frac{1}{2}(A_{W1} + A_{W2})l$$

同法依次计算出每相邻断面间的土石方量,最后将填方量和挖方量分别累加,即得总土石方量。

上述三种土石方量估算方法各有特点,应根据场地地形条件和工程要求选择合适的方法。当实际工程土石方估算精度要求较高时,往往要到现场实测方格网图(方格点高程)、断面图或地形图。此外,当高差较大时,实际工程中应参照上述方法将削坡部分的土石方量计算在内。

【完成项目要领提示】

完成地形图测绘项目的基本流程如图3-36所示。

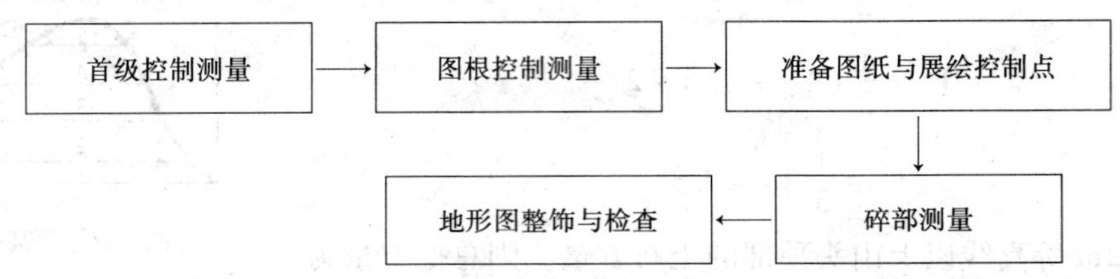

图3-36　地形图测绘项目流程图

(1)进行大比例尺地形图测绘时,必须有一定数量的控制点,才能保证地形图的精度,所以,必须在测区内以国家等级控制点为基础布设首级平面控制网,可以采用GPS方法进行。

(2)图根平面控制测量可以采用导线测量、GPS测量等方法进行,每幅图要布设足够的图根控制点。

(3)测图前应先准备图纸,并展绘好各类控制点,包括首级控制点和图根点。控制点展好后应检查各控制点之间的图上长度与按比例尺缩小后的相应实地长度之差,其差数不应超过图上长度的0.3mm,合格后才能进行测图。

(4)在进行碎部测量时,应注意以下几点:

①测图过程中,全组人员要互相配合,协调一致,使工作有条不紊。

②观测人员在读取竖盘读数时,要注意检查竖盘指标水准管气泡是否居中;每观测20~30个碎部点后,应重新瞄准起始方向检查其变化情况。经纬仪测绘法起始方向度盘读数偏差不得超过4′。

③立尺人员应将标尺竖直,并随时观察立尺点周围情况,弄清碎部点之间的关系,地形复杂时还需绘出草图,以协助绘图人员做好绘图工作。

④绘图员应依据观测和计算的数据及时展绘碎部点,勾绘地形图,保持图面整洁和图式符号正确,并做到随测点,随展绘,随检查。

⑤当每站工作结束后,应进行检查,在确认地物、地貌无测错或漏测时,方可迁站。

(5)在地形图测完后,必须对成图质量进行全面检查和地形图整饰。

【知识小结】

1.基本概念

比例尺——图上某一线段的长度与地面上相应线段的水平距离之比,通常以分子等于1的分数形式表示,即:$1/M$,M称为比例尺分母。

比例尺精度——地形图上0.1mm所代表的地面上的实地距离。

地形图图式符号——地面上的地物在地形图上都是用简明、准确、易于判断实物的符号表示的,这些符号称为地形图图式符号。

等高线——地面上高程相等的相邻点连接而成的闭合曲线。

等高距——两条相邻等高线的高差。

等高线平距——相邻等高线间的水平距离。

等高线的类型:首曲线、计曲线、间曲线和助曲线。

等高线的特性:

(1)在同一条等高线上各点的高程相等。

(2)每条等高线必为闭合曲线,如不在本幅图内闭合,也在相邻的图幅内闭合。

(3)不同高程的等高线不能相交。当等高线重叠时,表示陡坎或绝壁。

(4)山脊线(分水线)、山谷线(集水线)均与等高线垂直相交。

(5)等高线平距与坡度成正比。在同一幅图上,平距小表示坡度陡,平距大表示坡度缓,平距相等表示坡度相同。换句话说,坡度陡的地方等高线就密,坡度缓的地方等高线就稀。

(6)等高线跨河时,不能直穿河流,需绕经上游正交于河岸线,中断后再从彼岸折向下游。

2.大比例尺地形图测绘

(1)按地形测量工作的程序,在完成平面控制测量和高程控制测量之后,即可进行地形图的测绘,又称碎部测量。碎部测量的准备工作包括图纸的准备;坐标格网(方格网)的绘制;展绘控制点。测绘地形图的方法通常用经纬仪测绘法,测绘碎部点的位置普遍应用极坐标法。

(2)地形图测绘方法——经纬仪测绘法。将经纬仪安置于测站点A上,量取仪器高i,照准另一控制点B,使水平度盘读数设置成0°00′00″。然后照准立在碎部点上的视距尺,读取水平角、中丝读数(一般使中丝对准尺上仪器高i处)和视距间隔以及竖直角,计算测站点到碎部点的水平距离和碎部点的高程。

置绘图板在测站边。根据水平角和距离按极坐标法,绘制碎部点的点位,并将高程注记在点旁。

3.数字化测图

全站仪数字化测图的实质是解析法测图,将地形图形信息通过全站仪转化为数字输入计算机,以数字形式存储在存储器中形成数字地形图。

(1)全站仪数字化测图主要有三种模式:

①全站仪结合电子平板模式;

②直接利用全站仪内存模式;

③全站仪加电子手簿或高性能掌上电脑模式。

(2)全站仪数字化测图过程。全站仪数字化测图过程主要分为准备工作、数据获取、数据输入、数据处理、数据输出等五个阶段。

4. 地形图应用

(1)在图上确定某点坐标;

(2)在图上确定直线的长度和坐标方位角;

(3)在图上确定点的高程;

(4)根据地形图按指定坡度选定线路。

【知识检验】

一、填空题

1. 测绘地形图的程序一般包括____________、____________以及图幅的拼接、____________、检查和____________。

2. 地形图上的地貌是用____________表示的。

3. 为将施工场地设计成平地,并使挖填方平衡,需要计算____________、____________和填挖方量。

4. 等高距是两相邻等高线之间的____________。

二、选择题

1. 一组闭合的等高线是山丘还是盆地,可根据(　　)来判断。

A. 助曲线　　B. 首曲线　　C. 计曲线　　D. 高程注记

2. 在比例尺为1:2 000,等高距为2m的地形图上,如果按照指定坡度 $i=5\%$,从坡脚 A 到坡顶 B 来选择路线,其通过相邻等高线时在图上的长度为(　　)。

A. 10mm　　B. 20mm　　C. 25mm　　D. 30mm

3. 两不同高程的点,其坡度应为两点(　　)之比,再乘以100%。

A. 高差与其平距　　B. 高差与其斜距

C. 平距与其斜距　　D. 斜距与其高差

4. 在一张图纸上等高距不变时,等高线平距与地面坡度的关系是(　　)。

A. 平距大则坡度小　　B. 平距大则坡度大

C. 平距大则坡度不变　　D. 平距值等于坡度值

5. 地形测量中,若比例尺精度为 b,测图比例尺为 $1:M$,则比例尺精度与测图比例尺大小的关系为(　　)。

A. b 与 M 无关　　B. b 与 M 相等　　C. b 与 M 成反比　　D. b 与 M 成正比

6. 在地形图上表示的方法是用(　　)。

A. 比例符号、非比例符号、半比例符号和注记

B. 山脊、山谷、山顶、山脚

C. 计曲线、首曲线、间曲线,助曲线

D. 地物符号和地貌符号

7. 若地形点在图上的最大距离不能超过3cm,对于比例尺为1/500的地形图,相应地形点在实地的最大距离应为(　　)。

A. 15m　　B. 20m　　C. 30m　　D. 35m

三、简答题

1. 什么叫地形图、地形图比例尺、地形图比例尺精度？

2. 什么叫等高线？等高线有哪些特性？

3. 何谓数字化测图？它有哪些特点？

4. 经纬仪测图法的过程是什么？

四、计算题

根据表3-9中的观测数据，算出碎部点的水平距离和高程。已知竖直角计算公式为：$\alpha = 90° - L$，测站高程 $H_B = 44.78m$，仪器高 $i = 1.50m$，水平距离及高程计算至分米（dm）和厘米（cm）。

观测数据 表3-9

测站	测点	视距读数			竖盘读数（° ′）
		下丝	上丝	中丝	
B	1	0.902	0.766	0.830	84 32
	2	2.165	0.555	1.360	86 13
	3	2.871	1.128	2.000	93 45
	4	2.221	0.780	1.500	92 18

【项目综合训练】

以小组为单位，测绘比例尺为1/1 000的某区域地形图。在已测定的图根控制点上，进行碎部测量，采用经纬仪测绘法进行地物和地形特征点的测定，并依测图比例尺和地图图式符号进行整饰，最后上交小组的地形图。

1. 仪器准备。每组由仪器室借领：DJ_6 经纬仪1台，平板仪1台，量角器1个，塔尺2根，记录板1块，地形记录表格若干。

2. 每个小组平均由5名同学组成，其中，立尺员2名，记录员1名，观测员1名，每个同学可观测一个测站，采取轮换制，最终以小组的地形图质量作为评价标准。

项目 4

道路中桩测设及纵横断面测量

【项目导入】

道路中线测量是公路工程测量中关键性的工作，它是测绘纵、横断面图和平面图的基础，是公路设计、施工和后续工作的依据。道路中线测量是通过直线和平曲线的测设，将道路中心线的平面位置用木桩具体标定在现场，并测定路线的实际里程。如何把道路中线放样到实地上去，这是道桥专业学生必须掌握的技能。

【知识与技能目标】

1. 掌握工程施工放样的基本方法；
2. 掌握曲线放样元素的计算；
3. 能够使用经纬仪、全站仪和 GPS 完成道路中桩的测设；
4. 能够使用水准仪完成道路纵、横断面测量和高程放样工作。

工作任务1　用常规方法放样中桩

一、圆曲线测设

中线测量的主要任务是通过直线和曲线的测设，将道路中心线的平面位置具体地标定在施工现场，并测设路线的实际里程。

1. 圆曲线主点测设

在路线平曲线测设中，圆曲线是路线平曲线的基本组成部分，且单圆曲线是最常见的曲线形式。圆曲线的测设工作一般分两步进行，先定出曲线上起控制作用的点，称为曲线的主点测设，然后在主点基础上进行加密，定出曲线上的其他各点，完整地标定出圆曲线的位置，这项工作称为曲线的详细测设。

1）圆曲线测设元素的计算

在图4-1中：

P 点——公路路线测量中所测定的交点 JD 位置；

α——路线转角；

R——圆曲线半径；

A 点和 B 点——直线与圆曲线的切点，即圆曲线的起点 ZY 和终点 YZ；

M 点——分角线与圆曲线的相交点，即圆曲线的中点 QZ；

T——圆曲线的切线长，即$\overset{\frown}{AB}$的长度；

L——圆曲线的曲线长；

E——交点 JD 至圆曲线中点 M 的距离，称为外距。

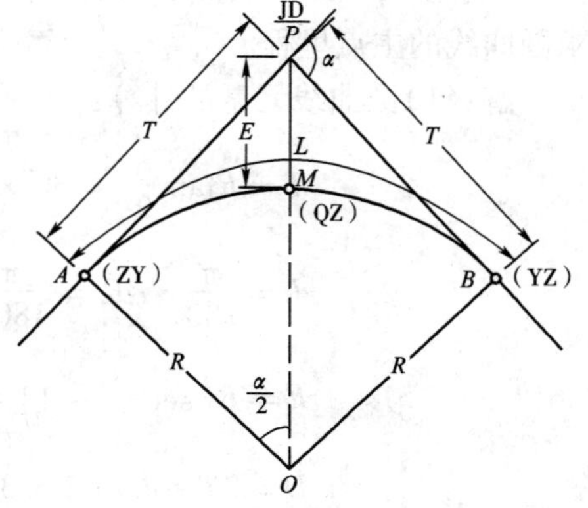

图4-1　圆曲线主点及测设元素

根据图中的几何关系，单圆曲线元素按下列公式计算：

切线长 $$T=R\tan\frac{\alpha}{2} \tag{4-1}$$

曲线长 $$L=\frac{\pi}{180^\circ}\alpha R \tag{4-2}$$

外距 $$E=R\left(\sec\frac{\alpha}{2}-1\right) \tag{4-3}$$

另外，为了计算里程和校核，还应计算切曲差（超距），即两切线长与曲线长的差值。

切曲差（超距）： $$D=2T-L \tag{4-4}$$

2）圆曲线的主点测设

单圆曲线有三个主点，即曲线起点（ZY）、曲线中点（QZ）和曲线终点（YZ）。它们是确定圆曲线位置的主要点位。在其点位上的桩称为主点桩，是圆曲线测设的重要桩志。

（1）主点里程桩号的计算。在中线测设中，路线交点（JD）的里程桩号是实际丈量的，而曲线主点的里程桩号是根据交点的里程桩号推算而得的。其计算步骤如下：

交点	JD	里程
	−)	T
圆曲线起点	ZY	里程
	+)	L
圆曲线终点	ZY	里程
	−)	$L/2$
圆曲线中点	QZ	里程
	+)	$D/2$
校核	JD	里程

(2)主点的测设。如图 4-1 所示,自路线交点 JD 分别沿后视方向和前视方向量取切线长 T,即得曲线起点 ZY 和曲线终点 YZ 的桩位。再自交点 JD 沿分角线方向量取外距 E,便是曲线中点 QZ 的桩位。

【例题 1】 路线交点 JD_{12}的里程为 K8 +518.88,转角 $\alpha=104°40'$,圆曲线半径 $R=30\text{m}$,求圆曲线的主点里程。

解:(1)圆曲线元素的计算:

$$T=R\tan\frac{\alpha}{2}=30\times\tan\frac{104°40'}{2}=38.86(\text{m})$$

$$L=\frac{\pi}{180}\cdot\alpha R=\frac{\pi}{180°}\times104°40'\times30=54.80(\text{m})$$

$$E=R\left(\sec\frac{\alpha}{2}-1\right)=30\times\left(\sec\frac{104°40'}{2}-1\right)=19.09(\text{m})$$

$$D=2T-L=2\times38.862-54.803=22.92(\text{m})$$

(2)圆曲线主点里程计算:

JD_{12}	K8 +518.88
−)T	38.86
ZY	K8 +480.02
+)L	54.80
YZ	K8 +534.82
−)$L/2$	27.40
QZ	K8 +507.42
+)$D/2$	11.46
JD_{12}	K8 +518.88
校核	

2. 圆曲线的详细测设

在公路中线测设中,为更详细更准确地确定道路中线位置,除测定圆曲线主点外,还要按有关技术要求和规定桩距在曲线主点间加密设桩,进行圆曲线的详细测设。加密设桩的方法通常有两种:一种是整桩距法,即从曲线起点(或终点)开始,以相等的整桩距(整弧段)向曲线中点设桩,最后余下一段不足整桩距的零桩距。这种方法的桩号除加设百米和公里桩外,其余桩号均不为整数;另一种是整桩号法,即将靠近曲线起点(或终点)的第一个桩号凑为整数桩号,然后再按整桩距向曲线中点连续设桩,这种方法除个别加桩外,其余的桩号均为整桩号。

圆曲线详细测设方法很多,但最常用的有以下两种:

1)切线支距法

(1)切线支距法原理。如图4-2a)所示,切线支距法是以曲线的起点或终点为坐标原点,坐标原点至交点的切线方向为 X 轴,坐标原点至圆心的半径为 Y 轴。曲线上任意一点 P 即可用坐标值 X 和 Y 来确定。

(2)切线支距法坐标的计算。设 P 为所要设置的曲线上任意一点,P 到曲线起点(或终点)的弧长为 l,相对应的圆心角为 φ,如图4-2a)所示,则 P 点的坐标为:

$$\left.\begin{aligned} X &= R\sin\varphi \\ Y &= R(1-\cos\varphi) \end{aligned}\right\} \tag{4-5}$$

式中:$\varphi = \frac{l}{R} \cdot \frac{180^\circ}{\pi}$。

(3)切线支距法的测设方法。一般都是以曲线中点 QZ 为界,将曲线分为两部分进行测设。如图4-2b)所示,其测设步骤如下:

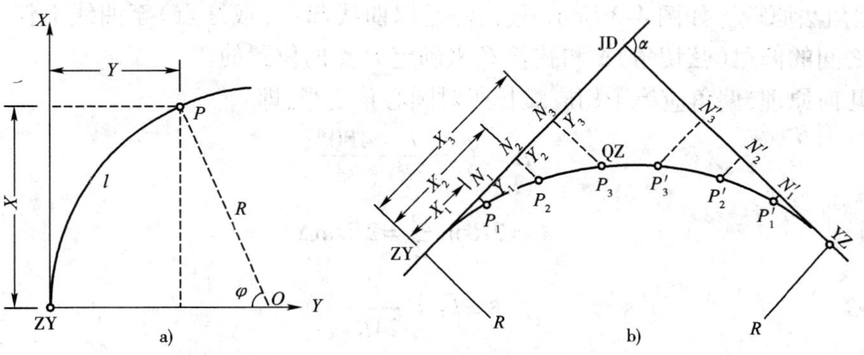

图4-2 切线支距法测设圆曲线

a)原理图;b)放样图

①根据曲线桩点的计算资料 $P_i(X_i、Y_i)$,从 ZY(或 YZ)点开始用钢尺或皮尺沿切线方向量取 P_i 点的横坐标 X_1、X_2、X_3,得垂足 N_1、N_2、N_3。

②在垂足点 N_i 用方向架(或经纬仪)定出切线的垂线方向,沿此方向量出纵坐标 Y_1、Y_2、Y_3,即可定出曲线上 P_1、P_2、P_3 点位置。

③校核方法。丈量所定各桩点间的弦长来进行校核,如果不符或超限,应查明原因,予以纠正。

切线支距法适用于平坦开阔地区,方法简便,工效快。尤其是该设置方法其测点相互独立,无积累误差。但当纵坐标过大时,测设 Y 距的误差会增大,故应选择其他方法进行详细测设。

【例题2】 在例题1的基础上,若取用桩距 $l_0=10\text{m}$,试按整桩距法和整桩号法设桩,计算用切线支距法详细测设圆曲线的测设数据。

解:依据例题1所求圆曲线主点里程和桩距 $l_0=10\text{m}$ 的设桩要求,应用式(4-5)所计算的测设数据见表4-1及表4-2所示。

圆曲线支距计算表(整桩距法)　　　　表 4-1

桩　号	各桩至起点曲线长 l	X	Y	桩　号	各桩至起点曲线长 l	X	Y
ZY K8 +480.02	0.00	0.00	0.00	+514.82	20.00	18.55	6.42
+490.02	10.00	9.82	1.65	+524.82	10.00	9.82	1.65
+500.00	19.98	18.54	6.41	YZ K8 +534.82	0.00	0.00	0.00
QZ K8 +507.42	27.40	23.75	11.67				

圆曲线支距计算表(整桩号法)　　　　表 4-2

桩　号	各桩至起点曲线长 l	X	Y	桩　号	各桩至起点曲线长 l	X	Y
ZY K8 +480.02	0.00	0.00	0.00	+510.00	24.82	22.08	9.69
+490.00	0.98	9.80	1.64	+520.00	14.82	14.22	3.59
+500.00	19.98	18.54	6.41	+530.00	4.82	4.80	0.39
QZ K8 +507.42	27.40	23.75	11.67	YZ K8 +534.82	0.00	0.00	0.00

2)偏角法

(1)偏角法原理。如图 4-3 所示,偏角法是以曲线起点(或终点)至曲线上任一点 P 的弦线与切线之间的偏角(弦切角)Δ 和弦长 C 来确定 P 点的位置的。

根据几何原理,偏角应等于相应弧长所对圆心角之半,即

偏角
$$\Delta = \frac{\varphi}{2} = \frac{l}{2R} \cdot \frac{180°}{\pi} \tag{4-6}$$

弦长
$$C = 2R\sin\frac{\varphi}{2} = 2R\sin\Delta \tag{4-7}$$

弧弦差
$$\delta = l - C\frac{l^3}{24R^2} \tag{4-8}$$

(2)偏角法的测设方法。

①计算测设数据。偏角法测设曲线,一般以整桩号法设桩。如图 4-4 所示,除首尾段的弧

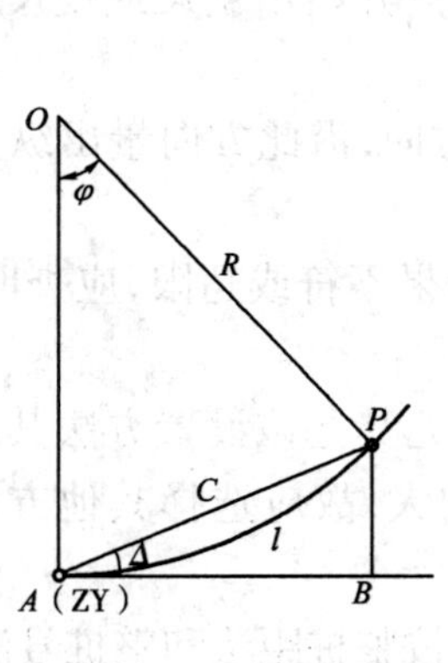

图 4-3　偏角计算示意图

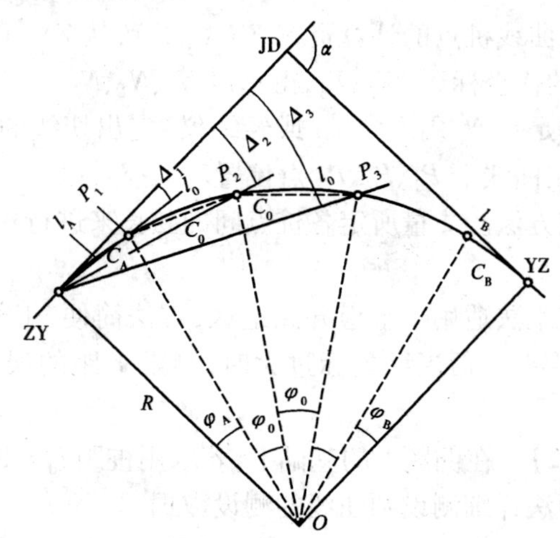

图 4-4　偏角法测设圆曲线原理图

长 l_A、l_B 小于整弧段(整桩距) l_0 外,其余均为整弧段。设 l_A、l_B 和 l_0 相对应的圆心角为 φ_A、φ_B 和 φ_0,相对应的偏角为 Δ_A、Δ_B 和 Δ_0,按式(4-6)则有:

P_1 点: $$\Delta_1 = \frac{\varphi_A}{2} = \frac{l_A}{2R} \cdot \frac{180^\circ}{\pi} = \Delta_A$$

P_2点: $$\Delta_2 = \frac{\varphi_A + \varphi_0}{2} = \Delta_A + \Delta_0$$

P_3点: $$\Delta_3 = \frac{\varphi_A + 2\varphi_0}{2} = \Delta_A + 2\Delta_0$$

$$\cdots$$

P_{n+1}点: $$\Delta_{n+1} = \frac{\varphi_A + n\varphi_0}{2} = \Delta_A + n\Delta_0 \tag{4-9}$$

终点 $$\Delta_{YZ} = \frac{\varphi_A + n\varphi_0 + \varphi_B}{2} = \Delta_A + n\Delta_0 + \Delta_B$$

弦长 $$C_i = 2R\sin\frac{\varphi_i}{2} = 2R\sin\Delta_i$$

弧弦差 $$\delta_i = l_i - C_i = \frac{l_i^3}{24R^2}$$

式中:$\varphi_i = \dfrac{l_i}{2R} \cdot \dfrac{180^\circ}{\pi}$。

由上可知,曲线上各点的偏角等于该点至起点所包含弧段偏角的总和,而以曲线起点至终点的偏角称为总偏角,应等于转角的,以此来校核偏角计算的正确性。即

$$\Delta_{YZ} = \Delta_A + n\Delta_0 + \Delta_B = \frac{\alpha}{2} \tag{4-10}$$

②测设方法。如图 4-5 所示,先将经纬仪置于曲线起点 A(ZY),使水平度盘读数配置为起始读数($360^\circ - \Delta_A$),后视交点 JD 得切线方向。然后转动照准部,使水平度盘读数为 00°00′00″,即得 AP_1 方向,从 A 点沿此方向量取首段弦长 C_A 便得 P_1 点;再转动照准部使水平度盘读数为 Δ_0,即得 AP_2 方向,从 P_1 点量出整弧段所对的弦长 C_0 与 AP_2 方向相交得 P_2 点。同法依次转动照准部,使水平度盘读数分别为 $2\Delta_0$、$3\Delta_0 \cdots n\Delta_0$,即得 AP_3、$AP_4 \cdots AP_{n+1}$ 方向,再依次量取弦长 C_0 与上述方向线相交便得 P_3、$P_4 \cdots P_{n+1}$等点,最后由 P_{n+1}点量取尾段弦长 C_B 与 AB 方向相交,其交点应闭合在曲线终点 YZ 上。

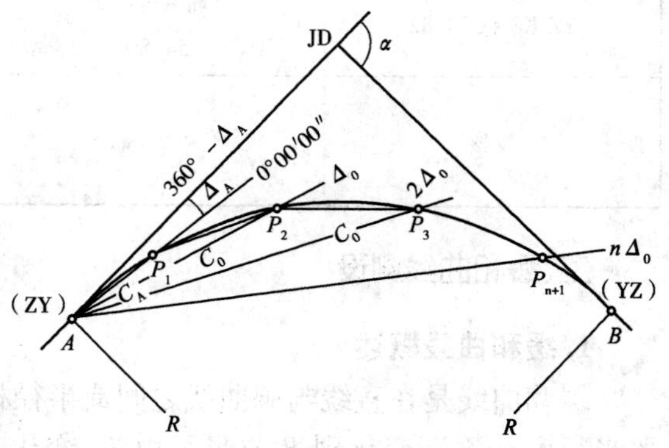

图 4-5 偏角法测设圆曲线

需要注意的是,用偏角法设置曲线时,若从切线方向开始顺时针拨角(如图 4-5 的拨角形式),称为正拨,其偏角是正拨偏角;若从切线方向开始逆时针拨角,称为反拨,其偏角是反拨偏角。反拨偏角 =360° − 正拨偏角。

③检查。曲线测设至终点的闭合差一般不应超过表 4-3 规定。否则,应查明原因,予以

纠正。

表 4-3

曲线测量闭合差

公路等级	纵向闭合差(m)		横向闭合差(cm)		曲线偏角闭合差(″)
	平原微丘区	山岭重丘区	平原微丘区	山岭重丘区	
高速公路、一级公路	1/2 000	1/1 000	10	10	60
二级以下公路	1/1 000	1/500	10	15	120

偏角法是一种测设精度较高、实用性较强、灵活性较大的常用方法。但这种方法若依次从前一点量取弦长,则存在着测点误差累积的缺点,所以测设中宜在曲线中点分别向两端测设或由两端向中点测设。

【例题 3】 在例题 1 的基础上,若取用桩距 $l_0=10\text{m}$,试按整桩号法设桩,计算偏角法详细测设圆曲线的测设数据。

解:依据例题 1 所求圆曲线主点里程和桩距 $l_0=10\text{m}$ 的设桩要求,应用式(4-6)所计算的测设数据见表 4-4 所列。

表 4-4

圆曲线偏角计算表

桩　号	各桩至起点曲线长	偏　角	度盘偏角读数
ZY K8 +480.02	0.00	0°00′00″	360° $-\Delta_A$ =350°28′11″
+490	9.98	Δ_A =9°31′49″	0°00′00″
+500	19.98	19°04′46″	Δ_0 =9°32′57″
QZ K8 +507.42			
+510	29.98	28°37′43″	$2\Delta_0$ =19°05′54″
+520	39.98	38°10′40″	$3\Delta_0$ =28°38′51″
+530	49.98	47°43′37″	$4\Delta_0$ =38°11′48″
YZ K8 +534.82	(l_B =4.82) 54.80	(Δ_B =4°36′10″) 52°18′47″	$4\Delta_0+\Delta_B$ =42°19′47″
校核	$\frac{\alpha}{2}$ =52°20′00″　Δ_{YZ} =52°19′47″ 两者相差 13″,属计算取位误差		

二、缓和曲线测设

1. 缓和曲线概述

缓和曲线是在直线与圆曲线之间或半径相差较大的两个转向相同的圆曲线之间,插入一段半径由∞逐渐变化到 R 或半径由 R_1 变化到 R_2 的一种线形,它起缓和与过渡的作用。有缓和曲线段的平曲线,是最常见的曲线形式之一。

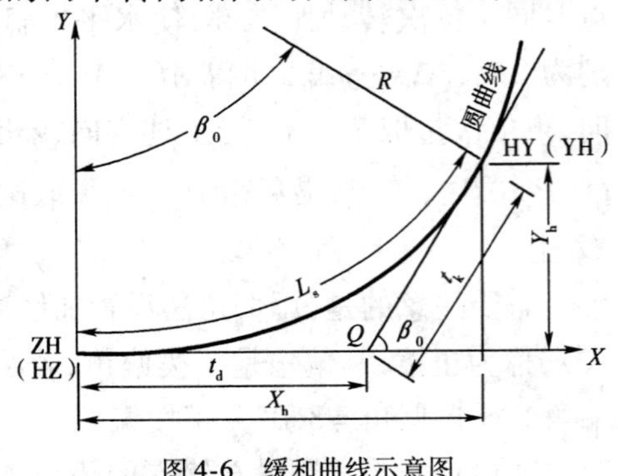

图 4-6　缓和曲线示意图

缓和曲线可采用回旋线、三次抛物线、双纽线等线形。目前,我国公路和铁路系统中,均采用回旋线作为缓和曲线。

1)缓和曲线的形式与基本方程

如图 4-6 所示,回旋线是曲率半径随曲线长度的增大而成反比均匀减小的曲线,即回旋线上任一点的

曲率半径 r 与曲线的长度 l 成反比。以公式表示为：

$$rl = A^2 \tag{4-11}$$

式中：r——回旋线上某点的曲率半径；

l——回旋线上某点到回旋线起点（$r=\infty$）的曲线长；

A——回旋曲线的参数。

在缓和曲线的终点 HY（YH），曲率半径等于圆曲线的半径 R，曲线长度即是缓和曲线的全长 L_s，按式（4-11）可得：

$$RL_s = A^2 \tag{4-12}$$

式中：L_s——缓和曲线长度；

R——缓和曲线终点的曲率半径。

A 的大小表示缓和曲线半径的变化率，与车速有关。目前我国公路采用：

$$A^2 = 0.035v^3 \tag{4-13}$$

式中：v——计算行车速度（km/h）。

缓和曲线全长：

$$L_s = 0.035\frac{v^3}{R} \tag{4-14}$$

我国交通运输部颁布的《公路工程技术标准》（JTG B01—2003）中规定：缓和曲线采用回旋线。缓和曲线的长度应根据不同等级公路的设计速度求算，并尽量采用大于表 4-5 所列数值。

各级公路缓和曲线最小长度 表 4-5

公路等级	高速公路				一		二		三		四	
设计速度（km/h）	120	100	80	60	100	60	80	40	60	30	40	20
缓和曲线最小长度（m）	100	85	70	50	85	50	70	35	50	25	35	20

注：四级公路为超高、加宽缓和段长度。

2）缓和曲线的切线角与直角坐标

（1）切线角。如图 4-6 所示，缓和曲线上任意一点 P 的切线与缓和曲线起点（$X=\infty$）切线的夹角 β 称为该点的切线角，该角值与 P 点至缓和曲线起点 ZH（HZ）的曲线长所对的中心角相等。

设 P 点的曲率半径为 r，P 点到缓和曲线起点 ZH（HZ）的曲线长为 l。在 P 点取一微分弧段 $\mathrm{d}l$，其所对的中心角为 $\mathrm{d}\beta$，则

$$\mathrm{d}\beta = \frac{\mathrm{d}l}{r} \tag{4-15}$$

积分后，缓和曲线上任意一点的切线角为：

$$\beta = \frac{l^2}{2RL_s}\cdot\frac{180^\circ}{\pi} \tag{4-16}$$

当 $l=L_s$ 时，β 以 β_0 表示，则缓和曲线全长所对的切线角为：

$$\beta_0 = \frac{L_s}{2R}\cdot\frac{180^\circ}{\pi} \tag{4-17}$$

（2）直角坐标。如图 4-6 所示，以缓和曲线起点 ZH（HZ）为坐标原点，过该点的切线为 X 轴，法线为 Y 轴，缓和曲线上任意一点 P 的坐标为（X，Y）。P 点的微分弧段 $\mathrm{d}l$ 在坐标轴上的

投影为：

$$\begin{aligned} dX &= dl \cdot \cos\beta \\ dY &= dl \cdot \sin\beta \end{aligned} \tag{4-18}$$

将 $\cos\beta$ 和 $\sin\beta$ 按级数展开，并将式(4-16)代入后积分，略去高次项得：

$$\begin{aligned} X &= l - \frac{l^5}{40R^2L_s^2} \\ Y &= \frac{l^3}{6RL_s} \end{aligned} \tag{4-19}$$

当 $l = L_s$ 时，缓和曲线终点 HY（YH）的直角坐标为：

$$\left.\begin{aligned} X_h &= L_s - \frac{L_s^3}{40R^2} \\ Y_h &= \frac{L_s^2}{6R} \end{aligned}\right\} \tag{4-20}$$

2. 圆曲线带有缓和曲线段的主点测设

在直线与圆曲线之间插入缓和曲线时，必须将原来的圆曲线向内移动，这样才能保证缓和曲线起点切于直线上，而缓和曲线终点又与圆曲线上某一点相切。也就是当圆曲线设置缓和曲线后，圆曲线的位置将发生变化，它和直线的衔接关系是通过缓和曲线来实现的。

公路上一般采用圆心不动的移动方法，如图 4-7 所示，JD 处的转角为 α，未设缓和曲线时的圆曲线半径为 $(R+p)$，插入缓和曲线后，圆曲线向内移动 p，半径变为 R，其保留部分即 HY ~ YH段所对圆心角 $(\alpha - 2\beta_0)$。测设时必须满足条件 $2\beta_0 \leqslant \alpha$，否则应缩短缓和曲线长度或加大圆曲线半径，使之满足要求。

带有缓和曲线段的平曲线有五个主点：直缓点（ZH）、缓圆点（HY）、曲中点（QZ）、圆缓点（YH）、缓直点（HZ）。下面介绍设置缓和曲线后有关常数的计算公式和主点测设方法。

1）内移值 p 和切线增长值 q 的计算

如图 4-7 所示，以 $(R+p)$ 为半径的圆曲线起点（或终点）至缓和曲线起点的距离为 q，即圆曲线内移距离 p 后切线的增长值。内移后的圆曲线称为主圆曲线，其半径为 R，从图中可导出：

$$\begin{aligned} p &= Y_h + R\cos\beta_0 - R \\ q &= X_h - R\sin\beta_0 \end{aligned} \tag{4-21}$$

将 $\cos\beta_0$ 和 $\sin\beta_0$ 按级数展开，并将式(4-17)代入整理得：

$$p = \frac{L_s^2}{24R} \tag{4-22}$$

$$q = \frac{L_s}{2} - \frac{L_s^3}{240R^2} \tag{4-23}$$

2）缓和曲线起点、终点切线长 t_d 和 t_k 的计算

如图 4-8 所示，缓和曲线起、终点的切线交于 Q 点，Q 点至缓和曲线起、终点的距离 t_d、t_k 可按下式计算：

$$\begin{aligned} t_d &= X_h - Y_h\cot\beta_0 \\ t_k &= Y_h\csc\beta_0 \end{aligned}$$

将 $\cot\beta_0$ 和 $\csc\beta_0$ 按级数展开，并将式(4-17)代入整理得：

$$t_d = \frac{2}{3}L_s + \frac{11L_s^3}{1260R^2} \tag{4-24}$$

$$t_k = \frac{1}{3}L_s + \frac{L_s^3}{1260R^2} \tag{4-25}$$

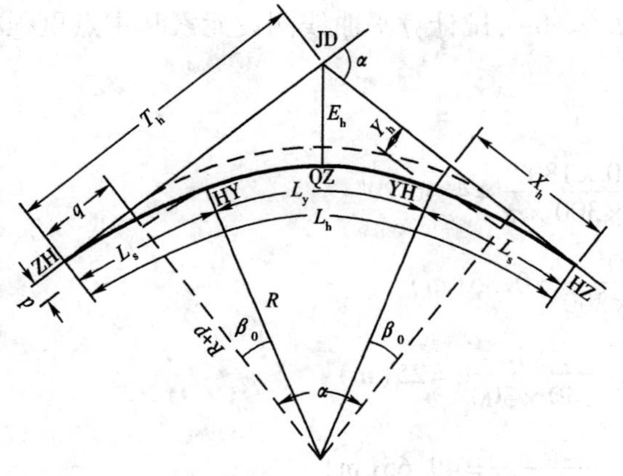

图 4-7 圆曲线带有缓和曲线段的主点及测设元素

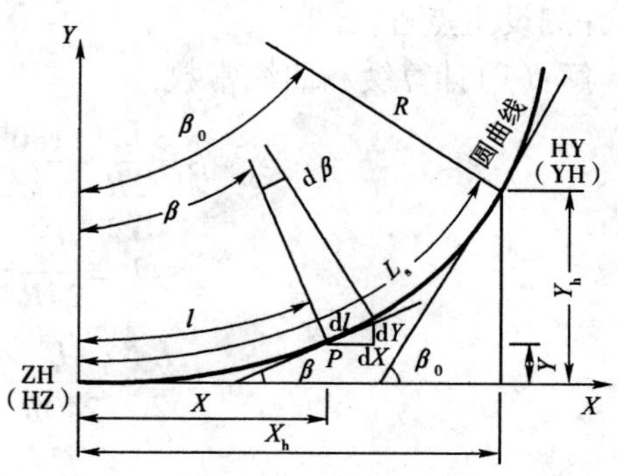

图 4-8 缓和曲线起、终点切线长计算示意图

3)曲线测设元素计算

如图 4-8 所示,带有缓和曲线的平曲线主点测设元素可按下列公式计算:

切线长 $T_h = (R+p)\tan\frac{\alpha}{2} + q$

主圆曲线段长 $L_y = \frac{\pi}{180°}(\alpha - 2\beta_0)R = \frac{\pi}{180°}\alpha R - L_s$

曲线总长 $L_h = L_y + 2L_s = L + L_s$ (4-26)

外距 $E_h = (R+p)\sec\frac{\alpha}{2} - R$

切曲差 $D_h = 2T_h - L_h$

4)主点里程桩号的计算

根据交点的里程桩号和曲线测设元素可按下列顺序依次计算曲线各主点的里程桩号,并作校核。

交　点	JD	里程
	$-)T_h$	
直缓点	ZH	里程
	$+)L_s$	
缓圆点	HY	里程
	$+)L_y$	
圆缓点	YH	里程
	$+)L_s$	
缓直点	HZ	里程
	$-)L_h/2$	
曲中点	QZ	里程
	$+)D_h/2$	
交　点	JD	里程　　(校核)

5)曲线主点的测设

如图 4-8 所示，曲线主点的测设方法与单圆曲线基本相同。ZH、HZ 两点由切线长 T_h 来确定，QZ 点由外距 E_h 来确定，HY、YH 两点均可根据其坐标值 X_h、Y_h 用切线支距法确定。

【例题 4】 某计算行车速度为 60km/h 的三级公路，交点桩号为 K0 + 518.66，转角 $\alpha = 18°18'36''$，圆曲线半径 $R = 300$m，缓和曲线长 $L_s = 50$m，试计算平曲线测设元素和主点里程桩号，并测设主点桩。

解:(1)计算缓和曲线常数:

$$\beta = \frac{L_s}{2R} \cdot \frac{180°}{\pi} = \frac{50 \times 180°}{2 \times 300 \times \pi} = 4°46'29''$$

$$P = \frac{L_s^2}{24R} = \frac{50^2}{24 \times 300} = 0.35(\text{m})$$

$$q = \frac{L_s}{2} - \frac{L_s^3}{240R^2} = \frac{50}{2} - \frac{50^3}{240 \times 300^2} = 25(\text{m})$$

$$X_h = L_s - \frac{L_s^3}{40R^2} = 50 - \frac{50^3}{40 \times 300^2} = 49.65(\text{m})$$

$$Y_h = \frac{L_s^2}{6R} = \frac{50^2}{6 \times 300} = 1.39(\text{m})$$

$$t_d = \frac{2}{3}L_s + \frac{11L_s^3}{1260R^2} = \frac{2}{3} \times 50 + \frac{11 \times 50^3}{1260 \times 300^2} = 33.34(\text{m})$$

$$t_k = \frac{1}{3}L_s + \frac{L_s^3}{1260R^2} = \frac{1}{3} \times 50 + \frac{50^3}{1260 \times 300^2} = 16.68(\text{m})$$

(2)测设元素计算:

$$T_h = (R + P)\tan\frac{\alpha}{2} + q = (300 + 0.35)\tan\frac{18°18'36''}{2} + 25 = 73.40(\text{m})$$

$$L_h = R\alpha\frac{\pi}{180°} - L_s = 300 \times 18°18'36'' \times \frac{\pi}{180°} + 50 = 145.87(\text{m})$$

$$E_h = (R + P)\sec\frac{\alpha}{2} - R = (300 + 0.35)\sec\frac{18°18'36''}{2} - 300 = 4.22(\text{m})$$

$$D_h = 2T_h - L_h = 2 \times 73.40 - 145.87 = 0.93\ (\text{m})$$

(3)主点里程桩号计算:

JD	K0 + 518.66	
−) T_h	73.40	
ZH	K0 + 445.26	
+) L_s	50	
HY	K0 + 495.26	
+) L_y	45.87	
YH	K0 + 541.13	
+) L_s	50	
HZ	K0 + 591.13	
−) $L_h/2$	145.87/2	
QZ	K0 + 518.95	
+) $D_h/2$	0.46	
JD	K0 + 518.66	（校核无误）

(4)主点桩测设。

①由 JD 沿前后切线方向分别量取 $T_h = 73.40\text{m}$,得 ZH 和 HZ 点桩位。

②由 JD 沿分角线方向量取 $E_h = 4.22\text{m}$ 得 QZ 点桩位。

③根据 $X_h = 49.65\text{m}$, $Y_h = 1.39\text{m}$,分别以 ZH 和 HZ 点为原点,用切线支距法定出 HY 和 YH 点的位置。

3. 圆曲线带有缓和曲线段的详细测设

1)切线支距法

与单圆曲线的测设原理相同,以 ZH(HZ)或 HY(YH)为原点建立坐标系,切线方向为 X 轴,法线方向为 Y 轴,计算曲线上待定中桩的坐标 X、Y。测设时,自坐标原点沿切线方向量 X 得垂足,再由垂足沿垂线方向量 Y 即得该中桩的位置。下面介绍中桩坐标 X、Y 的计算方法。

(1)缓和曲线段内任意点的测设。如图 4-8 所示,以 ZH(HZ)点为坐标原点,切线方向为 X 轴,法线方向为 Y 轴,对于缓和曲线段内任意一点 P,其坐标可按下式计算:

$$\left.\begin{aligned} X &= l - \frac{l^5}{40R^2L_s^2} \\ Y &= \frac{l^3}{6RL_s} \end{aligned}\right\} \tag{4-27}$$

(2)圆曲线段内任意点的测设。

①以 ZH(HZ)为坐标原点建立坐标系。如图 4-9 所示,以 ZH(HZ)点为坐标原点,切线方向为 X 轴,法线方向为 Y 轴。为计算圆曲线段内任意点 P 的坐标,在内移后圆曲线的端点位置建立 $X'O'Y'$ 坐标系,先计算 P 点在 $X'O'Y'$ 坐标系中的坐标:

$$\left.\begin{aligned} X'_p &= R\sin\left(\frac{l}{R}\cdot\frac{180°}{\pi}\right) \\ Y'_p &= R\left[1-\cos\left(\frac{l}{R}\cdot\frac{180°}{\pi}\right)\right] \end{aligned}\right\} \tag{4-28}$$

式中:l——待测中桩至坐标原点 O' 的曲线长,即 $l = P$ 点桩号 $-$ HY 桩号 $+L_s/2$ 或 $l =$ YH 桩号 $-$ P 点桩号 $+L_s/2$。

P 点在 XOY 坐标系中的坐标为:

$$\left.\begin{aligned} X_p &= X'_p + q \\ Y_p &= Y'_p + P \end{aligned}\right\} \tag{4-29}$$

即

$$\left.\begin{aligned} X_p &= R\sin\left(\frac{l}{R}\cdot\frac{180°}{\pi}\right) + q \\ Y_p &= R\left[1-\cos\left(\frac{l}{R}\cdot\frac{180°}{\pi}\right)\right] + p \end{aligned}\right\} \tag{4-30}$$

②以 HY(YH)为坐标原点建立坐标系。如图 4-10 所示,在 HY(YH)点建立 XOY 坐标系,P 点在 XOY 坐标系中的坐标可用下式计算:

$$\left.\begin{aligned} X_p &= R\sin\left(\frac{l}{R}\cdot\frac{180°}{\pi}\right) \\ Y_p &= R\left[1-\cos\left(\frac{l}{R}\cdot\frac{180°}{\pi}\right)\right] \end{aligned}\right\} \tag{4-31}$$

式中:l——待测中桩至坐标原点 HY(YH)的曲线长。

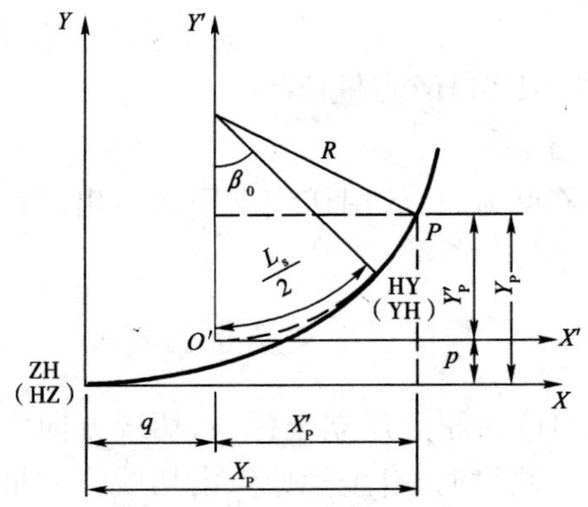

图 4-9　切线支距测设带缓和曲线段(以 ZH 为原点)的圆曲线

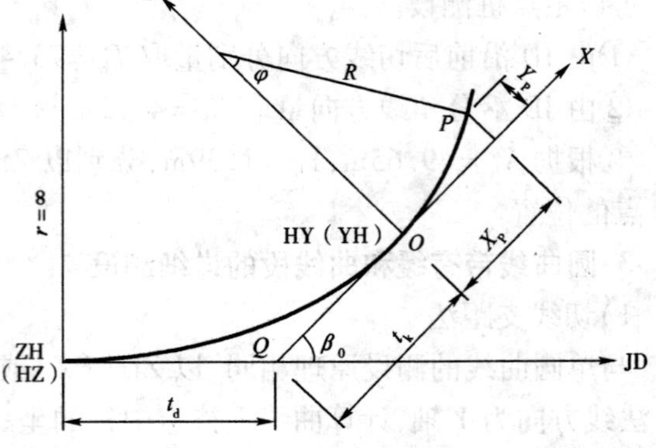

图 4-10　切线支距法测设带缓和曲线段的圆曲线

施测时,先自 ZH(HZ)点沿切线方向量取 t_d,得 ZH(HZ)点与 HY(YH)点切线的交点 Q,并用 t_k 进行校核,则 Q 与已测定的 HY(YH)点连线方向即为 HY(YH)点的切线方向。t_d 和 t_k 可按式(4-24)和式(4-25)计算。

用切线支距法测设带缓和曲线的平曲线时,为保证测设精度,通常以 QZ 为界将曲线分为两大段,以 ZH、HY 为坐标原点建立坐标系测设 ZH ~ QZ 段的中桩,以 HZ、YH 为坐标原点建立坐标系测设 QZ ~ HZ 段的中桩。

【例题 5】　根据例题 4 的计算结果,计算用切线支距法测设 K0 + 460、K0 + 500 桩的测设数据。

解:(1)K0 + 460 桩位于 ZH ~ HY 段,用式(4-27)计算:

$$l = 460 - 445.26 = 14.74(\mathrm{m})$$

$$X = l - \frac{l^5}{40R^2L_s^2} = 14.74 - \frac{14.74^5}{40 \times 300^2 \times 50^2} = 14.74(\mathrm{m})$$

$$Y = \frac{l^3}{6RL_s} = \frac{14.74^3}{6 \times 300 \times 50} = 0.03(\mathrm{m})$$

(2)K0 + 500 桩位于 HY ~ QZ 段,可用两种方法测设。

以 ZH 为坐标原点、ZH 的切线为 X 轴建立坐标系时,用式(4-30)计算:

$$l = 500 - 495.26 + 50/2 = 29.74(\mathrm{m})$$

$$X = R\sin\left(\frac{l}{R} \cdot \frac{180°}{\pi}\right) + q = 300 \times \sin\left(\frac{29.74}{300} \cdot \frac{180°}{\pi}\right) + 25 = 54.69(\mathrm{m})$$

$$Y = R\left[1 - \cos\left(\frac{l}{R} \cdot \frac{180°}{\pi}\right)\right] + p = 300 \times \left[1 - \cos\left(\frac{29.74}{300} \cdot \frac{180°}{\pi}\right)\right] + 0.35 = 1.82(\mathrm{m})$$

以 HY 为坐标原点、HY 的切线为 X 轴建立坐标系时,用式(4-31)计算:

$$l = 500 - 495.26 = 4.47(\mathrm{m})$$

$$X = R\sin\left(\frac{l}{R} \cdot \frac{180°}{\pi}\right) = 300 \times \sin\left(\frac{4.47}{300} \cdot \frac{180°}{\pi}\right) = 4.47(\mathrm{m})$$

$$Y = R\left[1-\cos\left(\frac{l}{R}\cdot\frac{180°}{\pi}\right)\right] = 300\times\left[1-\cos\left(\frac{4.47}{300}\cdot\frac{180°}{\pi}\right)\right] = 0.03(\text{m})$$

2)偏角法

(1)缓和曲线上任意一点的测设。用偏角法测设缓和曲线,与用偏角法测设圆曲线相同,利用缓和曲线上任意一点 P 的偏角值 Δ 和弦长 C 来确定中桩的位置。

①偏角 Δ 和弦长 C 的确定。如图 4-11 所示,缓和曲线上任一点 P,其偏角为 Δ,至缓和曲线起点的曲线长为 l,由于缓和曲线段内曲率半径较大,可近似以弧代弦。在直角三角形 AFP 中,有:

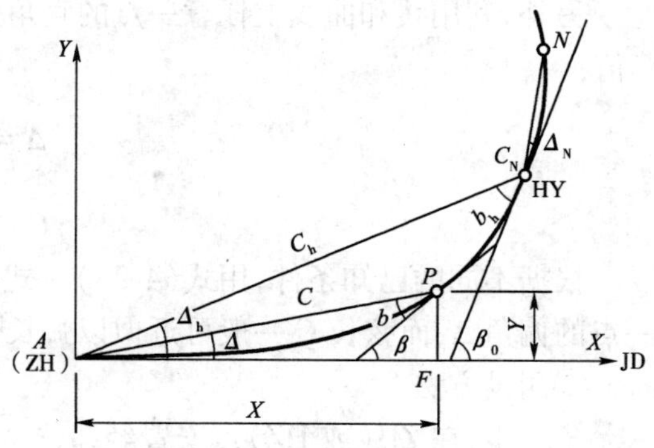

图 4-11　偏角法测设带缓和曲线段的圆曲线

$$\sin\Delta = \frac{Y}{C}\approx\frac{Y}{l} \tag{4-32}$$

又因 Δ 一般很小,有 $\sin\Delta\approx\Delta$,因此,

$$\Delta = \frac{Y}{l}\cdot\frac{180°}{\pi} \tag{4-33}$$

又由式(4-19)知:

$$Y = \frac{l^3}{6RL_s} \tag{4-34}$$

则

$$\Delta = \frac{l^2}{6RL_s}\cdot\frac{180°}{\pi} \tag{4-35}$$

当 $l = L_S$ 时,缓和曲线终点的偏角为:

$$\Delta_h = \frac{L_s}{6R}\cdot\frac{180°}{\pi} \tag{4-36}$$

根据式(4-16)和式(4-17),可将式(4-35)和式(4-36)改写为:

$$\Delta = \frac{1}{3}\beta \tag{4-37}$$

$$\Delta_h = \frac{1}{3}\beta_0 \tag{4-38}$$

由图 4-11 可知,缓和曲线上任意一点 P 至缓和曲线起点 ZH(HZ)的偏角 b、缓和曲线终点至缓和曲线起点 ZH(HZ)的偏角 b_h 可用下列公式计算:

$$b = \beta - \Delta = \frac{2}{3}\beta \tag{4-39}$$

$$b_h = \beta_0 - \Delta_h = \frac{2}{3}\beta_0 \tag{4-40}$$

如用式(4-35)除以式(4-36)得:

$$\frac{\Delta}{\Delta_h} = \frac{\frac{l^2}{6RL_s}}{\frac{L_s}{6R}} = \frac{l^2}{L_s^2}$$

故：

$$\Delta=\left(\frac{l}{L_s}\right)^2\Delta_h \tag{4-41}$$

另外，利用缓和曲线上任意一点的直角坐标 X 和 Y，亦可按下式求出对应的偏角 Δ 和弦长 C 值：

$$\Delta=\arctan\frac{Y}{X} \tag{4-42}$$

$$C=\sqrt{X^2+Y^2} \tag{4-43}$$

根据不同的已知条件，用式(4-35)～式(4-42)便可求得缓和曲线起点至缓和曲线上任意一点的偏角 Δ，而弦长 C 一般可近似以弧长代替。

②测设方法。

第一步：在 ZH(或 HZ)点安置经纬仪。

第二步：瞄准交点 JD，把水平度盘读数设置为 0°00′00″。

第三步：依次拨各桩对应的偏角 Δ_1、Δ_2、Δ_3…，得各桩方向，由 ZH(HZ)沿视线方向量弦长 C 即得中桩位置(也可由前一曲线桩量两桩间的弦长与视线相交得中桩位置)。

测出 HY(YH)桩后，应与按主点测设的 HY(YH)比较，若误差超限，应重测。

(2)HY～YH 段任意一点的测设。如图 4-11 所示，欲测设 HY～YH 段内任一点 N，置仪器于 HY(或 YH)点，找出 HY(或 YH)点切线，即可按偏角法测设圆曲线的方法进行测设，具体步骤如下(仪器置于 HY 点)：

①在 HY 点安置经纬仪。

②后视 ZH 点，将水平度盘读数设置为 $180°+b_k$(右转角时为 $180°-b_k$)。

③转动照准部，使水平度盘读数为 0°00′00″，此时仪器视线方向即为 HY 点的切线方向。

④按照偏角法测设圆曲线的方法，计算中桩 N 的偏角 ΔN、弦长 C_N，并测设其位置。

测出 QZ、YH 后，应与按主点测设的 QZ、YH 位置进行比较，若误差超限，应重测。

【例题 6】 根据例题 4 的计算结果，计算用偏角法测设 K0+460、K0+500 桩的测设数据。

解：(1)K0+460 桩位于 ZH～HY 段，仪器置于 ZH 点测设，用式(4-35)计算：

$$l=460-445.26=14.74(\text{m})$$

$$\Delta=\frac{l^2}{6RL_s}\cdot\frac{180°}{\pi}=\frac{14.74}{6\times300\times50}\cdot\frac{180°}{\pi}=0°08'18''$$

$$C\approx l=14.74(\text{m})$$

(2)K0+500 桩位于主曲线段，仪器置于 HY 点测设：

$$l=500-495.26=4.74(\text{m})$$

$$\Delta=\frac{l}{2R}\cdot\frac{180°}{\pi}=\frac{4.74}{2\times300}\cdot\frac{180°}{\pi}=0°27'09''$$

$$C\approx2R\sin\left(\frac{l}{2R}\cdot\frac{180°}{\pi}\right)=2\times300\sin\left(\frac{4.74}{2\times300}\cdot\frac{180°}{\pi}\right)=4.74(\text{m})$$

工作任务 2　用全站仪放样中桩

在高等级公路的路线测设中，是以控制点为基础，根据路线中桩的坐标，用全站仪(或

GPS)直接测定中桩的实地位置并测出中桩的地面高程。

该任务主要介绍在公路路线测量中,使用全站仪测设公路中线的施测程序和方法。

一、点位放样的基本方法

平面点位放样的基本操作是距离放样和角度放样。按照距离和角度的组合形式,平面点位放样的基本方法有极坐标法、角度交会法、距离交会法、直角坐标法、方向线交会法等。

1. 极坐标法

放样位置附近至少要有两个控制点作为放样的起算点,如图 4-12 中的控制点 $A(X_A,Y_A)$ 和 $B(X_B,Y_B)$,设放样点 P 的设计坐标为(X_P,Y_P),具体放样步骤如下。

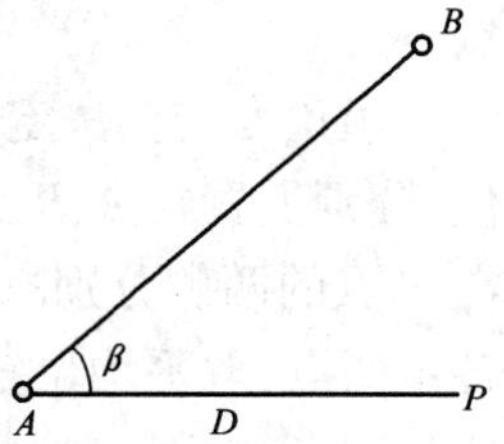

1)计算放样数据

根据 A、B 点的坐标计算 A、B 两点间的坐标差($\Delta X=X_B-X_A,\Delta Y=Y_B-Y_A$),再按下列公式计算确定 AB 的坐标方位角 α_{AB}:

图 4-12 极坐标法放点

$$\left.\begin{array}{l}\text{当 }\Delta X=0\text{ 且 }\Delta Y>0\text{ 时, }\alpha_{AB}=90^\circ\\ \text{当 }\Delta X=0\text{ 且 }\Delta Y<0\text{ 时, }\alpha_{AB}=270^\circ\\ \text{当 }\Delta X>0\text{ 且 }\Delta Y>0\text{ 时, }\alpha_{AB}=\arctan\dfrac{\Delta Y}{\Delta X}\\ \text{当 }\Delta X>0\text{ 且 }\Delta Y<0\text{ 时, }\alpha_{AB}=\arctan\dfrac{\Delta Y}{\Delta X}+360^\circ\\ \text{当 }\Delta X<0\text{ 时, }\alpha_{AB}=\arctan\dfrac{\Delta Y}{\Delta X}+180^\circ\end{array}\right\}\tag{4-44}$$

同法,可计算直线 AP 的坐标方位角 α_{AP}。

由 AB 方向顺时针旋转至 AP 方向的水平夹角为:

$$\beta=\alpha_{AP}-\alpha_{AB}\tag{4-45}$$

若 $\beta<0^\circ$时,则加 360°。

A、P 两点间的水平距离为:

$$D=\sqrt{(X_P-X_A)^2+(Y_P-Y_A)^2}\tag{4-46}$$

2)放样方法

将经纬仪安置于 A 点,后视 B 点,顺时针方向拨角 β 定出 AP 方向,然后沿 AP 方向量距离 D 即得 P 点。

长期以来,极坐标法放样主要采用经纬仪配合钢尺作业,由于钢尺量距受地形条件影响较大,尤其在距离较长时,量距工作量大,效率低,而且很难保证量距精度,因而,用钢尺进行极坐标法放样只能适应于放样点较近且便于量距的地方。

目前,测距仪、全站仪已基本普及,极坐标法放样时通常采用测距仪(全站仪)进行,用测距仪(全站仪)进行极坐标法放样具有适应性强、速度快、精度高等优点,因而,这种方法在高等级公路的路线测量和施工放样中得到了广泛应用。

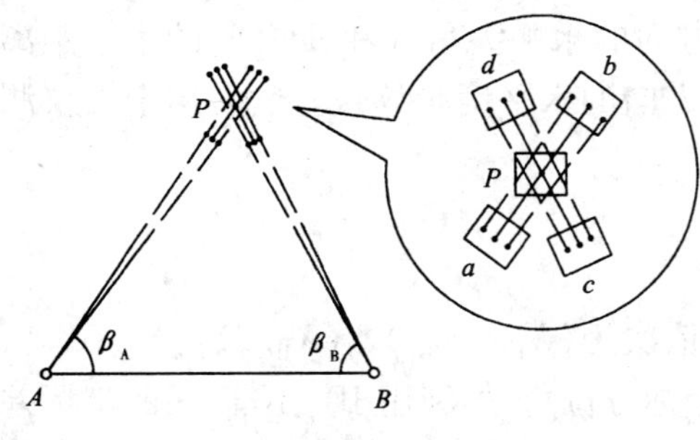

图 4-13 角度交会法放点

2. 角度交会法

当放样点远离控制点或不便于量距时(如桥墩中心点放样),采用角度交会法较为适宜。如图 4-13

所示,控制点 A、B 及放样点 P 的坐标值均为已知,具体放样步骤如下。

1)计算放样数据 β_A、β_B

根据 A、B、P 点的坐标,按式(4-44)分别计算 AB、AP、BP 的方位角,并按下式计算交会角:

$$\left.\begin{aligned}\beta_A &= \alpha_{AB} - \alpha_{AP} \\ \beta_B &= \alpha_{BP} - \alpha_{BA}\end{aligned}\right\} \tag{4-47}$$

2)放样方法

放样时最好采用两台经纬仪分别在 A、B 点设站,A 点安置的经纬仪后视 B 点,逆时针方向拨角 β_A;B 点安置的经纬仪后视 A 点,顺时针方向拨角 β_B,两台经纬仪视线的交点即为放样点 P。

用角度交会法定点,一般采用打骑马桩的方法。如图 4-13 所示,交会时最好用两台经纬仪,分别安置在 A、B 点,先粗略交会出 P 的大致位置;然后 A 点的经纬仪逆时针方向拨角 β_A,在 P 点的两侧分别打 a、b 两个木桩,根据盘左、盘右两次拨角定出的方向,在 a、b 两个木桩上各定两点,取平均位置 1、2 作为 AP 方向;同法 B 点的经纬仪顺时针方向拨角 β_B,在 P 点的两侧分别打 c、d 两个木桩,根据盘左、盘右两次拨角定出的方向在 c、d 两个木桩上各定两点,取平均位置 3、4 作为 BP 方向;最后在 1、2 和 3、4 之间拉细线,两线的交点即为 P 的正确位置。

P 点的定位精度主要取决于 β_A、β_B 的拨角精度,除此之外,还与交会角($\angle APB$)的大小有关。当交会角在 90°左右时,交会精度最高,一般不宜小于 60°或大于 150°。

3. 距离交会法

距离交会法是利用放样点到两已知点的距离交会定点。放样时分别以两已知点为圆心、以相应的距离为半径用尺子在实地画弧,两弧线的交点即为放样点位置。此法要求放样点距已知点的距离不超过一整尺长。

在公路勘测阶段,需对路线交点进行固定,并在交点附近的建筑物或树木等物体上作标记,量出标记至交点的距离并记录。施工时,可借助建筑物或树木上所作的标记用距离交会法寻找交点的位置。如图 4-14 所示,N_1、N_2 是勘测阶段在房屋上作的标记,JD 是路线交点,利用已知距离 D_1、D_2 交会可快速找到 JD 桩位。

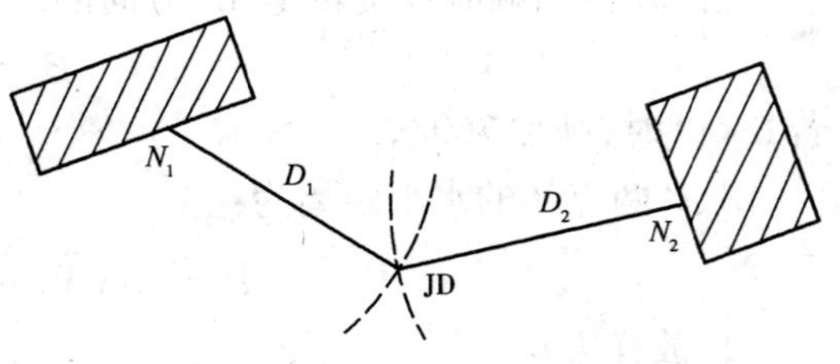

图 4-14　距离交会法放点

二、路线逐桩坐标计算

采用坐标法测设公路中线时,将整个路线中线和控制点置于统一的平面直角坐标系中,如图 4-15 所示。A、B 为已知控制点,A 为测站点,测设时,计算公路中线上任意中桩 P 的坐标,根据待测中桩 P 和控制点 A、B 的坐标,计算 AB、AP 方向的水平夹角 β 和 A、P 间的水平距离 D,并根据 AB 方向的水平度盘读数和夹角 β 计算 AP 方向的水平度盘读数。然后用全站仪测定中桩 P 点的位置。

1. 路线导线基本数据计算

1)计算路线导线边方位角

令路线起点的坐标为(X_{JD_0},Y_{JD_0}),各交点的坐标依次为(X_{JD_1},Y_{JD_1})、(X_{JD_2},Y_{JD_2})、(X_{JD_3},Y_{JD_3})……。利用交点的坐标可反算相邻交点连线的坐标方位角,如利用 JD_i、JD_{i+1}间的坐标差($\Delta X = X_{JD_{i+1}} - X_{JD_i}$,$\Delta Y = Y_{JD_{i+1}} - Y_{JD_i}$),可按下式计算 JD_i、JD_{i+1}连线的坐标方位角 $A_{i,i+1}$:

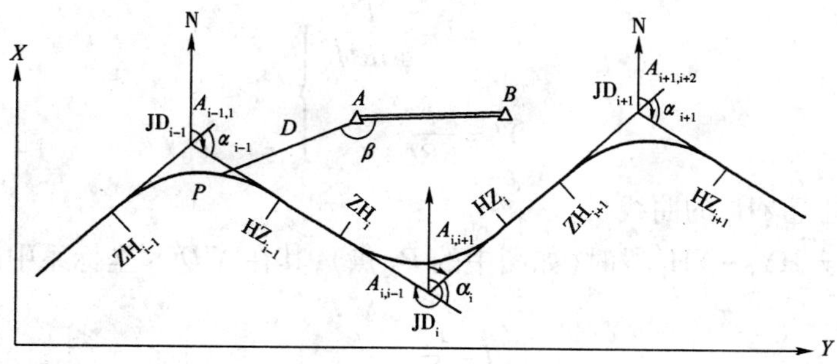

图 4-15　坐标法测设公路中线示意图

$$\left.\begin{array}{l}
\text{当 } \Delta X=0 \text{ 且 } \Delta Y>0 \text{ 时}, A_{i,i+1}=90^\circ \\
\text{当 } \Delta X=0 \text{ 且 } \Delta Y<0 \text{ 时}, A_{i,i+1}=270^\circ \\
\text{当 } \Delta X>0 \text{ 且 } \Delta Y>0 \text{ 时}, A_{i,i+1}=\arctan\dfrac{\Delta Y}{\Delta X} \\
\text{当 } \Delta X>0 \text{ 且 } \Delta Y<0 \text{ 时}, A_{i,i+1}=\arctan\dfrac{\Delta Y}{\Delta X}+360^\circ \\
\text{当 } \Delta X<0 \text{ 时}, A_{i,i+1}=\arctan\dfrac{\Delta Y}{\Delta X}+180^\circ
\end{array}\right\} \qquad (4\text{-}48)$$

2）根据路线导线边方位角计算交点转角

路线起点至 JD_1 的方位角为 A_{01}，JD_1 至 JD_2 的方位角为 A_{12}，JD_2 至 JD_3 的方位角为A_{23}…。在 JD_i，至 JD_{i+1}的方位角为 $A_{i,i+1}$。

则 JD_i 的右角 $\beta_{右i}=A_{i,i-1}-A_{i,i+1}$。

若 $\beta_{右i}<180^\circ$，其右转角 $\alpha_i=180^\circ-\beta_{右i}$；

若 $\beta_{右i}>180^\circ$，其左转角 $\alpha_i=\beta_{右i}-180^\circ$。

2. 任意中桩的坐标计算

1）曲线起、终点坐标的计算

如图 4-16 所示，JD_i 的坐标为（X_{JD_i}，Y_{JD_i}），前后路线导线边的方位角分别为 $A_{i-1,i}$、$A_{i,i+1}$，曲线半径为 R，缓和曲线长度为 L_s，切线长为 T_{hi}。曲线起、终点的坐标可用下式计算：

$$\left.\begin{array}{l}
X_{ZH_i}=X_{JD_i}-T_{h_i}\cos A_{i-1,i} \\
Y_{ZH_i}=Y_{JD_i}-T_{h_i}\sin A_{i-1,i}
\end{array}\right\} \qquad (4\text{-}49)$$

$$\left.\begin{array}{l}
X_{HZ_i}=X_{JD_i}+T_{h_i}\cos A_{i,i+1} \\
Y_{HZ_i}=Y_{JD_i}+T_{h_i}\sin A_{i,i+1}
\end{array}\right\} \qquad (4\text{-}50)$$

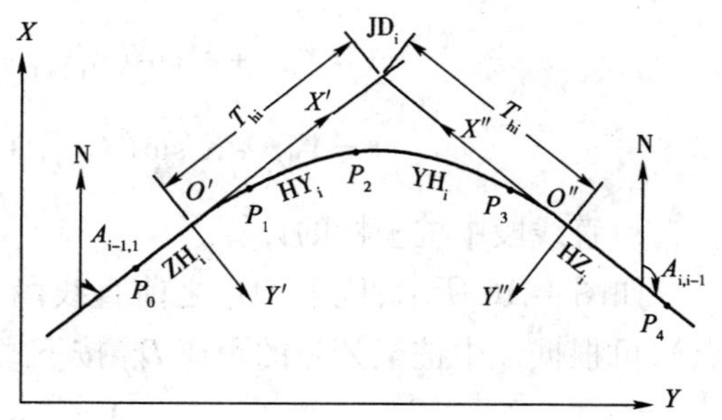

图 4-16　中线桩点坐标计算示意图

2）曲线上任意点的坐标计算

（1）ZH_i ~ YH_i 段的坐标计算。在曲线起点 ZH_i 建立 $X'O'Y'$坐标系，如图4-16所示。当待测桩位于 ZH_i ~ HY_i 段时（如图中的 P_1 点），其在 $X'O'Y'$坐标系中的坐标为：

$$\left.\begin{aligned}X' &= l - \frac{l^5}{40R^2L_s^2}\\Y' &= \frac{l^3}{6RL_s}\end{aligned}\right\} \tag{4-51}$$

式中：l——待测桩至 ZH_i 的曲线长。

当待测桩位于 $HY_i \sim YH_i$ 段时（如图中的 P_2 点），其在 $X'O'Y'$ 坐标系中的坐标为：

$$\left.\begin{aligned}X' &= R\sin\left(\frac{l-\frac{L_s}{2}}{R}\cdot\frac{180^\circ}{\pi}\right)+q\\Y' &= R-R\cos\left(\frac{l-\frac{L_s}{2}}{R}\cdot\frac{180^\circ}{\pi}\right)+p\end{aligned}\right\} \tag{4-52}$$

式中：l——待测桩至 ZH_i 的曲线长。

再将该中桩在 $X'O'Y'$ 坐标系中的坐标转换为 XOY 坐标系中的坐标：

$$\left.\begin{aligned}X &= X_{ZH_i} + X'\cos A_{i-1,i} + Y'\cos(A_{i-1,i}+\xi 90^\circ)\\Y &= Y_{ZH_i} + X'\sin A_{i-1,i} + Y'\sin(A_{i-1,i}+\xi 90^\circ)\end{aligned}\right\} \tag{4-53}$$

式中：ξ——路线转向，右转角时 $\xi=1$，左转角时 $\xi=-1$，以下各式同。

（2）$YH_i \sim HZ_i$ 段的坐标计算。在曲线终点 HZ_i 建立 $X''O''Y''$ 坐标系，如图 4-16 所示。当待测桩位于 $YH_i \sim HZ_i$ 段时（如图中的 P_3 点），其在 $X''O''Y''$ 坐标系中的坐标为：

$$\left.\begin{aligned}X'' &= l - \frac{l^5}{40R^2L_s^2}\\Y'' &= \frac{l^3}{6RL_s}\end{aligned}\right\} \tag{4-54}$$

式中：l——待测桩至 HZ_i 的曲线长。

再将该中桩在 $X''O''Y''$ 坐标系中的坐标转换为 XOY 坐标系中的坐标：

$$\left.\begin{aligned}X &= X_{HZ_i} + X''\cos(A_{i,i+1}+180^\circ) + Y''\cos(A_{i,i+1}+\xi 90^\circ)\\Y &= Y_{HZ_i} + X''\sin(A_{i,i+1}+180^\circ) + Y''\sin(A_{i,i+1}+\xi 90^\circ)\end{aligned}\right\} \tag{4-55}$$

3）直线段中桩坐标的计算

如图 4-16 所示，位于 ZH_i 之前直线段上的中桩（前一曲线终点 HZ_{i-1} 之后，如图中的 P_0 点），可根据该中桩至 ZH_i 的距离 D_Q 按下式计算其坐标：

$$\left.\begin{aligned}X &= X_{ZH_i} - D_Q\cos A_{i-1,i}\\Y &= Y_{ZH_i} - D_Q\sin A_{i-1,i}\end{aligned}\right\} \tag{4-56}$$

位于 HZ_i 之后直线段上的中桩（后一曲线起点 ZH_{i+1} 之前，如图中的 P_4 点），可根据该中桩至 HZ_i 的距离 D_H 按下式计算其坐标：

$$\left.\begin{aligned}X &= X_{HZ_i} + D_H\cos A_{i,i+1}\\Y &= Y_{HZ_i} + D_H\sin A_{i,i+1}\end{aligned}\right\} \tag{4-57}$$

三、全站仪放样中桩

如图4-17所示，D_7、D_8、D_9是坐标已知的导线点，用全站仪进行该路段的中桩测设可按下法进行（以拓普康全站仪为例）。

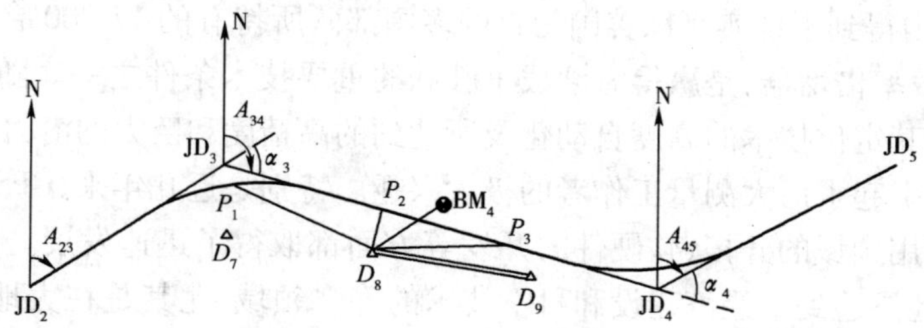

图4-17　中线测设与纵断面测量示意图

1. 设站

在一个已知导线点上安置全站仪（对中、整平），开机后按（ MENU ）键，再选择（放样）菜单，进入坐标放样程序。

（1）选择（输入）一个用来保存数据的文件，如第一组为 FG1 ，第二组为 FG2……。

（2）设置（输入）测站点坐标。在测站的菜单下直接输入或调用已有坐标文件的测站点坐标，同时输入仪器高（用小钢尺量取）。

（3）设置（输入）后视边的方位角 。有三种方法可供选择（通过 NE/AZ 键改变输入方法）：

①直接输入已有坐标文件中的后视点点号；

②直接输入后视点的坐标；

③直接输入后视边的方位角。

进行上述操作后还需输入反光镜高，再照准后视点，然后按（测量）键，并选择一种测量模式（如坐标），这样后视边的方位角即被计算并保存在文件中。

2. 中桩放样

按（放样）键，输入点号，（第一组从 K0 + 000 开始），确认后输入棱镜高，确认。再按（角度）键，显示屏显示 dHR 的角度，转动仪器使 dHR 的值变为零，水平制动。此时，视线方向即为待测桩方向，沿该方向在中桩的预计位置竖立棱镜，再按（距离）键，显示屏显示 dHD 的距离，沿望远镜的视线方向前后移动棱镜，至测得的 dHD 值变为零，此时棱镜所在位置即为待测中桩位置。

工作任务3　用 GPSRTK 放样平面点位

一、GPS 概述

全球定位系统（GPS）全名应为 Navigation System Timing and Raging/Global positioning System，即：“授时与测距导航系统/全球定位系统”。于1973年由美国政府组织研究，耗费巨资，历经约20年，于1993年全部建成。该系统是伴随现代科学技术的迅速发展而建立起来的新一代精密卫星导航和定位系统，不仅具有全球性、全天候、连续的三维测速、导航、定位与授时能力,而且具有良好的抗干扰性和保密性。该系统的研制成功已成为美国导航技术现代化的重要标志,被视为本世纪继阿波罗登月计划和航天飞机计划之后的又一重大科技成就。

全球定位系统GPS的研制最初主要用于军事目的。如为陆海空三军提供实时、全天候和全球性的导航服务,并用于情报收集、核爆监测、应急通信和爆破定位等方面,其作用已在1991年海湾战争中得到了证实。以美国为首的多国部队所持有的17 000台GPS接收机被认为是作战武器的效率倍增器,是赢得海湾战争胜利的重要技术条件之一。随着GPS系统步入试验和实用阶段,其定位技术的高度自动化及所达到的高精度和巨大的潜力,引起了各国政府的普遍关注,同时引起了广大测量工作者的极大兴趣。特别是近几年来,GPS定位技术在应用基础的研究、新应用领域的开拓、软硬件的开发等方面都取得了迅速发展。目前,GPS精密定位技术已经广泛地渗透到了经济建设和科学技术的许多领域,尤其是在大地测量学及其相关学科领域,如地球动力学、海洋大地测量学、天文学、地球物理和资源勘探、航空与卫星遥感精密工程测量;变形监测、城市控制测量等方面的广泛应用,充分显示了这一卫星定位技术的高精度和高效益。这预示测绘界将面临着一场意义深远的变革,从而使测绘领域步入一个崭新的时代。

1. GPS全球定位系统的组成

GPS全球定位系统主要由三大部分组成,即空间星座部分(GPS卫星星座)、地面监控部分和用户设备部分。三者关系见图4-18。

1)空间星座部分

(1)GPS卫星星座。全球定位系统的空间星座部分,由24颗卫星组成,其中包括3颗可随时启用的备用卫星。工作卫星分布在6个近圆形轨道面内,每个轨道面上有4颗卫星。卫星轨道面相对地球赤道面的倾角为55°,各轨道平面升交点的赤经相差60°,同一轨道上两卫星之间的升交角距相差90°,轨道平均高度为20 200km,卫星运行周期为11h58min。同时在地平线以上的卫星数目随时间和地点而异,最少为4颗,最多时达11颗。GPS卫星在空间的分布情况如图4-19所示。

上述GPS卫星的空间分布,保障了在地球上任何地点、任何时刻均至少可同时观测到4颗卫星,加之卫星信号的传播和接收不受天气的影响,因此,GPS是一种全球性、全天候的连续实时定位系统。

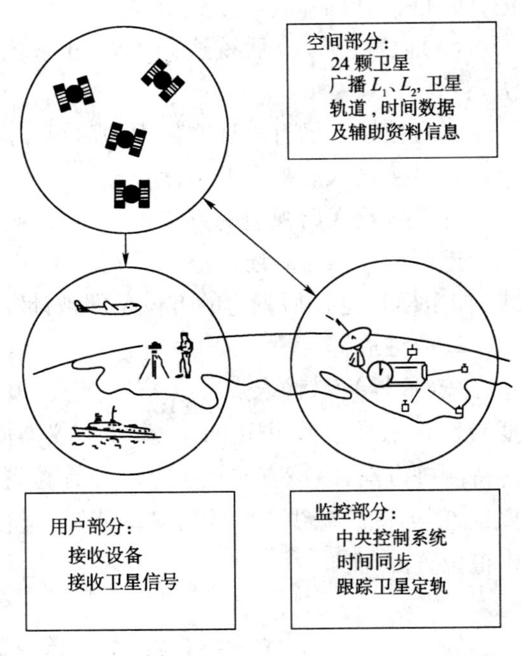

图4-18 全球定位系统(GPS)构成示意图

(2)GPS卫星及功能。GPS卫星的主体呈圆柱形,设计寿命为7.5年。主体两侧配有能自动对日定向的双叶太阳能集电板,为保证卫星正常工作提供电源;通过一个驱动系统保持卫星运转并稳定轨道位置。每颗卫星装有4台高精度原子钟(铷钟和铯钟各两台),以保证发射出标准频率(稳定度为$10^{-12} \sim 10^{-13}$),为GPS测量提供高精度的时间信息。GPS的工作卫星见图4-20。

在全球定位系统中,GPS卫星的主要功能是:接收、储存和处理地面监控系统发射来的导航电文及其他有关信息；向用户连续不断地发送导航与定位信息，并提供时间标准、卫星本身的空间实时位置及其他在轨卫星的概略位置；接收并执行地面监控系统发送的控制指令，如调整卫星姿态和启用备用时钟、备用卫星等。

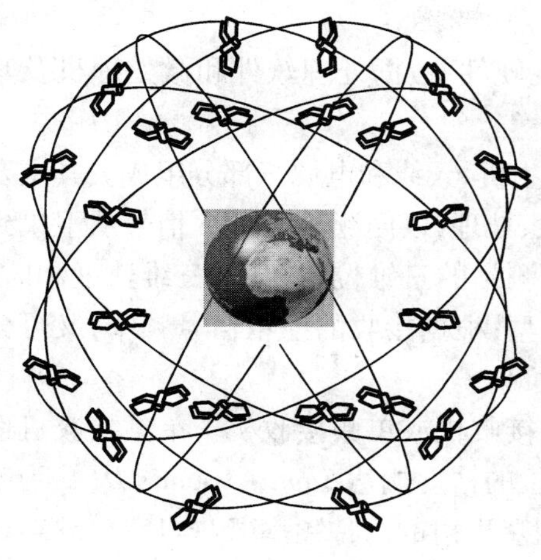

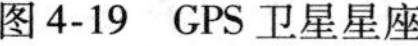

图 4-19　GPS 卫星星座

图 4-20　GPS 的工作卫星

2）地面监控部分

GPS 的地面监控系统主要由分布在全球的五个地面站组成，按其功能分为主控站（MCS）、注入站（GA）和监测站（MS）三种，其分布如图 4-21 所示。

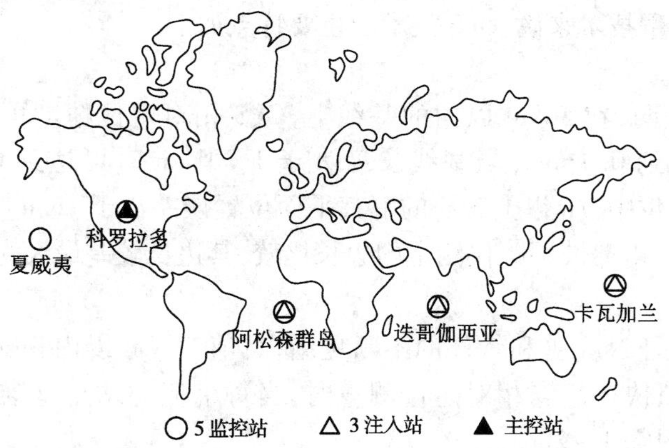

图 4-21　GPS 地面监控站的分布

主控站一个，设在美国的科罗拉多的斯普林斯（Colorado Springs）。主控站负责协调和管理所有地面监控系统的工作，其具体任务有：根据所有地面监测站的观测资料，推算编制各卫星的星历、卫星钟差和大气层修正参数等，并把这些数据及导航电文传送到注入站；提供全球定位系统的时间基准；调整卫星状态和启用备用卫星等。

注入站又称地面天线站，其主要任务是通过一台直径为 3.6m 的天线，将来自主控站的卫星星历、钟差、导航电文和其他控制指令注入到相应卫星的存储系统，并监测注入信息的正确性。注入站现有 3 个，分别设在印度洋的迭哥伽西亚（Diego Garcia）、南太平洋的卡瓦加兰（Kwajalein）和南大西洋的阿松森群岛（Ascencion）。

监测站共有 5 个，除上述 4 个地面站具有监测站功能外，还在夏威夷（Hawaii）设有一个监测站。监测站的主要任务是连续观测和接收所有 GPS 卫星发出的信号并监测卫星的工作状况,将采集到的数据连同当地气象观测资料和时间信息经初步处理后传送到主控站。

GPS 地面监控系统除主控站外均由计算机自动控制,而无须人工操作。各地面站间由现代化通信系统联系,实现了高度的自动化。

3)用户设备部分

全球定位系统的用户设备部分,包括 GPS 接收机硬件、数据处理软件和微处理机及其终端设备等。

GPS 信号接收机是用户设备部分的核心,一般由主机、天线和电源三部分组成。其主要功能是跟踪接收 GPS 卫星发射的信号并进行变换、放大、处理,以便测量出 GPS 信号从卫星到接收机天线的传播时间;解译导航电文,实时地计算出测站的三维位置,甚至三维速度和时间。GPS 接收机根据其用途可分为导航型、大地型和授时型;根据接收的卫星信号频率,又可分为单频(L1)和双频(L1、L2)接收机等。

在精密定位测量工作中,一般均采用大地型双频接收机或单频接收机。单频接收机适用于 10km 左右或更短距离的精密定位工作,其相对定位的精度能达 5mm + 1ppm · D(D 为基线长度,以 km 计)。而双频接收机由于能同时接收到卫星发射的两种频率(L1 = 1575.42MHz 和 L2 = 1227.60MHz)的载波信号,故可进行长距离的精密定位工作,其相对定位的精度可优于 5mm + 1ppm · D,但其结构复杂,价格昂贵。用于精密定位测量工作的 GPS 接收机,其观测数据必须进行后期处理,因此,必须配有功能完善的后处理软件,才能求得所需测站点的三维坐标。

2. GPS 相对于经典测量技术的特点

相对于经典的测量技术来说,GPS 技术的主要特点如下。

1)定位精度高

应用实践已经证明,在 50km 以内的基线上,GPS 相对定位精度可达到 1ppm;在 100 ~ 500km 的基线上可达到 0.1ppm;当基线长度大于 1 000km 时可达到 0.001ppm。在 300 ~ 1 500m的工程精密定位中,1h 以上观测的解其平面位置误差小于 1mm,与 ME—5000(目前最为精密的光点测距仪)电磁波测距仪测定的边长比较,其边长较差最大为 0.5mm。

2)观测时间短

随着 GPS 系统的不断完善和软件的不断更新,目前,20km 以内相对静态定位,仅需观测 15 ~ 20min,甚至更短;快速静态相对定位测量时,当每个流动站与基准站相距在 15km 以内时,流动站观测时间只需 1 ~ 2min。

3)测站间无须通视

GPS 测量不要求测站之间互相通视,只需测站上空开阔即可,因此,可节省大量的造标费用(一般造标费用是建立控制网总费用的 30% ~ 50%)。由于无须点间通视,点的位置根据需要,可疏可密,使选点工作甚为灵活,也可省去经典控制网中的传算点、过渡点的测量工作。

4)可提供三维坐标

经典控制测量对平面与高程采用不同方法分别施测。GPS 可同时精确测定测站点的三维坐标。目前 GPS 水准可满足四等水准测量的精度,若进一步采取有关技术措施,甚至可以达到二等水准的精度。

5)操作简便

随着 GPS 接收机不断改进,自动化程度越来越高,好多机型已达“傻瓜化”的程度;接收机的体积越来越小,质量越来越小,极大地减轻了测量工作者的工作紧张程度和劳动强度,使野外工作变得轻松愉快。

6）全天候作业

目前，GPS 观测可在一天 24h 内的任何时间进行，不受阴天、黑夜、起雾、刮风、下雨、下雪等气候的影响。

7）功能多、应用广

GPS 系统不仅可用于测量、导航，还可用于测速、测时。测速的精度可达 0.1m/s，测时的精度可达几十毫微秒。设计 GPS 系统的主要目的是用于导航、收集情报等军事目的。但是，后来的应用开发表明，GPS 系统不仅能够达到上述目的，而且用 GPS 卫星发来的导航定位信号，能够进行厘米级甚至毫米级精度的静态相对定位、米级至亚米级精度的动态定位、亚米级至厘米级精度的速度测量和毫微秒级精度的时间测量。因此，GPS 系统展现了极其广阔的应用前景。

3. GPS 坐标系统

任何一项测量工作都离不开一个基准，都需要一个特定的坐标系统。例如，在常规大地测量中，各国都有自己的测量基准和坐标系统，如我国的 1980 年国家大地坐标系（C80）。由于 GPS 是全球性的定位导航系统，其坐标系统也必须是全球性的；为了使用方便，它是通过国际协议确定的，通常称为协议地球坐标系（Conventional Terrestrial System—CTS）。目前，GPS 测量中所使用的协议地球坐标系统称为 WGS—84 世界大地坐标系（World Geodetic System）。

WGS—84 世界大地坐标系的几何定义是：原点是地球质心，Z 轴指向 BIHl984.0 定义的协议地球极（CTP）方向，X 轴指向 BIHl984.0 的零子午面和 CTP 赤道的交点，Y 轴与 Z 轴、X 轴构成右手坐标系。

上述 CTP 是协议地球极（Conventional Terrestrial Pole）的简称。由于极移现象的存在，地极的位置在地极平面坐标系中是一个连续的变量，其瞬时坐标（X_p，Y_p）由国际时间局定期向用户公布。WGS—84 世界大地坐标系就是以国际时间局 1984 年第一次公布的瞬时地极（BIH1984.0）作为基准建立的地球瞬时坐标系，严格来讲属准协议地球坐标系。

除上述几何定义外，WGS—84 还有它严格的物理定义，它拥有自己的重力场模型和重力计算公式，可以算出相对于 WGS—84 椭球的大地水准面差距。WGS—84 世界大地坐标系与我国 1980 年国家大地坐标系的基本大地参数比较，两坐标系之间坐标的互相转换方法，请参阅有关书籍。

在实际测量定位工作中，虽然 GPS 卫星的信号依据于 WGS—84 坐标系，但求解结果则是测站之间的基线向量或三维坐标差。在数据处理时，根据上述结果，并以现有已知点（三点以上）的坐标值作为约束条件，进行整体平差计算，得到各 GPS 测站点在当地现有坐标系中的实用坐标，从而完成 GPS 测量结果向 C80 或当地独立坐标系的转换。

二、用 GPS 进行控制测量

GPS 测量的外业工作主要包括选点、建立观测标志、野外观测以及成果质量校核等；内业工作主要包括 GPS 测量的技术设计、测后数据处理以及技术总结等。如果按照 GPS 测量实施的工作程序，则可分为技术设计、选点与建立标志、外业观测、成果检核与处理等阶段。

现将 GPS 测量中最常用的精密定位方法——静态相对定位方法的工作程序作一简单介绍。

1. GPS 定位测量的主要技术要求

(1)各等级 GPS 定位测量控制网的主要技术指标,应符合表 4-6 的规定。

GPS 定位测量控制网的主要技术要求 表 4-6

等级	平均边长(km)	固定误差 A(mm)	比例误差系数 B(mm/km)	约束点间的边长相对中误差	约束平差后最弱边相对中误差
二等	9	≤10	≤2	≤1/250 000	≤1/120 000
三等	4.5	≤10	≤5	≤1/150 000	≤1/70 000
四等	2	≤10	≤10	≤1/100 000	≤1/40 000
一级	1	≤10	≤20	≤1/40 000	≤1/20 000
二级	0.5	≤10	≤40	≤1/20 000	≤1/10 000

(2)各等级控制网相邻点间的基线精度,可用公式(4-58)表示。

$$\sigma = \sqrt{A^2 + (B \cdot d)^2} \tag{4-58}$$

式中:σ——基线长度中误差(mm);

A——固定误差(mm);

B——比例误差系数(mm/km);

d——平均边长(km)。

(3)GPS 网观测精度的评定,应满足下列要求。

①GPS 网的测量中误差,按下式计算:

$$m = \sqrt{\frac{1}{N}\left[\frac{WW}{3n}\right]} \tag{4-59}$$

$$W = \sqrt{W_X^2 + W_Y^2 + W_Z^2}$$

式中: m——GPS 网测量中误差;

N——GPS 网中异步环的个数;

n——异步环的边数;

W——异步环的环闭合差;

W_X、W_Y、W_Z——异步环的各坐标分量闭合差。

②控制网的测量中误差,应满足相应等级控制网的基线精度要求,并符合式(4-60)的规定。

$$m \leqslant \sigma \tag{4-60}$$

2. GPS 定位测量控制网的设计、选点与埋石

(1)GPS 定位测量控制网的布设,应符合下列要求:

①应根据测区的实际情况、精度要求、卫星状况、接收机的类型和数量以及测区已有的测量资料进行综合设计。

②首级网布设时,宜联测两个以上高等级国家控制点或地方坐标系的高等级控制点;对控制网内的长边,宜构成大地四边形或中点多边形。

③控制网应由独立观测边构成一个或若干个闭合环或附合路线,各等级控制网中构成闭合环或附合路线的边数不宜多于 6 条。

④各等级控制网中独立基线的观测总数,不宜少于必要观测量的 1.5 倍。

⑤加密网应根据工程需要,在满足本规范精度要求的前提下可采用比较灵活的布网方式。

⑥对于采用 GPS—RTK 测图的测区，在控制网的设计中应顾及参考站点的分布及位置。

(2) GPS 定位测量控制点位的选定，应符合下列要求：

①点位应选在质地坚硬、稳固可靠的地方，同时要有利于加密和扩展，每个控制点至少应有一个通视方向。

②视野开阔，高度角在15°以上的范围内，应无障碍物；点位附近不应有强烈干扰接收卫星信号的干扰源或强烈反射卫星信号的物体。

③充分利用符合要求的旧有控制点。

3. GPS 观测

(1) GPS 控制测量作业的基本技术要求，应符合表4-7 的规定。

GPS 控制测量作业的基本技术要求 表4-7

等　级		二　等	三　等	四　等	一　级	二　级
接收机类型		双频或单频	双频或单频	双频或单频	双频或单频	双频或单频
仪器标称精度		10mm + 2ppm	10mm + 5ppm	10mm + 5ppm	10mm + 5ppm	10mm + 5ppm
观测量		载波相位	载波相位	载波相位	载波相位	载波相位
卫星高度角(°)	静态	≥15	≥15	≥15	≥15	≥15
	快速静态	—	—	—	≥15	≥15
有效观测卫星数	静态	≥5	≥5	≥4	≥4	≥4
	快速静态	—	—	—	≥5	≥5
观测时段长度(min)	静态	≥90	≥60	≥45	≥30	≥30
	快速静态	—	—	—	≥15	≥15
数据采样间隔(s)	静态	10 ~ 30	10 ~ 30	10 ~ 30	10 ~ 30	10 ~ 30
	快速静态	—	—	—	5 ~ 15	5 ~ 15
点位几何图形强度因子(PDOP)		≤6	≤6	≤6	≤8	≤8

注：当采用双频接收机进行快速静态测量时，观测时段长度可缩短为10min。

(2) 规模较大的测区，应编制作业计划。

(3) GPS 控制测量作业，应满足下列要求：

①观测前，应对接收机进行预热和静置，同时应检查电池的容量、接收机的内存和可储存空间是否充足。

②天线安置的中误差不应大于2mm，天线高量取应精确至1mm。

③观测中，应避免在接收机近旁使用无线电通信工具。

④作业同时，应做好测站记录，包括控制点点名、接收机序列号、仪器高、开关机时间等相关的测站信息。

4. GPS 测量数据处理

(1) 基线解算，并应满足下列要求：

①起算点的单点定位观测时间，不宜少于30min。

②解算模式可采用单基线解算模式，也可采用多基线解算模式。

③解算成果，应采用双差固定解。

(2) GPS 控制测量外业观测的全部数据应经同步环、异步环及复测基线检核，并应满足下列要求：

①同步环各坐标分量闭合差及环线全长闭合差,应满足下列各式要求:

$$W_X \leqslant \frac{\sqrt{n}}{5}\sigma \tag{4-61}$$

$$W_Y \leqslant \frac{\sqrt{n}}{5}\sigma \tag{4-62}$$

$$W_Z \leqslant \frac{\sqrt{n}}{5}\sigma \tag{4-63}$$

$$W = \sqrt{W_X^2 + W_Y^2 + W_Z^2} \tag{4-64}$$

$$W \leqslant \frac{\sqrt{3n}}{5}\sigma \tag{4-65}$$

式中:n——同步环中基线边的个数;

W——同步环环线全长闭合差(mm)。

②异步环各坐标分量闭合差及环线全长闭合差,应满足下列各式要求:

$$W_X \leqslant 2\sqrt{n}\sigma \tag{4-66}$$

$$W_Y \leqslant 2\sqrt{n}\sigma \tag{4-67}$$

$$W_Z \leqslant 2\sqrt{n}\sigma \tag{4-68}$$

$$W = \sqrt{W_X^2 + W_Y^2 + W_Z^2} \tag{4-69}$$

$$W \leqslant 2\sqrt{3n}\sigma \tag{4-70}$$

式中:n——异步环中基线边的个数。

③复测基线的长度较差,应满足下式要求:

$$\Delta d \leqslant 2\sqrt{2}\sigma \tag{4-71}$$

(3)当观测数据不能满足要求时,应对成果进行全面分析,并舍弃不合格基线,但应保证舍弃基线后,所构成异步环的边数不应超过“GPS 定位测量控制网的布设”第 3 条的规定。否则,应重测该基线或有关的同步图形。

(4)外业观测数据检验合格后,应对 GPS 网的观测精度进行评定。

(5)GPS 测量控制网的无约束平差,应符合下列规定:

①应在 WGS—84 系中进行三维无约束平差。并提供各观测点在 WGS—84 系中的三维坐标、各基线向量三个坐标差观测值的改正数、基线长度、基线方位及相关的精度信息等。

②无约束平差的基线向量改正数的绝对值,不应超过相应等级的基线长度中误差的 3 倍。

(6)GPS 测量控制网的约束平差,应符合下列规定:

①应在国家坐标系或地方坐标系中进行二维或三维约束平差。

②对于已知坐标、距离或方位,可以强制约束,也可加权约束。约束点间的边长相对中误差,应满足表 4-6 中相应等级的规定。

③平差结果,应输出观测点在相应坐标系中的二维或三维坐标、基线向量的改正数、基线长度、基线方位角及相关的精度信息,需要时,还应输出坐标转换参数及其精度信息。

④控制网约束平差的最弱边边长相对中误差,应满足表 4-6 中相应等级的规定。

三、用 GPSRTK 放样平面点位

1. 实时动态(RTK)定位技术简介

实时动态(Real Time Kinematic——RTK)测量技术,是以载波相位观测量为根据的实时差分 GPS(RTDGPS)测量技术,它是 GPS 测量技术发展中的一个新突破。它的出现,使测绘工作一改过去先控制、后加密、再测图或工程放样的传统做法,使一步法自动化数字成图、工程放样一步到位成为现实,极大地提高了作业效率和减轻了劳动强度。

实时动态测量的基本思想是,在基准站上安置一台 GPS 接收机,对所有可见 GPS 卫星进行连续地观测,并将其观测数据,通过无线电传输设备,实时地发送给用户观测站。在用户站上,GPS 接收机在接收 GPS 卫星信号的同时,通过无线电接收设备,接收基准站传输的观测数据,然后根据相对定位的原理,实时地计算并显示用户站的三维坐标及其精度。如图 4-22 所示。

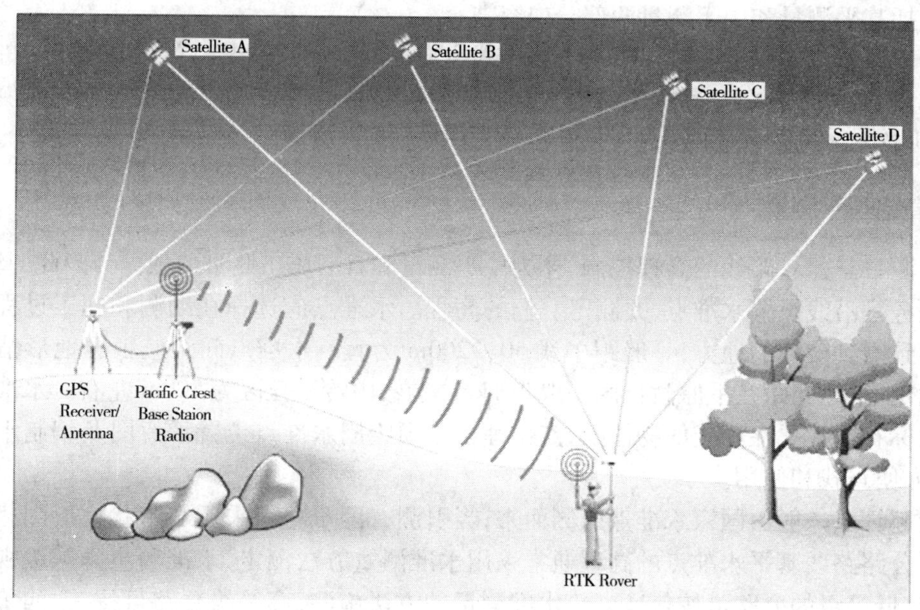

图 4-22 RTK 原理

2. 实时动态(RTK)定位的作业过程

(1)首先将基准站安置在已知点上(也可安置在未知点上),对中、整平,量天线斜高;然后将电瓶、电台及发射天线架设好并确保正确连接后开机。

(2)开启 RTK 手簿软件,新建项目,输入已知控制点坐标,并输入基准站天线高,将其设置为基准站。

(3)将流动站立在其他控制点上采集 84 坐标,求出转换参数,确认后开始测量或放样。

3. 动态 RTK 定位的特点

(1)保留了经典 GPS 功能,观测数据也可采用后处理。

(2)实时性。经典 GPS 测量不能用来放样,放样工作还得配备传统测量仪器。实时 GPS 测量放样精度可达厘米级。

(3)实时 GPS 测量的关键技术之一是快速解算整周待定值。静态定位的解算需要约 1h,快速静态定位的解算需要约 3min,而采用动态环境下的初始化,约需 1min,若在已知点上进行初始化仅有几秒就足够了。这样,在测量中即使遇到障碍物(如穿过桥下或通过隐蔽地带)造

成损失，也可在重新捕获到卫星后数分钟内完成整周待定值的初始化，继续进行测量。

(4)实时 GPS 测量成果是在野外实时提供的，因此，能在现场及时进行校核，避免外业工作的返工。

(5)完成基准站设置后，整个系统只需一人持流动站接收机操作。也可设置几个流动站，利用同一基准站各自独立开展工作，大大提高了工作效率。

工作任务 4　道路纵、横断面测量

中线测量将设计线路中线的平面位置标定在实地上之后，还需进行线路纵横断面测量，为施工设计提供详细资料。

公路纵断面测量的目的是测定中线里程桩的地面高程，为绘制路线纵断面图提供基础资料。它包括基平测量和中干测量两部分内容。

横断面测量就是测绘各中桩垂直于路中线方向的地面起伏情况。首先要确定中桩点的横断面方向，然后在此方向上测定地面变坡点或特征点间的距离和高差，并按一定的比例绘制横断面图，供路基断面设计、土石方计算和桥涵及挡土墙设计等用。

一、道路基平测量

基平测量是建立路线的高程控制，作为中平测量和日后施工测量的依据。因此，基平测量的主要任务是沿线设置水准点，并测定它们的高程。水准点应选择在勘测和施工过程中引测方便而不致遭到破坏的地方，一般距中线 50 ~ 200m 为宜。水准点间距应根据地形情况和工程需要而定，平均间距在平原微丘区一般为 1km 左右，山岭重丘区为 500m 左右。水准点应埋设稳定的标石或设置在固定的物体上，点位埋设后须绘制水准点位置示意图及编制水准点一览表，以方便查找和使用。

高程起算点一般由国家水准点引测而来，当引测有困难时应采用与带状地形图相同的高程基准。公路路线基平水准点的高程通常采用水准测量方法测定，水准测量的等级视公路的等级而定，低等级的公路可按普通五等水准测量的方法施测，高等级公路可按三、四等水准测量的方法施测。

二、道路中平测量

1. 用水准仪进行中平测量

中平测量是根据基平测量提供的水准点高程，按附合水准路线逐点施测中桩的地面高程。

中平测量通常采用普通水准测量的方法施测，以相邻两基平水准点为一测段，从一个水准点出发，对测段范围内所有路线中桩逐个测量其地面高程，最后附合到下一个水准点上。中平测量时，每一测站除观测中桩外，还须设置传递高程的转点，转点位置应选择在稳固的桩顶或坚石上，视距限制在 150m 以内，相邻转点间的中桩称为中间点。为提高传递高程的精度，每一测站应先观测前、后转点，转点读数至毫米(mm)，然后观测中间点，中间点读数读至厘米(cm)即可，立尺应紧靠桩边的地面上。

如图 4-23 所示，施测时水准仪安置在 I 站，后视水准点 BM_1，前视转点 ZD_1，将水准尺读数记入表 4-8 中后视、前视栏，再观测 BM_1 与 ZD_1 间桩号为 K0 + 000、K0 + 020、K0 + 040、K0 + 060、K0 + 080 的中间点，将水准尺读数分别记入中视栏；仪器搬至 II 站，先后视 ZD_1，接着前视

ZD_2，再观测 K0 + 100、K0 + 120、K0 + 140、K0 + 160、K0 + 180 各中间点，并将水准尺读数记入表 4-8 相应栏中。按上述步骤一直测到 BM_2 为止。

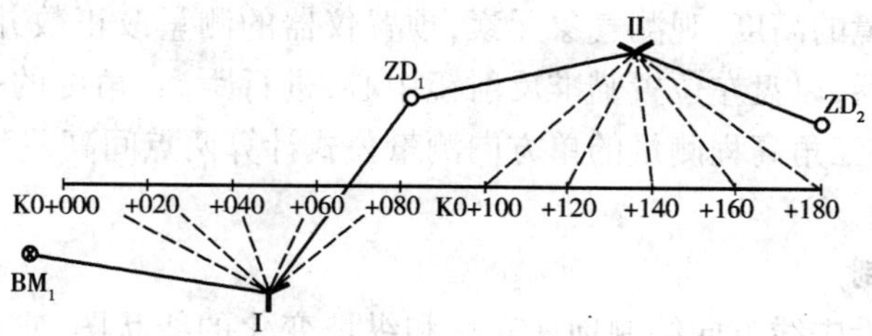

图 4-23　中平测量示意图

中平测量的精度要求，一般取测段高差 $\Delta h_{中}$ 与两端基平水准点高差 $\Delta h_{基}$ 之差的限差为 $\pm 50\sqrt{L}$mm（L 以 km 计），在容许范围内，即可进行中桩地面高程的计算。否则，应查出原因给予纠正或重测。中桩地面高程复核之差不得超过 ±10cm。

中间点的地面高程以及前视点高程，一律按所属测站的视线高程进行计算。每一测站的计算公式如下：

$$\left.\begin{aligned}&视线高程 = 后视点高程 + 后视读数\\&中桩高程 = 视线高程 - 中视读数\\&转点高程 = 视线高程 - 前视读数\end{aligned}\right\}\tag{4-72}$$

中平测量记录表　　表 4-8

测　点	水准尺读数（m）			视线高程（m）	高程（m）	备　注
	后视	中视	前视			
BM_1	2.191			514.505	512.314	基平测得 BM_2 的高程为 524.824
K0 + 000		1.62			512.89	
+ 020		1.90			512.61	
+ 040		0.62			513.89	
+ 060		2.03			512.48	
+ 080		0.90			513.60	
ZD_1	3.162		1.006	516.661	513.499	
+ 100		0.50			516.16	
+ 120		0.52			516.14	
+ 140		0.82			515.84	
+ 160		1.20			515.46	
+ 180		1.01			515.65	
ZD_2	2.246		1.521	517.386	515.140	
…	…	…	…	…	…	
K1 + 240		2.32			523.06	
BM_2			0.606		524.782	

复核：限　差：$|\Delta h_{基} - \Delta h_{中}| = \pm 50\sqrt{1.24} = \pm 56$(mm)

计算值：$\Delta h_{基} - \Delta h_{中} = 524.824 - 524.782 = 42$(mm) < 56(mm)

校　核：$h_{BM2} - h_{BM1} = 524.782 - 512.314 = 12.468$(mm)

$\sum a - \sum b = (2.191 + 3.162 + 2.246 + \cdots) - (1.006 + 1.521 + \cdots + 0.606) = 12.468$

2. 用全站仪三角高程测量方法进行中平测量

在两个水准点之间，选择与该测段各中线桩通视的一导线点作为测站，安置好全站仪，量仪器高并确定反射棱镜的高度，观测气象元素，预置仪器的测量改正数并将测站高程、仪器高及反射棱镜高输入仪器，以盘左位置瞄准反射镜中心，进行距离、角度的一次测量并记录观测数据，之后根据全站仪三角高程测量的单方向测量公式计算两点间高差，从而获得所观测中桩点的高程。

3. 纵断面图的绘制

公路纵断面图是沿中线方向绘制地面起伏和纵坡变化的线状图，它反映各路段纵坡大小和中线上的填挖尺寸，是公路设计和施工中的重要资料。

公路纵断面图的地面线是以里程为横坐标、高程为纵坐标绘制的。常用的里程比例尺有1:5 000、1:2 000、1:1 000 几种。为了突出地面线的起伏变化，高程比例尺取里程比例尺的十倍，如里程比例尺为1:2 000，则高程比例尺应为1:200。纵断面图一般绘制在透明厘米方格纸的背面，防止用橡皮时把方格擦掉。

在图4-24 的上半部，从左至右的一条细折线，就是中线方向的地面线。其绘图步骤如下：

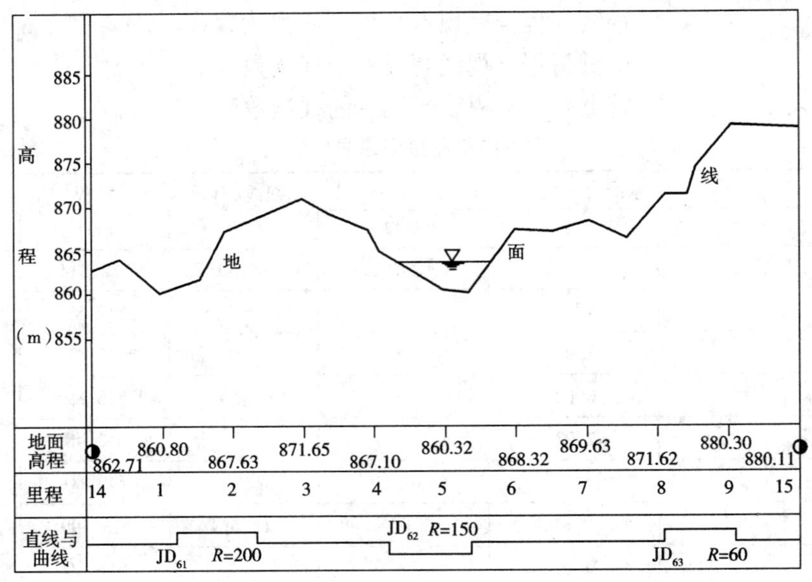

图 4-24　纵断面地面线图

（1）打格制表。按规定尺寸绘制表格，填写里程、地面高程、直线与曲线等资料。

（2）绘地面线。首先确定起始高程在图上的位置，使绘出的地面线处于图上的适当位置，同时求10m 整倍数的高程定在厘米方格纸的5cm 粗横线上，以便于绘图和阅图，然后根据中桩的高程和里程，在图上按纵横比例尺依次点出各中桩地面位置，用细实线连接相邻点位，即可绘出地面线。如果在山区因高差变化较大，纵向受到图幅限制时，要在适当地段变更图上高程起算位置，在此处地面线上下错开一段距离，使地面线绘在图廓之内。

三、横断面测量

路线横断面测量是测定各中桩处垂直于中线方向上的地面起伏情况，然后绘制成横断面图，供路基、边坡、特殊构造物的设计、土石方的计算和施工放样之用。横断面测量的宽度由路基宽度和地形情况确定，一般应在公路中线两侧 15 ~ 50m。下面介绍几种常用方法。

1. 横断面测量方法

1)标杆皮尺法

如图 4-25 所示,A、B、C、…为横断面方向上所选定的变坡点。施测时,将标杆立于 A 点,皮尺接近中桩地面拉平,量出中桩至 A 点的距离,皮尺截于标杆的高度即为两点间的高差。同法可测得 A 至 B、B 至 C……测段的距离与高差,直至测完需要的宽度为止。此法简便,但精度较低,适用于测量山区等级较低的公路。

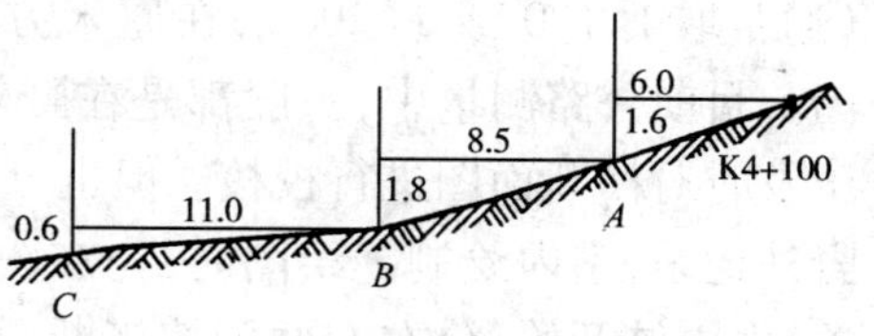

图 4-25 横断面测量示意图

记录表格如表 4-9,表中按路线前进方向分左侧与右侧,分数中分母表示测段水平距离,分子表示测段两端点的高差。高差为正号表示升坡,为负号表示降坡。

标杆皮尺法测量横断面记录表 表 4-9

左 侧	桩 号	右 侧
…	…	…
$\frac{-0.6}{11.0}$ $\frac{-1.8}{8.5}$ $\frac{-1.6}{6.0}$	4 +100	$\frac{+1.5}{4.6}$ $\frac{+0.9}{4.4}$ $\frac{+1.6}{7.0}$
$\frac{-0.5}{7.8}$ $\frac{-1.2}{4.2}$ $\frac{-0.8}{6.0}$	3 +980	$\frac{+0.7}{7.2}$ $\frac{+1.1}{4.8}$ $\frac{-0.4}{7.0}$

2)水准仪法

当横断面精度要求较高、横断面方向高差变化不大时,多采用此法。施测时用钢尺或皮尺量距,用水准仪后视中桩标尺,求得视线高程后,再前视横断面方向上坡度变化点所立的标尺。视线高程减去各前视点读数即得各测点高程。实测时,若仪器安置得当,一站可测几十个横断面。

3)经纬仪法

在地形复杂、横坡较陡的地段,可采用此法。施测时,将经纬仪安置在中桩上,用视距法测出横断面方向各变坡点至中桩间的水平距离与高差。

4)全站仪法

此法适用于任何地形条件。将仪器安置在线路附近任意点上,利用全站仪的对边测量功能,可测得横断面上各点相对于中桩的水平距离和高差。

2. 横断面图地面线的绘制

1)横断面测量精度要求

横断面测量的宽度可根据经验估计的中桩处填挖高度,并结合边坡大小及有关工程的特殊要求来确定,一般自中线两侧各测 10 ~50m。横断面测量的精度要求见表 4-10。

横断面检测限差(m) 表 4-10

路 线	距 离	高 程
高速公路、一级公路	$\pm(L/100+0.1)$	$\pm(h/200+L/200+0.1)$
二级及以下公路	$\pm(L/50+0.1)$	$\pm(h/50+L/100+0.1)$

注:L——测点至中桩的水平距(m);h——测点至中桩的高差(m)。

2）横断面图地面线的绘制

根据横断面测量成果，对距离和高程取同一比例尺（通常取1:100或1:200），在厘米方格纸上绘制横断面图。目前公路测量中，一般都是在野外边测边绘，这样便于及时对横断面图进行校核。但也可按表4-10的形式在野外记录，室内绘制。绘图时，先在图纸上标定好中桩位置，由中桩开始，分左右两侧按横断面测量数据将各测点逐一点绘于图纸上，并用直线连接相邻各点即得横断面地面线。如图4-26所示。

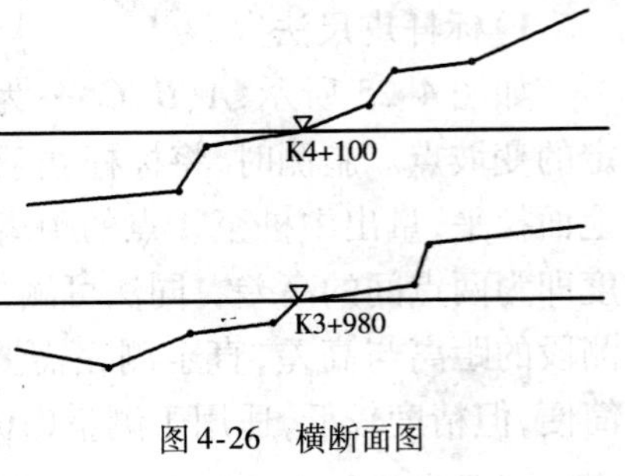

图4-26　横断面图

工作任务5　高程放样

高程放样主要采用水准测量的方法，有时也采用钢尺直接量取垂直距离或三角高程测量的方法。

一、用水准仪放样高程

高程放样时，首先需要在测区内布设一定密度的水准点（临时水准点）作为放样的起算点，然后根据设计高程在实地标定出放样点的高程位置。高程位置的标定措施可根据工程要求及现场条件确定，土石方工程一般用木桩标定放样高程的位置，可在木桩侧面画水平线或标定在桩顶上；混凝土及砌筑工程一般用红漆做记号标定在它们的面壁或模板上。

1. 一般的高程放样

一般情况下，放样高程位置均低于水准仪视线高且不超出水准尺的工作长度。如图4-27所示，A为已知点，其高程为H_A，欲在B点定出高程为H_B的位置。具体放样过程为：先在B点打一长木桩，将水准仪安置在A、B之间，在A点立水准尺，后视A尺并读取读数a，计算B处水准尺应有的前视读数b：

$$b=(H_A+a)-H_B \tag{4-73}$$

靠B点木桩侧面竖立水准尺，上下移动水准尺，当水准仪在尺上的读数恰好为b时，在木桩侧面紧靠尺底画一横线，此横线即为设计高程H_B的位置。也可在B点桩顶竖立水准尺并读取读数b'，再用钢卷尺自桩顶向下量$b-b'$即得高程为H_B的位置。

为了提高放样精度，放样前应仔细检校水准仪和水准尺；放样时尽可能使前后视距相等；放样后可按水准测量的方法观测已知点与放样点之间的实际高差，并以此对放样点进行校核和必要的归化改正。

2. 深基坑的高程放样

当基坑开挖较深时，基底设计高程与基坑边已知水准点的高程相差较大并超出水准尺的工作长度时，可采用水准仪配合悬挂钢尺的方法向下传递高程。如图4-28所示，A为已知水准点，其高程为H_A，欲在B点定出高程为H_B的位置（H_B应根据放样时基坑实际开挖深度选择，通常取H_B比基底设计高程高出一个定值，如1m），在基坑边用支架悬挂钢尺，钢尺零端朝下并悬挂10kg重物，放样时最好用两台水准仪同时观测，具体方法如下：

在A点立水准尺，基坑顶的水准仪后视A尺并读取读数a_1，前视钢尺读取读数b_1，基坑底的水准仪后视钢尺读数a_2，然后计算B处水准尺应有的前视读数：

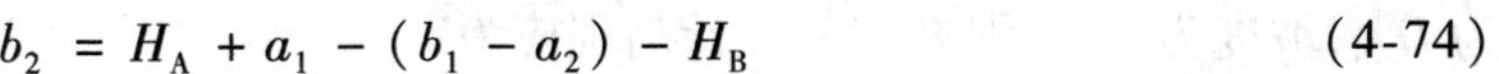

$$b_2 = H_A + a_1 - (b_1 - a_2) - H_B \tag{4-74}$$

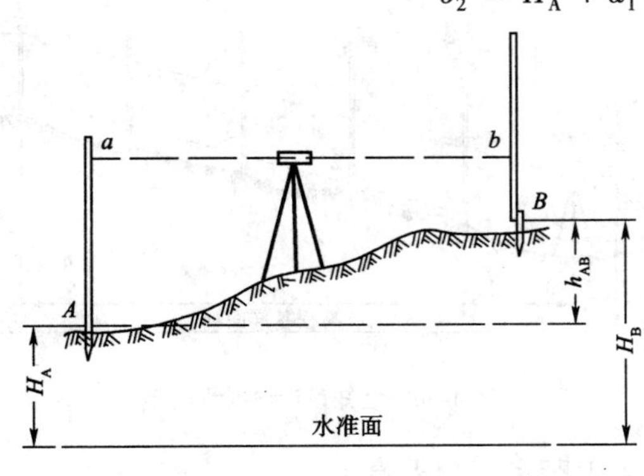

图 4-27　高程放样

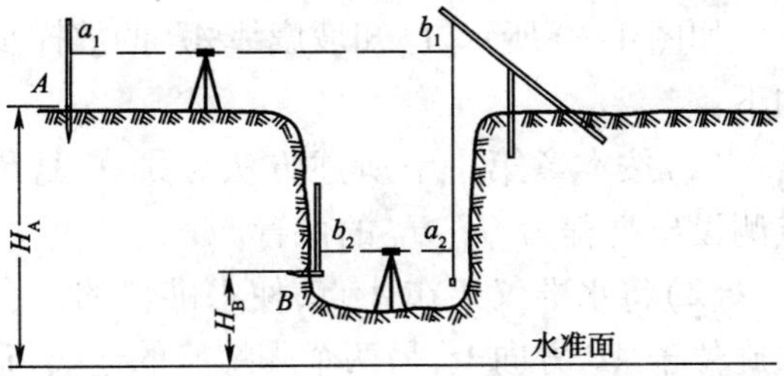

图 4-28　深基坑的高程放样

上下移动 B 处的水准尺，直到水准仪在尺上的读数恰好为 b_2 时标定点位。为了控制基坑开挖深度，一般需要在基坑四周定出若干个高程均为 H_B 的点位。如果 H_B 比基底设计高程高出一个定值 ΔH，施工人员就可用长度为 ΔH 的木条方便地检查基底高程是否达到了设计值，在基础砌筑时还可用于控制基础顶面高程。

3. 高墩台的高程放样

当桥梁墩台高出地面较多时，放样高程位置往往高于水准仪的视线高，这时可采用钢尺直接量取垂距或“倒尺”的方法。

如图 4-29 所示，A 为已知点，其高程为 H_A，欲在 B 点墩身或墩身模板上定出高程为 H_B 的位置。欲定放样点的高程 H_B 高于仪器视线高程，先在基础顶面或墩身(模板)适当位置选择一点，用水准测量的方法测定其高程值，然后以该点作为起算点，用悬挂钢尺直接量取垂距来标定放样点的高程位置。

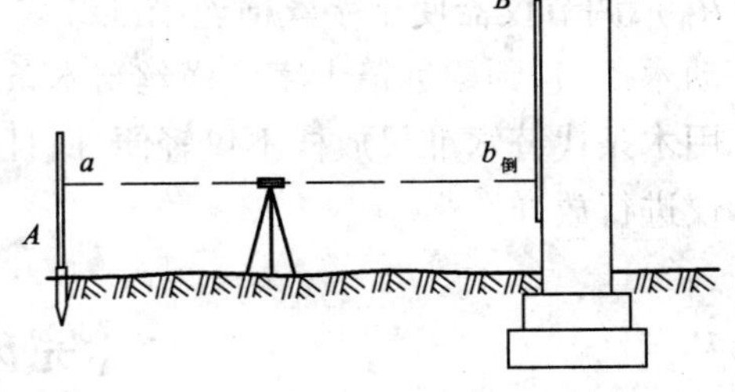

图 4-29　高墩台的高程放样

当 B 处放样点高程 H_B 的位置高于水准仪视线高，但不超出水准尺工作长度时，可用倒尺法放样。在已知高程点 A 与墩身之间安置水准仪，在 A 点立水准尺，后视 A 尺并读取读数 a，在 B 处靠墩身倒立水准尺，放样点高程 H_B 对应的水准尺读数 $b_{倒}$ 为：

$$b_{倒} = H_B - (H_A + a) \tag{4-75}$$

靠 B 点墩身竖立水准尺，上下移动水准尺，当水准仪在尺上的读数恰好为 $b_{倒}$ 时，沿水准尺尺底(零端)画一横线即为高程为 H_B 的位置。

二、用水准仪放样坡度

公路路线纵面线形是由一系列直线坡段组合而成的，在相邻坡段交接点(变坡点)设置竖曲线。施工过程中，在同一坡段上的中桩，除可分别按其设计高程放样外，也可根据该坡段的纵坡度进行放样。根据某一坡段的纵坡度同时测定该坡段上各点位置的工作，称为已知坡度线放样。

1. 测设数据的计算

如图 4-30 所示，A、B 为同一坡段上的两点，A 点的设计高程为 H_A，A、B 两点间的水平距离

为 D_{AB}，坡度为 i_{AB}。则 B 点的设计高程应为：

$$H_B = H_A + D_{AB} \cdot i_{AB} \tag{4-76}$$

2. 放样方法

如图 4-30 所示，已知坡度线 AB 的放样步骤如下：

(1)按本章第一节所述方法分别在 A、B 两点测设出高程为 H_A、H_B 的位置。

(2)将水准仪架在 A 点，使水准仪的一个脚螺旋位于 AB 方向上，另两个脚螺旋的连线与 AB 方向垂直，量出望远镜中心至 A 点（高程为 H_A）的铅垂距离即仪器高 i。

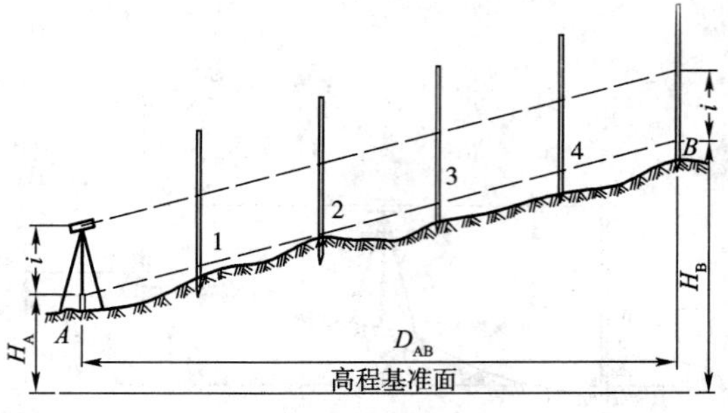

图 4-30 已知设计坡度线放样

(3)在 B 点（高程为 H_B）竖立水准尺，用望远镜瞄准 B 点的水准尺，并转动在 AB 方向上的脚螺旋，使十字丝的横丝对准水准尺上读数为 i 处，这时仪器的视线即平行于设计坡度线。

(4)在 A、B 之间的 1 点、2 点、3 点…立尺，上下移动水准尺使十字丝的横丝对准水准尺上读数为 i 处，此时尺底的位置即在设计坡度线上。

当设计坡度较大时，除上述第一步工作必须用水准仪外，其余工作可改用经纬仪进行测设。

在已知坡度线放样中，也可用木条代替水准尺。量取仪器高 i 后，选择一根长度适当的木条，由木条底部向上量仪器高 i 并在相应位置画红线；把画有红线的木条立在 B 点（高程为 H_B），调节仪器使十字丝横丝瞄准红线；把画有红线的木条依次立在放样位置 1、2、3…，上下移动木条，直到望远镜十字丝横丝与木条上的红线重合为止，这时木条底部即在设计坡度线上。用木条代替水准尺放样不仅轻便，而且可减少放样出错的机会。当坡度较大时，可以采用经纬仪进行放样。

【完成项目要领提示】

1. 用常规方法放样中桩

(1)根据 R、α 计算曲线测设元素（T、L、E、D）。

(2)根据 JD 里程计算主点里程，之后进行主点的测设。

(3)详细测设时，根据曲线半径 R 的大小选择桩距 l_0，公路中线测量一般采用整桩号法。

(4)曲线的详细测设常用切线支距法和偏角法。

2. 用全站仪放样中桩

基本流程如图 4-31 所示。

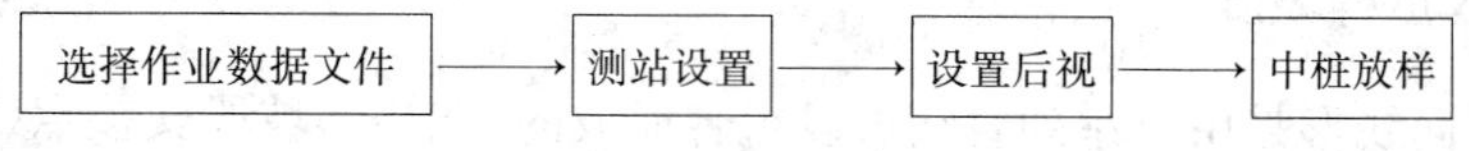

图 4-31 全站仪放样中桩流程图

(1)在运行放样模式选择坐标数据文件时，只可以选定文件，但不可以创建新文件。

(2)设置测站点有两种方法，可以利用内存中的坐标设置，或直接键盘输入坐标数据。

(3)设置后视时，在放样菜单下进行后视点的设置；定向时必须瞄准后视点定向。

(4)中桩坐标可从作业数据文件中调出，也可直接输入；放样时，先拨角度后测距离。

3. 用 GPSRTK 放样中桩

基本流程如图 4-32 所示：

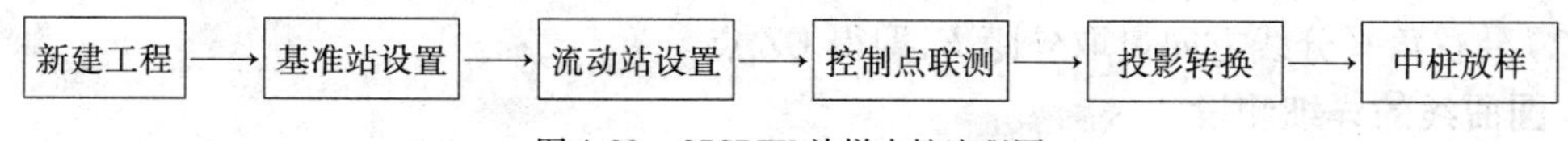

图 4-32　GPSRTK 放样中桩流程图

(1)在手簿中选择新建工程，输入工程名称之后，进入创建点界面。输入控制点点名以及点的三维坐标(N,E,H)和 WGS—84 的大地坐标。如果有一个控制点，就输入一个，若有两个，就输入两个，依此类推。也可把要放样的中桩点三维坐标(N,E,H)再次输入。

(2)将基准站设在指定的点位上，可以是已知控制点，也可以是未知点；在纬度、经度和椭球高三栏中分别输入实际值，也可以读当前 GPS 坐标得到 GPS 单点定位坐标；设置天线的型号和输入高程后进行基准站设置。

(3)进行流动站设置时，如果流动站用设置基准站的手簿，手簿上显示了基准站的坐标；如果流动站用另外一个手簿，基准站的坐标可点击“从基准站”获取，也可手工输入。

(4)控制点联测最少是两个控制点，最好是三个以上的控制点平均分布于测区。

(5)投影界面用来选择和解算投影转换，水平和垂直投影都选择地方投影转换。

(6)放样中桩时，可分别在列表、图形中选点或显示点的详细信息。点击“下一个”，可放样下一个中桩。在当前流动站位置距离放样的目标点只有 3m 的时候，手簿开始鸣叫，提醒用户已经接近目标。

【知 识 小 结】

1. 圆曲线主点测设

1)主点(ZY、QZ、YZ)的测设元素

切线长　$$T=R\tan\frac{\alpha}{2}$$

曲线长　$$L=R\alpha\frac{\pi}{180^\circ}$$

外距　$$E=R\left(\sec\frac{\alpha}{2}-1\right)$$

超距　$$D=2T-L$$

2)主点里程推算

交点里程	JD	K××+×××.××	
	$-)T$	$-$×××.××	
ZY 点里程	ZY	K××+×××.××	
	$+)L$	+×××.××	
YZ 点里程	YZ	K××+×××.××	
	$-)\frac{L}{2}$	$-$×××.××	
QZ 点里程	QZ	K××+×××.××	
	$+)\frac{D}{2}$	+×××.××	
交点里程	JD	K××+×××.××	(校核)

3）主点测设

（1）以交点为起点，沿后、前路线导线边量取切线长 T，即得 ZY 点和 YZ 点。

（2）沿右角平分线方向量取外距 E，即得 QZ 点。

2. 圆曲线的详细测设

1）切线支距法

（1）计算桩点坐标公式：

$$X_i = R \cdot \sin\varphi_i$$
$$Y_i = R(1 - \cos\varphi_i)$$

其中：$\varphi_i = \frac{l_i}{R} \cdot \frac{180°}{\pi}$。

（2）测设方法。

2）偏角法

（1）计算偏角和弦长的公式：

$$\Delta i = \frac{l_i}{2R} \cdot \frac{180°}{\pi}$$
$$C_i = l_i - \frac{l_i^3}{24R^2}$$

（2）测设方法。

3. 缓和曲线

1）基本公式

切角线

$$\beta = \frac{l^2}{2RL_s} \cdot \frac{180°}{\pi}$$
$$\beta_0 = \frac{L_s}{2R} \cdot \frac{180°}{\pi}$$

直角坐标

$$\begin{cases} X = l - \dfrac{l^5}{40R^2L_s^2} \\ Y = \dfrac{l^3}{6RL_s} \end{cases}$$

$$\begin{cases} X_h = L_s - \dfrac{L_s^3}{40R^2} \\ Y_h = \dfrac{L_s^2}{6R} \end{cases}$$

2）圆曲线带有缓和曲线段的主点测设数据计算公式

内移值

$$p = \frac{L_s^2}{24R}$$

切线增长值

$$q = \frac{L_s}{2} - \frac{L_s^3}{240R^2}$$

起点切线长

$$t_d = \frac{3}{2}L_s + \frac{11L_s^3}{1260R^2}$$

终点切线长

$$t_k = \frac{1}{3}L_s + \frac{L_s^3}{1260R^2}$$

切线长 $T_h=(R+p)\tan\frac{\alpha}{2}+q$

曲线长 $L_h=L_y+2L_s$

主圆曲线长 $L_y=\frac{\pi}{180°}\cdot\alpha R-L_s$

外距 $E_h=(R+p)\sec\frac{\alpha}{2}-R$

切曲差(超距) $D_h=2T_h-L_h$

3)圆曲线带有缓和曲线段的主点里程桩号计算

交　点	JD	里程
	−) T_h	
直缓点	ZH	里程
	+) L_s	
缓圆点	HY	里程
	+) L_y	
圆缓点	YH	里程
	+) L_s	
缓直点	HZ	里程
	−) $L_h/2$	
曲中点	QZ	里程
	+) $D_h/2$	
交　点	JD	里程　　(校核)

4)圆曲线带有缓和曲线段的详细测设方法

(1)切线支距法。

(2)偏角法。

4.点位放样的基本方法

施工放样就是将图纸上设计的建筑物、构筑物的特征点的空间位置标定到实地上,它包括平面定位和高程定位两个方面。施工放样的基本工作是距离放样、水平角放样和高程放样。

(1)平面定位可分解为已知距离放样和已知水平角放样两项基本工作。已知距离放样可采用钢尺丈量或全站仪(测距仪)测距两种方法。已知高程点的放样主要采用水准测量的方法,当放样点过高或过低,超出水准尺的工作长度时,则需借助钢尺量取垂距。

(2)用极坐标法放样平面点位时,先以已知方向为基准,拨已知水平角得放样点方向,再沿该方向量测已知水平距离即可定出放样点位置。

(3)用角度交会法放样平面点位时,先在两个控制点分别拨角定出方向线,两方向线的交会点即是放样点的位置。

(4)用距离交会法放样平面点位时,是利用放样点至两已定点的距离,用钢尺(或皮尺)分别按已知距离在实地画弧,两弧线的交点即是放样点。

5.全站仪坐标放样

(1)中线测设数据计算。

(2)中线按坐标放样。

6.纵断面测量

(1)基平测量——建立路线高程控制点,作为中平测量和施工放样的起算水准点。

(2)中平测量——测定中线逐桩地面高程。

(3)绘制纵断面图地面线。

7. 横断面测量

(1)标杆皮尺法。

(2)水准仪法。

(3)经纬仪法。

(4)全站仪对边测量法。

8. 高程放样

(1)一般的高程放样。

(2)深基坑的高程放样。

(3)高墩台的高程放样。

【知 识 检 验】

一、填空题

1. 圆曲线详细测设的方法有______________、______________。

2. 公路中线是由______________和______________两部分组成的。

3. 公路纵断面测量包括______________测量和______________测量。

4. 横断面测量的目的是______________。

5. 中平测量时,水准仪的视线高为 1 045. 640m,该测站某一中桩的中视读数为 1. 53m,那么该中桩的地面高程为______________。

6. 中平测量时,水准仪后视点高程为 1 000. 45m,后视读数为 1. 55m,水准仪的视线高为______________。

7. 路线中桩的桩号表示该中桩的位置距路线起点的______________。

二、选择题

1. 中平测量的水准路线形式实质上是(　　)。

A. 闭合水准路线　　B. 附合水准路线　　C. 往返测水准路线

2. 路线基平测量的水准点应设置在(　　)。

A. 路中线上　　B. 施工范围内　　C. 施工范围外

3. 路线中平测量是测定路线(　　)的高程。

A. 水准点　　B. 转点　　C. 各中桩

4. 偏角法实质上是(　　)。

A. 极坐标法　　B. 直角坐标法　　C. 角度交会法

三、简答题

1. 什么叫放样?放样的基本工作有哪些?

2. 切线支距法详细测设圆曲线的原理是什么?操作步骤是怎样的?

3. 路线纵断面测量的任务是什么?它包括哪些内容?

4. 基平测量的主要任务是什么?

5. 中平测量与一般水准测量有何不同?中平测量的中视读数与前视读数有何区别?

6. 横断面测量的任务是什么?

四、计算题

1. 已知路线 JD_{10}的桩号为 K5 + 119.99，右角 $\beta = 136°24'$，$R = 300$m，试计算圆曲线主点元素和主点里程，并叙述测设曲线上主点的操作步骤。

2. 交点 JD_9 的桩号为 K4 + 555.76，转角 $\alpha_{右} = 54°18'$，$R = 250$m，用切线支距法测设圆曲线，按整桩号法设桩，桩距取 20m，分别计算以 ZY、YZ 为原点测设两曲线各桩的 X 和 Y，叙述测设方法并按 1:2 000 比例绘制曲线图。

3. 某路线 JD 桩号为 K3 + 135.12，$\alpha_{右} = 180°36'$，$R = 450$m，用偏角法进行圆曲线详细测设，置经纬仪于 ZY 点，后视 YZ 点，试计算各桩的偏角值及相邻桩的弦长（按整桩号法设桩，桩距取 20m）。

4. JD_5 的里程为 K3 + 482.50，转角 $\alpha_{右} = 31°18'$，圆曲线半径 $R = 200$m，设缓和曲线长 $L_s =$ 35m，若以 ZH 为原点用切线支距法详测曲线，试计算从 ZH 至 QZ 半个曲线各桩的 X、Y。（桩距 $L_0 = 10$m，缓和曲线部分用整桩距法设桩，圆曲线部分用整桩号法设桩。）

5. 已知某路线 $R = 200$m，缓和曲线长 $L_s = 50$m，$p = 0.52$，$q = 24.99$，ZH 点桩号为 K1 + 200，缓和曲线上有一加桩，其桩号为 K1 + 235，请用偏角法求该桩的偏角值（仪器设在 ZH 点上，偏角值以度、分、秒表示）。

6. 根据表 4-11 中的观测数据完成中平测量的计算，并绘制出测量资料部分的纵断面图地面线（高程比例 1:200，里程比例 1:2 000）

中平测量记录表 表 4-11

桩　号	水准尺读数(m)			视线高(m)	高程(m)	备　注
	后视	中视	前视			
BM	1.950					基平 BM 的高程为7 000.000m
K6 + 000		0.75				
+ 020		0.95				
+ 040		2.84				
+ 060		3.80				
+ 080		4.71				
+ 100		4.61				
ZY K6 + 120.44		4.66				
+ 140		2.04				
QZ K6 + 152.50		3.04				JD，$R = 150$m，左转
+ 160		4.09				
+ 180		4.00				
YZ K6 + 184.56		4.89				
+ 200		4.52				
ZD1	0.457		4.817			
+ 235		3.01				
+ 240		4.59				
ZD2	2.136		3.930			

续上表

桩　　号	水准尺读数(m)			视线高(m)	高程(m)	备　　注
	后视	中视	前视			
+260		3.27				
+280		2.84				
+300		3.79				
+320		3.34				

【项目综合训练】

每组同学设计一条道路中线,用木桩标定出交点和起始点的实地位置,测出交点转角、交点间距离。假定曲线半径、缓和段长度、起始点坐标和起始边方位角,内业计算中桩逐桩坐标,外业用全站仪测设道路中线。

1. 仪器准备

每组由仪器室借领:全站仪 1 台,单棱镜 1 根,测钎 2 根,皮尺 1 把,记录板 1 块,内业计算表格。

2. 每个小组平均由 5 名同学组成,其中,观测员 1 名,立镜员 2 名,记录员 1 名,打中桩 1 人。每个同学至少放样一中桩点,采取轮换制,最终以小组的观测与放样成果为评价标准。

参 考 文 献

[1] 李仕东. 工程测量[M]. 北京：人民交通出版社,2006.

[2] 金仲秋,马真安. 工程测量[M]. 北京：人民交通出版社,2007.

[3] 王根虎. 土木工程测量[M]. 郑州:黄河水利出版社,2005.

[4] 刘仁钊. 工程测量技术[M]. 郑州:黄河水利出版社,2008.